西昌学院资助出版教材

制药工程专业
技能训练与竞赛教程

主　编　杨勇勋（西昌学院）

副主编　王燕群（西昌学院）

　　　　孙才云（西昌学院）

参　编　（排名不分先后）

　　　　范顺明（西昌学院）

　　　　付　帅（西昌学院）

　　　　陈　婷（西昌学院）

　　　　阿都莫子力（西昌学院）

西南交通大学出版社

·成　都·

图书在版编目（ＣＩＰ）数据

制药工程专业技能训练与竞赛教程 / 杨勇勋主编
. --成都：西南交通大学出版社，2023.9
ISBN 978-7-5643-9507-0

Ⅰ. ①制… Ⅱ. ①杨… Ⅲ. ①制药工业－化学工程－
高等学校－教材 Ⅳ. ①TQ46

中国国家版本馆 CIP 数据核字（2023）第 185372 号

Zhiyao Gongcheng Zhuanye Jineng Xunlian yu Jingsai Jiaocheng

制药工程专业技能训练与竞赛教程

主编　　杨勇勋

责任编辑　　牛　君
封面设计　　GT 工作室

出版发行	西南交通大学出版社
	（四川省成都市金牛区二环路北一段 111 号
	西南交通大学创新大厦 21 楼）
邮政编码	610031
营销部电话	028-87600564　　028-87600533
网址	http://www.xnjdcbs.com
印刷	四川森林印务有限责任公司

成品尺寸	185 mm×260 mm
印张	17
字数	403 千
版次	2023 年 9 月第 1 版
印次	2023 年 9 月第 1 次
定价	49.80 元
书号	ISBN 978-7-5643-9507-0

课件咨询电话：028-81435775
图书如有印装质量问题　本社负责退换
版权所有　盗版必究　举报电话：028-87600562

前 言
PREFACE

　　"专业技能训练与竞赛"是一门最早在西昌学院动物科学学院开设的学校特色课程，在对学生的知识拓展、实验操作的熟练度、科研思维的培养及考研学业进阶等方面取得了积极的促进作用。因此，从开办制药工程专业的 2016 年开始，西昌学院动物科学学院就一直将"专业技能训练与竞赛"课程纳入该专业的人才培养方案，在本专业开展教学工作。

　　到目前为止，制药工程专业已连续 6 年举行专业技能竞赛，且通过不断地打磨，已经积累并形成了具有化学制药、中药制药与实验动物特色的专业技能竞赛项目与方案。所以，本书的出版是我校制药工程专业的一次教学成果检阅，也是一个水到渠成、瓜熟蒂落的教学成果，相信能为制药工程专业的发展起到积极的促进作用。

　　当前，针对制药工程、药学类专业的相关实验类教材较多，但针对制药工程专业技能训练与竞赛的教材却是一个空白。同时，本专业是全国唯一一个在动物科学学院内建设的、具有动物医药制药特色的制药工程专业。因此，本书的编写出版对本专业的发展及动物医药制药特色的彰显具有重要的意义与作用。

　　本书在技能训练项目选择上，主要采用在教学、科研及生产实践中提炼出的、以培养或提升学生某项能力为目的、有针对性的技能训练项目。在编写上，重点突出了项目原理的阐释，而且在教材编写上进行了一次有益的尝试，即增设了与普通实验教材不同的、独具特色的"知识扩展"内容，从而使本书更具适用性、逻辑性与思维开拓创新性。另外，为使本书有较宽的适应面，在项目编写上尽量宽泛处理，从而使师生可根据教学实际有较大的选择与变通余地。本书可作为制药工程、药学、化学等专业的技能训练与竞赛实训教材。

　　本书由杨勇勋担任主编，负责全书的编写体例设计、统稿与审定工作，并负责项目 1 ~ 12、24 ~ 30 的编写。王燕群、孙才云担任副主编，具体工作为：王燕群负责项目 39 ~ 50 的编写，以及承担了中药制药篇的项目审定工作；孙才云负责项目 31 ~ 33 的编写，以及承担了实验动物及药理篇的项目审定工作。其他参编人员编写的项目具体为：范顺明（项目 13 ~ 15、19 ~ 20）、付帅（项目 16 ~ 18）、陈婷（项目 21 ~ 23）、阿都莫子力（项目 34 ~ 38）。

　　本书的出版得到西昌学院 2022—2023 年自编教材项目立项资助，在此表示最诚挚的谢意！

　　由于编者学识水平与编写经验不足，书中难免存在不足与疏漏之处，恳请广大师生批评指正，待本书再版时改正、提高。

编　者
2023 年 1 月

目 录
CONTENTS

下篇　实验动物及药理篇

上 篇

化学制药篇

项目一
球棍模型（糖的 D/L 和 α/β-构型）

一、技能训练目的与要求

1. 掌握球棍模型中各色球、各色棍的代表意义。
2. 掌握有机化合物中碳原子的 sp^3、sp^2 和 sp 杂化方式及各自的空间构型。
3. 掌握糖由链式环合形成六元环后的构象与构型的判断方法。
4. 加深化学结构中的构象异构、双键的顺反异构、对映异构等相关概念的理解。

二、实验实训原理（或简介）

药物的立体化学（构型与构象）是特异性药物与作用靶点结合，发挥药效的必要条件，因此，在药学专业知识学习中有着极其重要的作用与地位。为了易于理解有机分子的立体构型，常借助各种模型，最常见的是棍球模型。其用各色小球代表各种原子，棍代表键。当然，要认识到，在棍球模型中，有机分子中的价键长度并不像球棍模型中所示的那么远，价键也不是一根棍。通过棍球模型，让我们能更直观、更精确地理解分子中各原子间的立体关系。

糖（Saccharides）是多羟基醛或多羟基酮及其衍生物、聚合物的总称。单糖（Monosaccharides）是不能再被简单地水解成更小分子的糖，是糖类物质的最小单位，也是构成其他糖类物质的基本单位，如葡萄糖、果糖、鼠李糖等。从结构上看，糖可分为醛糖与酮糖，如自然界最常见的葡萄糖（醛糖）与果糖（酮糖）（结构如下）。

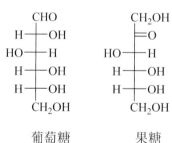

葡萄糖　　　　果糖

如果要对糖进行命名，首先需要对糖中的手性碳的构型进行确认。以自然界最常见的六碳醛糖来说，有 $2^4 = 16$ 个立体异构体，每个异构体上的 4 个手性碳都需要用 *R/S* 法标示。但若以这样表示的话，太麻烦而且不易记忆，因此，在糖化学上，常用 D/L 法，以及采用糖的俗名来对糖的立体构型进行确定。

糖的链状结构常用 Fischer 投影式来表示，在 Fischer 投影式中，用横键代表键伸出纸面，而竖键表示键伸进纸面。因此，糖的 D/L 构型判断方法是：将主链竖向排列，氧化态高的碳原子放在上方，氧化态低的放在下方，则最远不对称碳的羟基在右侧为 D 型，在左侧则为 L 型。即六碳醛糖有 $2^3=8$ 个不同的糖（8 个俗名糖），如葡萄糖、阿洛糖、半乳糖等，而每个糖又有一对 D/L 型的糖，如下所示：

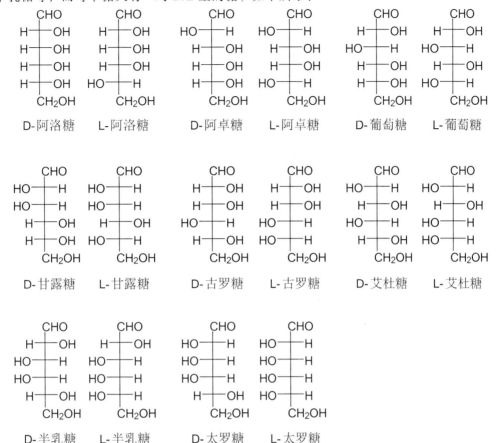

糖在水溶液中时，会环合成环，以环状的形式存在（仅有少量的链状结构），并最终形成一个链式与环式结构的动态平衡。成环时，主要形成能量较低、稳定性高的半缩醛形式的六元吡喃环，少量的会形成五元或七元等环状结构。糖的环状结构以 Haworth 式表示。

如六碳糖在环合成吡喃环时，会以两种可能的构型环合，即 α, β-构型。即在 Fischer 投影式中，最远手性碳羟基与醛羰基处于同一侧时，称为 α-型，而处于异侧则称为 β-型。而且由于最远手性碳羟基处于横键（伸出纸面），而醛羰基处于竖键（伸入纸面），因此，照它们的这种立体结构，它们是不可能发生羟醛缩合成环的，故它们要发生羟醛缩合，则需将 C4-C5 的 σ 键旋转 120°，使 5-位羟基旋转至竖键，从而才能与醛基接近，发生羟醛缩合反应而环合。其环合的方式见下。

由糖和糖的衍生物如葡萄糖、氨基糖、糖醛酸等与另一非糖物质（称为苷元或配基，Aglycone 或 Genin）通过糖的半缩醛或半缩酮羟基与苷元脱水形成的一类化合物，称为苷。因此，苷就会有 α-和 β-构型的两种构型苷，而且，因为苷是通过糖的半缩醛或半缩酮羟基脱水而成的化合物，因此，成苷后的 α-和 β-构型就会固定下来，而不会像单糖一样，会再开环，形成链状、环状的一个动态平衡组合形式。

按环的张力学说，糖的 Haworth 式并不能代表糖的实际存在形式。五元呋喃环糖的五元环以信封式的形式存在，五元氧环基本在一个平面上（只有醛糖的 C3 位与酮糖的 C4 位超出环平面 0.05 nm）。但是，吡喃型糖的六元氧环不在一个平面上，而是主要以椅式构象存在，不是 $^4C_1$ 式（简称 C1 式，C 为椅式构象 chair form 的意思）就是 $^1C_4$ 式（构象见下）。

以 β-D-葡萄糖的两种椅式构象来比较，它应该以 C1 存在，即 C1 式是它的优势构象式，即它的环上取代基全部处于平伏键，这也是它在自然界最常见的原因，即它的内能最低，最稳定。而不论 α-和 β-构型的 L-鼠李糖都为 1C 式，因为其结构中的最大取代基 C6 位甲基处于平伏键，也就是最大取代基 C6 位甲基是优势构象的定位基（结构如下）。

三、仪器设备、材料与试剂

球棍模型。

四、技能训练内容与考查点

见表 1-1。

表 1-1　球棍模型（糖的 D/L 和 α/β-构型）技能训练内容与考查点

实训步骤	操作要点	考查内容	评分
1	各色球棍的代表意义	正确识别各色球和棍	20
2	sp³ 杂化化合物	1. 通过甘油醛的立体结构来掌握 sp³ 杂化碳原子的立体构型 2. 对手性化合物的手性有更深的理解。 3. 判断甘油醛的 D/L 型和 R/S 型	20
3	六碳糖的结构	1. 判断 D/L 型，以及手性碳的 R/S 型 2. 判断 α-和 β-构型 3. Haworth 式的模型 4. 优势构象式	30
4	sp² 杂化化合物	1. 双键的顺反式 2. 芳环的平面结构 3. π-π 共轭结构	20
5	sp 杂化化合物	直线型炔类化合物	10

五、知识拓展

有机化合物中普遍存在同分异构现象。凡是具有相同分子式的化合物，由于分子内原子互相连接的方式和次序不同所产生的异构现象称为构造异构（Consititutional Isomerism）。有机化合物的异构现象除了构造异构之外，还有由于分子内原子或原子团在空间（三维空间）排列的方式不同所引起的异构现象，称为立体异构（Stereoisomerism）。

立体化学（Stereochemistry）是研究分子中原子或原子团的空间排列状况，以及不同排列对分子的物理性质和化学性质所产生的影响，主要包括有机化合物的构型与构象两类。

构型（Configuration）是指分子内原子或原子团在空间"固定"的排列关系，如顺反异构和对映异构。

构象（Conformation）是指具有一定构型的分子，由于 C-C σ 键的旋转或扭曲使分子内原子或原子团在空间产生不同的排列现象。

综上，有机化合物的异构现象可表示为：

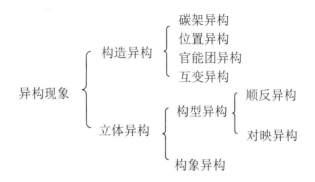

　　由于特异性药物（有机化合物）的构型与构象在与受体结合，产生药效、毒效时具有"锁-钥"的匹配条件，因此，研究它们的立体结构及"构效关系"（Structure Activity Relationship，SAR）具有重要的意义。

　　现对糖的甜度的构效关系作以下知识扩展介绍：

　　天然界最常见的单糖是 D-葡萄糖（D-glucose）与 D-果糖（D-fructose），但 D-葡萄糖的甜度仅是蔗糖（由 D-葡萄糖与 D-果糖形成的双糖）的 0.5 ~ 0.8 倍，而 D-果糖的甜度是蔗糖的 1.1 ~ 1.7 倍，是自然界最甜的糖。除了 D-葡萄糖与 D-果糖之外，其他的一些类似的单糖（酮糖），如 D-阿洛酮糖（D-allulose，D-psicose）和 D-塔格糖（D-tagatose）也具有甜味，但它们的甜度分别只有蔗糖的 0.7 和 0.9 倍。它们的结构如下。

| D-葡萄糖 | D-果糖 | D-阿洛酮糖 | D-塔格糖 |

1. Shallenberger 和 Acree 的 AH-B 氢键理论

　　1967 年，Shallenberger 和 Acree 提出糖的甜度理论，即糖可看成是一个双功能实体，即具有 AH 和 B 功能基（举例如下），因此，它们也就称为甜度生成基（Glucophore）。

　　在 AH-B 系统中，A 和 B 都为电负性原子，而且 AH 和 B 的间距为 0.25 ~ 0.4 nm，平均值为 0.3 nm。H 是氢原子，通过共价键与一个电负性原子相连。A 和 B 一般为氧或氮，但在一些特定情况下，其中的 A 或 B 可能为氯或不饱和中心。AH 是质子供体，而 B 是质子受体，如以下甜性化合物果糖、糖精以及氯仿中的 AH 和 B 系统。

果糖   糖精   氯仿

根据甜性化合物的 AH-B 系统，可顺理成章地推测糖的甜度受体也是双功能的，它们二者之间通过氢键相互作用而产生甜味，如下所示。

近期，采用配备有激光消融源的傅里叶变换微波光谱仪（Fourier Transform Microwave Spectroscopy Coupled With a Laser Ablation Source）测定了 4 个吡喃酮糖，D-果糖、D-塔格糖、D-阿洛酮糖和 L-山梨糖的优势构象。通过构象研究发现，它们在水溶液中，主要形成两种构型的六元吡喃环，即 α、β-构型，但它们的优势构象都是最大的取代基 CH_2OH 处于平伏键的构象，因此，它们的优势椅式构象不论是 $_2C^5$，还是 $_5C^2$，糖上的端基异头物羟基 $OH_{(2)}$ 均处于直立键，而 $CH_2OH_{(1)}$ 则指向成环上的 O 原子。而且环上的取代基通过氢键共同作用，加强了椅式构象的稳定性。

由于所有构象均显示出一个共同的 $OH_{(2)}\cdots O_{(1)}$ 构象特征，从而可把它们归属于 Shallenberger 和 Acree 提出的 AH-B 生甜度基,因此,构象研究进一步阐明了 Shallenberger 和 Acree 提出的 AH-B 甜度理论。

D-果糖 β-型 $^2C_5$ 椅式

D-塔格糖 α-型 $^5C_2$ 椅式

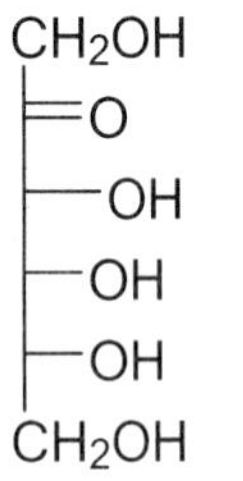

CH₂OH ... D-阿洛酮糖 ; β-型 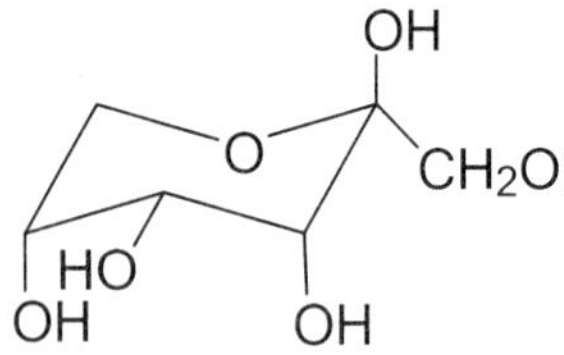 ; $^2C_5$ 椅式

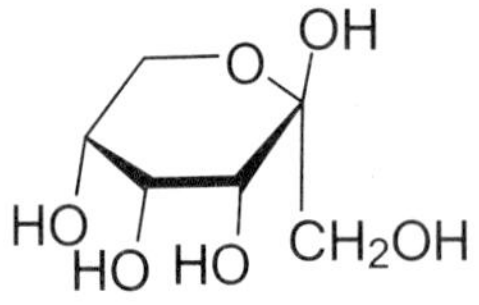

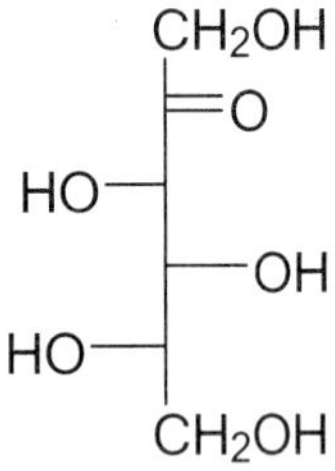

CH₂OH ... L-山梨糖 ; α-型 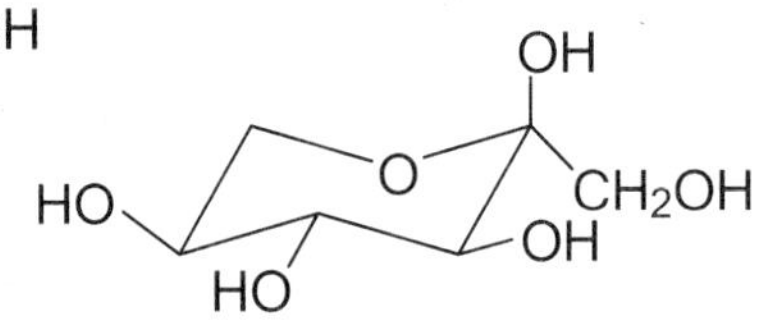 ; $^2C_5$ 椅式

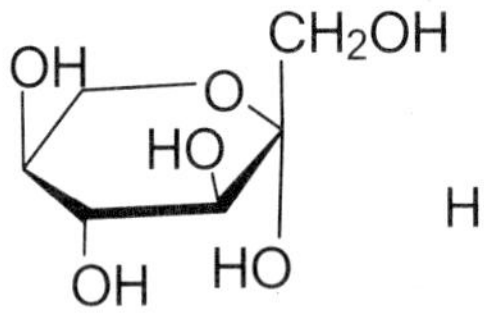

2. Kier 的 γ-AH-B 甜度三角理论

1972 年，Kier 通过研究几个立体选择性的甜味氨基酸，证实了除了 AH-B 两个功能基之外，还存在第三个甜度功能基，即 γ-位点。γ-位点与受体通过疏水键结合或范德华力相结合，从而形成 γ-AH-B 甜度三角。故从上图的糖的构象可看出，糖的 C6 位 CH₂ 是疏水基，因此，可认为它是与受体结合的生甜味基 γ-基。

3. 多点甜度理论

Tinti 等提出，除了 γ-AH-B 三点之外，甜度受体还应该包含至少五个其他的联结位点，形成八点结合。而且，尽管糖中的位点越多甜味越甜，但甜味化合物上并不是必须包括这八个位点。

六、思考题

1. 如何判断单糖的 D/L 型与 α/β-构型？
2. 为什么 β-D-葡萄糖的优势构象是 C1 式，而不是 1C 式？
3. 请从 α-D-阿洛糖的开链 Fischer 式开始，画出它的吡喃 Haworth 式和优势构象式。

七、参考资料

[1] 林友文. 有机化学实验指导[M]. 厦门：厦门大学出版社，2016.

[2] 裴月湖，娄红祥. 天然药物化学[M]. 北京：人民卫生出版社，1988.

[3] 吉卯祉，彭松. 有机化学[M]. 北京：科学出版社，2002.

[4] CELINA B, ISABEL P, SANTIAGO M, et al. Sweet structural signatures unveiled in ketohexoses[J]. Chemistry, 2016, 22（47）：16829-16837.

[5] SHALLENBERGER R S, ACREE T E. Molecular theory of sweet taste[J]. Nature, 1967, 216: 480-482.

[6] KIER L B. A molecular theory of sweet taste[J]. J Pharm Sci, 1972, 61: 1394-1397.

[7] NOFRE C, TINTI J M. Sweetness reception in man: the multipoint attachment theory[J]. Food Chem, 1996, 56（3）: 263-274.

项目二
化学绘图软件 ChemDraw 操作

一、技能训练目的与要求

1. 掌握 ChemDraw 软件的使用，以及绘制化学结构式、反应方程式和装置图的操作。
2. 掌握有机化合物的 ^{1}H NMR、^{13}C NMR 谱的预测功能，辅助解谱。
3. 了解用 Chem3D 观察有机化合物立体化学结构的方法。

二、实验实训原理（或简介）

ChemDraw 软件是美国珀金埃尔默（PerkinElmer）公司开发的 ChemOffice 软件中的核心软件，它不仅具有化学结构及反应式绘制功能，而且具有分析功能，如可分析或预测出化合物的物理性质、系统命名及光谱数据等。另外，辅以 ChemOffice 软件自带的 Chem3D 软件，还可对化合物的立体构型与构象进行分析。由于软件内嵌了许多国际权威期刊的文件格式，因此，成为化学界出版物、稿件、报告、论文、CAI 软件等领域绘制结构图的标准，拥有最广泛的应用。下面以 ChemDraw 8.0 为例，进行介绍。

（一）软件的界面与功能

双击桌面快捷键 ，打开软件，出现图 2-1 所示界面。

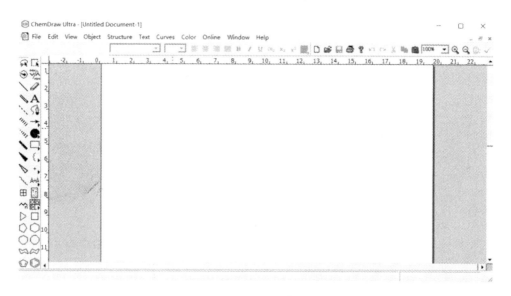

图 2-1　ChemDraw 首页界面

界面中的很多功能键与常用的 Word 文档中的功能键类似，如打开文档（Open），保存（Save）、另存为（Save As）等。另外，许多功能键采用直观的化学图形来表示，因此，本软件较易学习与上手。

1. 绘制化学结构式

一般采用快捷键的方式，就能满足要求。点击菜单栏中的"View"，出现下拉菜单，点击选择"Show Main Tools"，即图 2-2 中选择的选项，则出现绘制化学结构式所需的基本快捷键。一些快捷键的右下还有小三角，表示还有二级菜单，可进行进一步的选择。

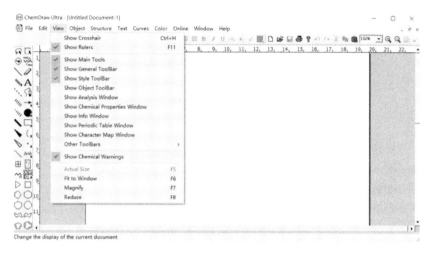

图 2-2　主要工具菜单

为与相应的化学界出版物所要求的结构匹配，在绘图前要先"选择化学界出版物结构"，具体操作为：点击菜单栏中的"File"，出现下拉菜单，选择"Document Setting"，再选择所需投稿的出版集团所要求的绘图格式。如不是投稿，则一般选择最常用的"ACS Document 1996"格式，画好的结构用于各种类型的文件使用，如图 2-3。

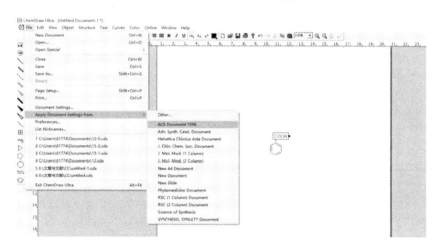

图 2-3　选择结构式绘图格式

选好结构图形软件格式后，就可使用左侧的快捷键，较轻易地将化学结构式绘出。给出的结构式可对颜色、字体、大小等格式进行修改操作，还可复制、粘贴到 Word 文档、NMR谱图等中去。另外，也可保存到计算机硬盘中，下次打开文件，继续操作。

2. 绘制反应方程式

利用左侧快捷键，一般都能满足反应方程式的绘制（图2-4）。

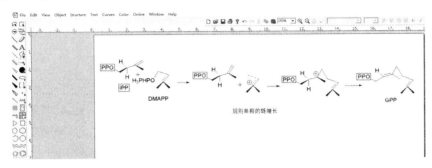

图2-4　左侧快捷键

3. 实验仪器装置图的绘制

利用左侧快捷键的"Templates"，下拉菜单"Clipware"组件，可绘制实验仪器装置图。如图2-5所示。

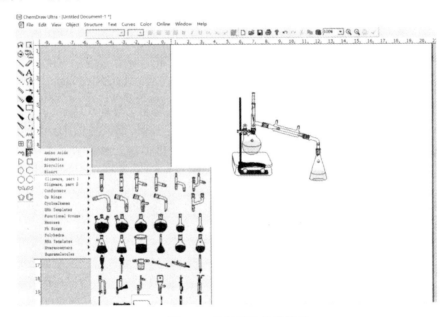

图2-5　绘制实验仪器装置

4. 预测化合物的 ^{1}H、^{13}C NMR谱

在化合物NMR谱的解析过程中，一般需要将结构进行不断的组合与拼接，对此，可采用软件的碳谱、氢谱预测功能，辅助解析，并判断解析是否正确。具体操作为，将解析出的化合物结构画出后，用套索工具，将其选中，再点击菜单栏中的"Structure"功能键，下拉菜单中的"Predict ^{1}H NMR"和"Predict ^{13}C NMR"进行预测，如图2-6所示的苯甲酸的 ^{1}H NMR谱。

ChemNMR H-1 Estimation

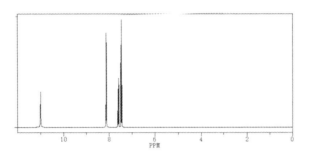

Estimation Quality : blue = good, magenta = medium, red = rough

```
Protocol of the H-1 NMR Prediction:

Node    Shift    Base + Inc.   Comment (ppm rel. to TMS)

 CH     8.13      7.26        1-benzene
                  0.87        1 -C(=O)O
```

图 2-6　苯甲酸的 ^{1}H NMR 谱

5. 分子 3D 结构的显示

先在 ChemDraw 软件中将分子的立体结构画出，然后复制分子结构到 ChemOffice 软件中的 Chem 3D Ultra 软件中，则显示出分子的立体结构。通过左侧的快捷键 ，可对化合物的立体结构进行旋转操作。图 2-7 为冰片[左旋体龙脑，1-（-）-borneol]的立体结构示意图。

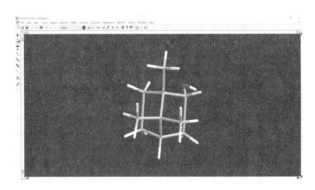

图 2-7　冰片的立体结构示意图

6. 曲线绘制

如在化合物结构解析中，需要画出重要的 ^1H-^1H COSY、ROESY、HMBC 相关曲线，可点击左侧菜单栏中的"Pen"工具，以及菜单栏中"Curve"功能键的下拉菜单，可绘制出美观的曲线（图 2-8）。

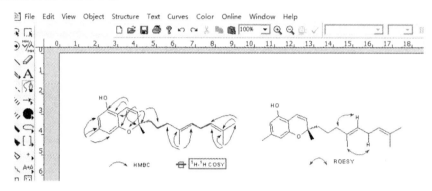

图 2-8　曲线绘制

7. 其　他

通过该软件，还能计算分子量、分子式，预测质谱图、分子的物理性质，化学式的命名，以及从名称转化为结构等操作。

三、仪器设备、材料与试剂

安装有 ChemDraw 软件的计算机。

四、技能训练内容与考查点

见表 2-1。

表 2-1　化学绘图软件 ChemDraw 操作技能训练内容与考查点

实训步骤	操作要点	考查内容	评分
1	有机化合物结构的绘制	正确绘制结构,包括立体构型,如给定黄酮、苯丙素、萜类结构的绘制	10
2	有机反应式的绘制	正确绘制给出的反应方程式,如给定的酯化反应、取代反应、缩合反应方程式的绘制	10
3	有机反应装置图绘制	正确绘制给出的装置图,如蒸馏装置的绘制	10
4	预测化合物的 ^1H NMR、^{13}C NMR 谱	1. 正确操作，并对峰的归属进行正确解释 2. 与化合物的 NMR 解析实训一同进行	40
5	曲线绘制	1. 正确绘制曲线 2. 与化合物的 2D NMR 解析实训一同进行，绘制 ^1H-^1HCOSY、ROESY、HMBC 等关键的 NMR 相关	30

五、知识拓展

从第 14 版的 ChemBioDraw 开始，ChemBioDraw 就与 CAS 旗下一款全球领先的化学研究工具 SciFinder 结合在一起，即 ChemBioDraw Ultra 画出物质结构后，可直接启动 SciFinder 对该结构进行检索。这种产品结合能给科研工作者提供该化合物的化学及相关领域的科技信息。这些信息包括参考文献、物质和反应信息等。而对于天然产物研究来说，分离的化合物一般需经 SciFinder 检索，未能查到该化合物的信息，才能确认分离的化合物是一个新的天然产物。因此，SciFinder 对化学、医学科研工作者来说，是一个不可或缺的工具，能为科研保驾护航，故在此对 SciFinder 数据库做一简要介绍。

1. SciFinder Scholar 数据库简介

SciFinder 是美国化学学会（ACS）旗下的化学文摘服务社（CAS）于 1995 年开发出的网络版化学资料数据库，内容涵盖了 CAS 的多个数据库和美国国家医学图书馆的 Medline 数据库。1998 年 CAS 推出 SciFinder 的学术版——SciFinder Scholar，专供学术研究使用。

SciFinder Scholar 数据库的发展是从印刷出版的纸质版 CA（化学文摘）开始，其后，CA 经历了缩微版、磁带版、光盘版、联机版和网络版等出版形式，检索方法也从过去的手工查阅到现在的计算机检索。从书目信息检索发展到物质结构、反应式检索，从提供文摘信息发展到提供结构信息、三维立体结构信息、商贸信息、全文信息等，从单个数据库检索发展到跨库检索。目前，该数据库包含以下六个子数据库：

（1）化学文摘数据库（CAplusSM）：化学文摘（CA）是 CAS 最主要的数据库，是世界上最大的、最广为科学家使用的化学化工资料库。数据来源于世界各地 9 500 多种科技期刊、50 多个主要专利发行机构的专利（含同族专利）文献、会议录、技术报告、图书、学位论文、综述、会议摘要、电子期刊、电子预印本等资料。

（2）CAS 登记号数据库（The CAS REGISTRY）：为世界上最大的化学物质数据库，收录 1957 年以来在 CAS 登记的全部化学物质。

（3）化学反应数据库（Chemical Reactions Database，CAS-REACT）：提供自 1840 年以来 CAS 收录的有机化学期刊及专利中单步或多步有机化学反应资料。目前已有 900 多万个反应的资料，包括反应物、产物、溶剂、催化剂、反应条件、产率等信息。

（4）管控化学品目录数据库（Regulated Chemicals Listing Database，CHEMLIST）：收录备案或被管控的化学品目录及其相关信息。数据库起始于 1979 年，目前包含 23 万多种备案／被管控物质。

（5）化学品目录数据库（Online Chemical Catalogs File，CHEMCATS）：收录世界各国 750 家厂商、850 类 800 多万种化学品的供应资料。

（6）MEDLINE（MEDlars OnLine）：美国国家医学图书馆所制作的世界上最具权威的生物医学资料库。目前收录 70 多个国家 4 780 多种医学类期刊资料。

2. 检 索

SciFinder Scholar 的检索分为：Explore（检索）、Locate（定位）和 Browse（浏览）三大类检索方法。但在大多数时候，一般只需使用检索（Explore）功能，而其中，运用最多的检索方式就是：化学反应检索与化学结构式检索。即采用检索软件自带的绘图功能，绘制化学反应式中物质的结构进行检索。从 ChemDraw 14.0 版本开始，也可直接通过 ChemDraw 绘制的化学反应或化学结构式进行检索。这些检索都需要在购买了该数据库的科研院所或大专院校内（IP 地址绑定），申请账号后，才能登录检索。

六、思考题

1. ChemDraw 软件在化学中有何重要作用？

2. 能否将 ChemDraw 软件绘制的化合物结构粘贴到 Power point 软件中去？

3. 能否利用 Chem 3D Ultra 软件，预测分子中各原子之间的距离，从而辅助 2D NMR 中 ROESY 谱中的 H-H 空间关系解析？

七、参考资料

[1] 林友文. 有机化学实验指导[M]. 厦门：厦门大学出版社，2016.

[2] GRACE. SciFinder 与 ChemDraw 有机结合，顾客受益无穷[J]. 上海化工，2014，39（07）：14.

[3] 任平. SciFinder Scholar 的检索及其特点[J]. 现代图书情报技术，2006，（02）：91-95.

项目三
薄层色谱法（硅胶 TLC）

一、技能训练目的与要求

1. 掌握 TLC 用硅胶的型号及特点。
2. 掌握硅胶 TLC 板的铺制、干燥及点样、展开、显色与检视方法。
3. 掌握硅胶的分离机制及适用范围。

二、实验实训原理（或简介）

薄层色谱法（Thin Layer Chromatography，TLC），是把固定相，如硅胶、氧化铝、C_{18} 反相硅胶等色谱材料均匀地铺在玻璃、金属或塑料等光洁材料的表面上，将供试品溶液点于薄层的一端，在展开缸内用展开剂展开，使供试品中的化学成分分离的方法。本法的核心是铺在板上的固定相，因此，根据固定相的不同，可进行多种分离机制的层析。目前，TLC 法因其快速、简便、经济等特点而广泛用于成分的鉴定、分离、含量测定等多个方面，例如，因每个化合物的 R_f 值为该化合物的固有性质，因此，可将本品与对照品点于同一 TLC 板上，利用二者相同或不同的 R_f 值来鉴别化合物的真伪。同时，利用化合物本身所具有的紫外、荧光吸收或用显色剂显色后，还可用薄层扫描仪对化合物进行定量。

TLC 法所用的固定相最常用的是硅胶，因此，本训练采用硅胶 GF_{254} 为薄层板的铺板色谱材料。其分离的机制是吸附机制，即按吸附能力的大小进行分离[吸附能力越小（极性越小）的成分，其 R_f 值越大；吸附能力越大（极性越大）的成分，R_f 值越小]。

本训练由硅胶色谱材料的识别、铺板、点样、展开与检视等操作组成。

1. 薄层色谱材料识别

硅胶 H 为不含黏合剂的硅胶；硅胶 G 为含黏合剂煅石膏的硅胶；硅胶 GF_{254} 为不仅含有黏合剂煅石膏，而且含有在 254 nm 下有荧光的荧光剂成分的硅胶。

不含黏合剂硅胶所铺的硅胶板为软板，而含黏合剂的硅胶板为硬板，而且含煅石膏硅胶所铺的板仍较软，容易在点样时将板弄破，所以，一般在铺板时还要用 0.2%～0.5% 的羧甲基纤维素钠溶液为黏合剂铺板。

含有荧光剂的硅胶板，其应用范围较宽，可用于具有一定共轭体系，但不具有颜色的化合物的检测，即化合物的斑点将荧光遮盖，从而在 254 nm 下显出荧光熄灭暗斑（紫红色）。

2. 铺 板

（1）0.2%～0.5% 羧甲基纤维素钠溶液的制备

在台秤上，称取适量的羧甲基纤维素钠，撒在相应比例的纯净水的水面上，待溶胀后，煮沸溶解即成。

（2）铺制

按1份硅胶3份左右羧甲基纤维素钠黏合剂溶液的比例加入乳钵中,不断搅拌研磨,成匀浆后,均匀涂布于干燥清洁的玻璃板上（涂布的厚度可根据使用对象来确定,用于化合物的鉴别,铺薄一点,若用于制备,则铺厚一点）。

为保证涂布均匀,一般采用振动的方式来达到。

3. 薄层 TLC 板的干燥

先将铺好的硅胶板放置于平处,自然通风晾干。然后将板放入烘箱进行干燥。干燥温度一般为105 ℃,烘干2 h后,取出,置于干燥器内存放,待用。

4. 点 样

用毛细管点样,若用于定量,则用微量注射器点样。

（1）将待分离的样品溶于有机溶剂之中,其浓度适宜,不能是黏稠的、不易从毛细管流出的浓溶液。

（2）点样时先用铅笔在 TLC 板的下部,距底边 2 ~ 3 mm（根据 TLC 板的大小及展开剂的液体高度来确定,即点样点不能浸没在展开剂中）划一条平行于底边的直线,用点样毛细管蘸取样品,点于直线上（各样品点的起点一致）。

（3）为减小 TLC 的边缘效应,将 TLC 板的底边两个角的硅胶刮掉。

5. 展 开

（1）用层析缸展开。

（2）在层析缸内先加入配制好的展开剂,盖好盖子,待有机溶剂蒸气将层析缸饱和（一般需 15 ~ 30 min）后再将层析板放入,盖好盖子,展开。

（3）溶剂接触薄层板,因薄层板的毛细管作用,溶剂上升,被分离物质随溶剂上升而迁移,因各成分的极性不同（吸附力不同）而得以分离。

（4）待展开剂展至接近 TLC 板上缘后,停止展开。

（5）将 TLC 板从层析缸中取出,及时在溶剂的上缘用铅笔划线,并放置于通风橱内,将溶剂挥干后显色或检视,并计算各斑点的 R_f 值。

6. 显色与检视

（1）若化合物有颜色,则直接在日光下检视。

（2）若化合物无颜色,但有荧光,可在 365 nm 紫外线下的检视。

（3）若化合物无色无荧光,但有一定共轭体系的,可在 254 nm 紫外线下检视,因该类化合物可将薄层板上的荧光物质遮盖住,从而显荧光熄灭暗斑。

（4）若化合物无色无共轭体系（或共轭体系不够长）,则可用通用显色剂显色,如10%硫酸乙醇显色剂（或 10%香草醛硫酸显色剂）喷洒或浸没或涂抹后,置 105℃烘箱中或电烤炉上烘烤,观察颜色变化,至出现颜色时及时将板从烘箱或电炉上取下。

（5）专用显色剂可对某些类型的化合物显色,如改良碘化铋钾与生物碱呈橘红色斑点。

（6）为保证 TLC 板上的化合物均能检测到,一块 TLC 板都要先在日光、254 nm、365 nm 下检视后,再用通用或专用显色剂显色。

（7）显色要求：尽量不用显色喷雾瓶显色，因其产生的酸雾等对环境及人体健康不利，推荐采用涂抹或浸渍的方法显色。加热显色可选用烘箱或加热板，显色时应避免板被烤焦，从而不能判断斑点的位置与颜色。

（8）计算分离化合物的 R_f 值。

三、仪器设备、材料与试剂

1. 仪器设备

玻璃板、乳砵、点样毛细管、电热烘箱、三用紫外分析仪、电烤炉、层析缸及各种有机溶剂。

2. 试 剂

硅胶 H、硅胶 G、硅胶 GF_{254}、羧甲基纤维素钠、纯化水。

3. 供试品样品

选择黄酮、蒽醌、生物碱等类型的化合物。

四、技能训练内容与考查点

见表 3-1。

表 3-1 薄层色谱法（硅胶 TLC）技能训练内容与考查点

实训步骤	操作要点	考查内容	评分
1	薄层色谱材料识别	正确识别各种类型的硅胶材料及其应用	10
2	0.2%～0.5%的羧甲基纤维素钠溶液的制备	羧甲基纤维素钠的溶胀与加热溶解的先后次序	10
3	硅胶 GF_{254} TLC 板的铺制	1. 硅胶匀浆的制备：比例正确、匀浆的黏稠度适宜 2. 振动方式的铺板操作熟练 3. 铺好的硅胶薄层板要求无气泡、裂痕、凹点等，且厚薄均匀	20
4	薄层 TLC 板的干燥	1. 干燥温度设置正确 2. 制备好的硅胶板应厚薄均匀，表面光洁，有一定的硬度	10
5	点样	每个点要求圆整、均匀，且各点应有一定的间距，如 5 mm 宽（以保证展开后，各样品点不相连）。同时要求点样点不能距左右两侧太近，应有一定的距离，如 5 mm（以保证 TLC 的边缘效应对样品的分离影响最小）	20

实训步骤	操作要点	考查内容	评分
6	展开	1. 展开剂配制正确，饱和正确。 2. TLC 板正确展开。	10
7	显色与检视	1. 斑点圆整、不重叠，无溶剂的边缘效应现象 2. 显色清晰，无烤焦现象 3. 正确计算分离化合物的 R_f 值	20

五、知识拓展

从理论上讲，在玻璃板等硬质材料上可铺各种不同的色谱材料，还可在色谱材料中添加改善或优化分离效果的物质，来达到针对不同类别成分的鉴别、分离、检测、纯化等目的，因此，TLC 法的应用范围非常广泛。

硅胶 TLC 法使用方便、快捷、设备简单、经济，而且该法能将分离样品中的所有化合物在同一块薄层板上显示出来，从而在混合物的整体定性判断上具有比高效液相色谱法更直观、更准确的作用，因此，在药物研究的多个方面具有重要的、不可替代的作用，如：

1. 定性鉴别

取适宜浓度的对照品溶液与供试品溶液，在同一薄层板上点样，展开与检视。根据供试品溶液中化合物的 R_f 值与对照溶液相同的 R_f 值来鉴定化合物。

2. 杂质的限度检查

采用定量配制的对照品对照或对照品稀释对照。供试品溶液色谱中待检查化合物的斑点与相应对照品溶液或系列对照品溶液的相应斑点进行比较，颜色或荧光不得更深。或用薄层色谱扫描法进行定量，峰面积不得大于对照品的峰面积值。

3. 含量测定

供试品溶液与对照品溶液点于同一 TLC 板上，展开、显色。用薄层色谱扫描仪测定，可测定供试品中相应成分的含量。

尽管当前高效液相色谱法在药物含量测定上具有压倒性的优势，但 TLC 法在对无紫外吸收的成分，如三萜皂苷成分的含量测定具有简便、经济的优势，如三萜皂苷类成分通过硫酸乙醇通用显色剂显色后就可扫描定量；高效液相色谱法为测定此类成分需使用价格昂贵的蒸发光散射检测器。

4. 化学反应进程的控制

在反应投料后，每隔一段时间就从反应体系中取样，进行 TLC 法分析。通过判断原料药的斑点与反应新生成物的斑点的大小、深浅来判断反应进行的程度，即在 TLC 板上原料药斑点消失（或颜色很浅）时，就可判断反应完成。或者用新生成物斑点的多少、大小等来判断反应是否专一、副反应是否多。

5. 硅胶柱色谱分离条件的探索

一般硅胶柱的分离条件包括两个方面，即展开剂系统的选择，以及展开剂的比例选择。对于展开剂系统，用 3 种以上不同的展开剂进行 TLC 分析，将分离目标化合物的 R_f 值推在 0.3 左右，此时选择目标化合物的斑点与杂质斑点的分离程度最大，以及点的圆整度最好的展开剂系统。对于展开剂的比例，则用选择的展开剂系统，调整比例，将分离目标化合物的斑点的 R_f 值推到 0.1 左右，则此比例就是硅胶柱层析的比例。

6. 单体化合物的纯度判断

采用 3 种不同组成的展开剂，分别对分析化合物进行硅胶 TLC 色谱分析，如果 3 块 TLC 板上均显单一斑点（一般还需要三个斑点的 R_f 值分别为小、中、大，且不仅在荧光灯下显单一斑点，而且用显色剂显色后也显单一斑点），则可判断分离纯化的化合物为单体化合物。

7. 制备 TLC，用于分离单体化合物

通过 3 种以上的展开剂来选择最佳的制备 TLC 分离条件。然后，用制备硅胶 TLC 板（可自制也可购买商品板），按薄层色谱的点样方法将待分离样品点于薄层板上，点样点成条带。接下来，再按 TLC 法展开，检视（一般用不破坏化合物的方法显色，若是有色化合物则直接在日光下检视，若有荧光或有一定共轭体系的化合物，则选用 GF$_{254}$ 制备薄层板，展开后，在 365 nm 或 254 nm 紫外光灯下检视），将目标化合物的条带用铅笔勾出范围。然后，用刮刀将条带刮到洁净的蒸发皿中，碾细，小心转入玻璃柱中后，用适宜的有机溶剂洗脱（一般用三氯甲烷-丙酮 1∶1 体系，尽量不用含甲醇、乙醇的体系，因为甲醇、乙醇的亲水性大，容易将黏合剂和硅胶洗下，造成污染），洗脱液回收溶剂后，就可得到分离的单体化合物（此时的化合物一般还需再用半制备 HPLC 或凝胶色谱纯化，以除去少量的黏合剂和硅胶杂质）。

六、思考题

1. 吸附色谱所用的色谱材料有哪些？各自的分离机制与特点有何差异？
2. 写出 R_f 值的计算公式。

七、参考资料

[1] 国家药典委员会. 中华人民共和国药典：一部[M]. 北京：中国医药科技出版社，2020.
[2] 赵临襄，赵广荣. 制药工艺学[M]. 北京：人民卫生出版社，2014.

项目四
柱色谱（硅胶柱色谱）

一、技能训练目的与要求

1. 掌握硅胶柱色谱的装柱、拌样、上样、洗脱、溶剂回收等操作。
2. 掌握固定相，流动相及分离样品极性间的关系及其洗脱剂体系的选择方法。
3. 了解硅胶、C_{18} 反相硅胶的分离机制及使用要求。

二、实验实训原理（或简介）

柱层析技术（Column Chromatography，CC）又称柱色谱技术，主要原理是将色谱材料装填于内径均匀、下端带或不带活塞，上端为具标准磨口（用于安放加压球或加压头）的硬质玻璃管中，样品上样后再用选择的洗脱剂进行洗脱分离。

柱色谱分离的核心是柱子中装填的色谱材料，即固定相。色谱材料不同，其分离机制就不同，因此就决定了分离样品与洗脱剂的选择，也就是我们常说的色谱分离的三要素——色谱材料固定相、样品与洗脱剂。

硅胶（SiO_2），为最常用的吸附色谱材料，其分离机制是根据样品与固定相的吸附力大小来进行分离，即根据样品的极性大小来进行分离，大极性的成分与硅胶的吸附力强，不易被洗脱，后流出柱子；而小极性的化合物则吸附力弱，容易被洗脱，先流出柱子。

因硅胶有一定的酸性，不能用于分离碱性化合物，如生物碱，因为它们要发生酸碱中和反应，造成死吸附，不能被洗脱。但通过在流动相或固定相中添加碱性成分，如在流动相中添加易挥发的有机碱，如氨水、二乙胺、三乙胺等，可抑制硅胶的酸性，可用于分离生物碱成分。另外，硅胶在分离有机酸类成分时，为了抑制有机酸类成分的电离，也需在流动相中添加易挥发的有机酸，如甲酸、乙酸，来防止酸类成分的电离，从而防止有机酸类成分在色谱柱上的拖尾，达到提高分离效果的目的。

柱色谱用的硅胶一般有两类：①使用商品级的柱色谱硅胶，其颗粒的粒径较粗，为 100~200 目；②有时为了提高分离效果，采用薄层色谱用的硅胶 H（即不含黏合剂的硅胶），其颗粒的粒径较细，200~300 目，但流动相的流动阻力增大，流速较慢，此时需用气泵加压以提高流动相的流速。

一般根据分离样品的多少，以及是粗分还是细分，来选择硅胶的用量。若是粗分，则按样品量的 30~60 倍取用硅胶；而若是细分，则按样品量的 200~300 倍甚至 500 倍量取用硅胶。

对于硅胶玻璃柱的管径、长度选择：一般先按 40 g/100 mL 的比例计算出硅胶取用量的体积，再按 20~30 cm（细分）、30~50 cm（粗分）的硅胶装柱高度计算出玻璃柱的内径。按算出的玻璃柱内径硅胶装柱高度×2 = 玻璃柱管长来选择实验室最接近的柱子。

硅胶柱的装柱可分为干法与湿法两种，其中，以干法装柱最为简单、方便、快速，尤其是对比采用三氯甲烷（或二氯甲烷）湿法装柱时，干法装柱更显优势。用三氯甲烷（二氯甲烷）湿法装柱时，因三氯甲烷（二氯甲烷）的密度较大，硅胶在液体之中不易下沉，沉降速度较慢，因此，装柱的时间很长。

上样可分为干法与湿法两种方式。由于湿法上样要先将样品溶于溶剂之中，而且一般所用溶剂的极性均大于流动相的极性，因此，此种方法所引入的大极性溶剂不可避免地要对后续的分离造成不利影响，因此，在一般情况下，均采用干法上样。干法上样最关键的是先将样品拌入惰性分散材料之中，因此，一般选用惰性的硅藻土，其次为粗硅胶。拌样的总要求是将样品用惰性材料分散开，不能黏，因此，可稍微多加一点分散材料，尽量让拌干后的上样物料成易分散开来的粉末状物料。

针对某成分的分离而采用的最佳流动相系统的选择，可按硅胶薄层色谱 TLC 操作所述的方法选择。若是粗分，按流动相极性逐步递增的方式洗脱，即常说的梯度洗脱法。一般根据分离化合物的极性部位来直接选择展开剂系统，如对石油醚部位可直接选用石油醚-乙酸乙酯（100：0→0：100）体系，而乙酸乙酯和正丁醇部位就直接选择二氯甲烷-甲醇（100：0→0：100）体系。

由于硅胶色谱材料价格便宜，分离效果明显，而且，硅胶柱色谱还可在流动相中加酸、加碱等，因而具有一些其他色谱不具有的独特优点与分离效果。但是，硅胶柱最大的问题是流速慢，要完成一根柱子的洗脱需几小时、几天甚至数周。因此，为提高流速与分离效果，常用加压或减压的方法。但减压法最大的问题之一就是会造成有机溶剂的挥发损失，因此，一般情况下用加压的方法来提高流速，即用气泵加压（最简便、经济），或用能耐受更大压力的中压硬质玻璃柱代替玻璃柱装柱后，用液体往复泵将流动相泵至柱上加压通过，以此提高流速与分离效果。洗脱流出液还可用自动接收器接收，实现自动化。

而对于高效液相色谱仪来说，其分离原理不变，分离的核心仍是色谱柱中的色谱材料。不同的是，因色谱柱中的色谱材料颗粒更细，流动相的流动阻力更大，因此，为适应耐高压的要求，将色谱材料装填于钢柱中，以及需用高压泵将流动相输送入色谱柱中，从而实现样品的有效分离。同时，为保证样品进样不影响流动相的流速与压力变化，需采用六通阀手动或自动进样。为检测成分在柱中分离后的流出情况，需配置相应的检测器等。

三、仪器设备、材料与试剂

1. 仪器设备

柱色谱用硅胶、玻璃色谱柱、蒸发皿、棉花、各种有机溶剂、旋转蒸发仪、玻璃小瓶、滴管、圆底烧瓶、锥形瓶、层析缸、点样毛细管、三用紫外分析仪等。

2. 分离样品

有颜色的样品，如对硝基与邻硝基苯甲酸、菠菜色素等。

四、技能训练内容与考查点

见表 4-1。

表 4-1　柱色谱（硅胶柱色谱）技能训练内容与考查点

实训步骤	操作要点	考查内容	评分
1	干法装柱	1. 先在玻璃柱的下端塞上一小团棉花，此为防止硅胶流出柱子。棉花不能太多，也不能塞得太紧，以免影响流速 2. 从玻璃柱上端，通过小漏斗将计算出的硅胶量倒入柱中。随后，在软质的橡胶垫上轻轻上下振动垫实、垫紧 3. 硅胶柱的表面应平整，紧实，不得有缝隙	30
2	拌样	1. 将样品用最少量的有机溶剂溶解后，用硅胶或硅藻土拌样 2. 将拌好的样，先在室温自然通风条件下挥去溶剂，再放入电热烘箱中烘干，温度为 60 ℃ 3. 样品要求拌为疏松的粉末状，不应黏手	20
3	干法上样	1. 用小漏斗将拌好的样品加入已装好的硅胶柱上，开始加样时，应小心缓慢，避免将硅胶表面打出凹洞 2. 将样品加完后，再在橡胶垫上将样品垫实，表面垫平 3. 为避免加流动相液体而将样品表面打破，所以，还需在样品上面再盖 3～5 cm 厚的柱层板硅胶，加硅胶时也要避免将样品表面层破坏。加盖硅胶后，再在上面放一小团棉花	30
4	流动相洗脱	1. 按选择好的流动相系统配制流动相 2. 将流动相从柱子上端加入柱子，再在柱子上加一个加压球，并用气泵加压。要求：柱与加压球、加压球与加压头之间要在用气泵加压之前用细铁丝捆紧，以避免液体从接口处被压出 3. 柱在分离过程中以色带移动整齐为原则	20

五、知识拓展

自 1906 年俄国科学家兹维特（Tswett）在研究植物色素分离时提出色谱法概念以来，色谱法得到了极大的应用与发展，如分配色谱、气相色谱、液质联用、气质联用等。

色谱法一般可按流动相、固定相两相的状态、操作方式、分离机制和使用目的等来进行分类，这些分类也相互交叉与重叠。但因色谱材料是色谱分离的核心，因此，按色谱分离机制（即色谱材料的分离机制）来分类的方法最为重要。因此，掌握常用的色谱分离材料，以及它们的分离操作特点尤为重要。

（一）吸附色谱

色谱材料分为两类：亲水性和非极性（憎水性）。

1. 非极性（憎水性）吸附剂：活性炭

活性炭具有吸附性能强、来源容易、价格便宜等优点，广泛用于生物产物的脱色与除臭。由于是憎水性吸附剂，因此，其对水的吸附力最弱，故活性炭的脱色、脱臭能力在水中最强。如对脱色素而言，活性炭对亲脂性色素的吸附能力大于对亲水性色素的吸附力；在水中的吸附力最强，而在乙醇、乙醚等溶剂中时，其吸附色素的能力依溶剂极性的下降而下降。

用活性炭做吸附色谱的吸附剂，则采用水做溶剂装柱、水溶液上样，流动相用水、含乙醇水（乙醇浓度递增）、乙醇依次洗脱，则可将极性从大到小的成分洗脱下来。

2. 亲水性吸附剂：硅胶

硅胶是应用最广泛的吸附色谱材料，它具有中等程度的吸附能力，化学稳定性较强，适用于分离极性中等及偏小的化合物，而对极性偏大的化合物则分离效果不佳，如对酚酸类、皂苷类成分的分离效果不佳。

硅胶的结构是由聚硅醇分子经过不同程度脱去水形成的干燥凝胶，可用分子式 $SiO_2 \cdot xH_2O$ 表示。硅胶分子以多孔性、错综排列的硅氧烷为骨架，其表面为硅醇基，以下式表示：

$$\underset{|}{\overset{|}{Si}} \cdot O \cdot \underset{|}{\overset{|}{Si}} \cdot OH$$

硅胶的吸附作用是由硅醇基（ $-\underset{|}{\overset{|}{Si}} \cdot OH$ ）产生的，因而是亲水性吸附剂，其吸附作用强弱取决于硅醇基的数目多少。由于硅醇基可以通过氢键吸附水，因此，吸附水后的硅胶，其吸附作用降低。当含水量达15%以上时，失去吸附性，不能作为吸附剂用。此时，硅胶作为担体，水作为固定相，其分离机制是分配色谱，可作为正相分配色谱用。在 C_{18} 反相硅胶未出现之前，有用此方式分离皂苷等大极性物质的案例。将硅醇基上吸附的水分子除去，硅胶恢复吸附能力，此方式称为活化，其具体的方法就是加热除去水分。

硅胶柱色谱是正相色谱，即固定相的极性大于流动相，因此，流动相用有机溶剂（不能含水），而且大多用两种溶剂的混合液，因此可通过调整二者比例来有效达到调整极性的目的。

3. 亲水性吸附剂：氧化铝

氧化铝是极强的亲水性吸附剂，微显碱性。市售的氧化铝有碱性、中性及酸性三种规格，其中以碱性氧化铝的吸附性最强。因氧化铝显碱性，因此，常用于分离生物碱类成分，但有些活泼的化合物，在氧化铝的表面（即氧化铝的催化作用）上，可能会产生脱水、重排、聚合、分解等化学反应，所以应用不广。

（二）分配色谱材料： C_{18} 反相硅胶

最常见的分配分离机制的分离方法是液液分配，即用分液漏斗，在互不相溶的两相中，根据分离物质在两相中的分配系数不同，而将不同的化合物给予分离的方法。

分配柱层析是将混合物中各成分，根据它们在固定液相和流动液相中分配系数的不同而分离的方法。在分配柱层析中，固定液相是附着在某种惰性固体粉末上的物质，其惰性材料称为支持剂、载体或担体等。

（1）若用吸水后的硅胶作为固定液相，其上吸附的水就作为固定相，而硅胶仅只作为担体，此时用有机溶剂作为流动相的分配层析，称为正相分配层析。但在键合相反相硅胶出现之后，此种色谱分离方法就基本被键合相反相硅胶色谱替代了。

（2）键合相反相硅胶的分离原理

键合相反相硅胶是指将不同链长度的烷烃，如 C_{18}（十八烷基，—$C_{18}H_{37}$）、C_8（辛基，—C_8H_{17}）、C_2（乙基，—C_2H_5）的烷基通过氧烃基化反应，键合于硅胶的硅醇基上，使硅胶成为具有不同链长度、即具有不同亲脂性的键合相硅胶。将此键合相硅胶作为分配色谱的固定液相使用，其硅胶作为支持剂，其上连接的烷烃才是固定相（油相、有机相），其流动相采用亲水性的溶剂，如甲醇-水、乙腈-水系统（水相），其分离物质就在水相与油相间分配，根据分配系数的不同而得以分离。此法因流动相的极性大于固定相，因此，称为反相分配色谱。

（三）其 他

还有羟丙基葡聚糖凝胶（sephadex LH-20）、大孔吸附树脂、离子交换树脂、聚酰胺、手性材料等色谱材料。它们的分离机制与应用请参见其他相关参考资料，在此不一一赘述。

六、思考题

1. 硅胶与氧化铝色谱材料在分离酸或碱性化合物时，如何选择？在操作时如何操作以避免拖尾？
2. 什么是正相色谱、反相色谱？什么是吸附与分配色谱？硅胶属于以上的哪类色谱？
3. 请解释硅胶的吸附性能为何与硅胶的含水量有关。

七、参考资料

[1] 国家药典委员会. 中华人民共和国药典：一部[M]. 北京：中国医药科技出版社，2020.

[2] 北京医学院. 中药化学[M]. 北京：贵州人民出版社，1990.

项目五
核磁共振波谱解析

一、技能训练目的与要求

1. 掌握核磁共振波谱解析软件 MestReNova 对谱图的处理操作。
2. 能正确识别谱图中的溶剂峰、水峰、杂质峰。
3. 掌握简单酚酸类成分，如苯丙素、香豆素、蒽醌、黄酮类化合物的特征 NMR 信号，能对它们的结构进行解析，并能对峰信号进行正确归属。

二、实验实训原理（或简介）

核磁共振波谱法（Nuclear Magnetic Resonance，NMR）是指原子核的磁共振现象，它是结构分析的重要工具之一，在化学、生物、医学、临床（核磁共振成像）等研究工作中得到了广泛的应用。

具有非零自旋量子数（$I \neq 0$）的原子核具有自旋角动量，因而也就具有磁矩，如 ^{1}H、^{31}P、^{13}C、^{15}N 等原子核。但目前只有 $I = 1/2$ 的原子核才具有研究价值，才是我们的研究对象。$I = 1/2$ 的原子核有 ^{1}H、^{13}C、^{19}F、^{31}P，其原子核可看作核电荷呈球形分布于核表面，并像陀螺一样自旋，有磁矩产生，其核磁共振的谱线窄，最适宜检测。其中 ^{1}H、^{13}C 为有机化合物中的常见元素，故为核磁共振研究的主要对象。

^{1}H NMR 谱给出化学位移、峰面积、峰型与偶合常数的结构信息，而 ^{13}C NMR（指全氢去偶谱）与 DEPT 谱给出化学位移与碳的级数结构信息。从峰的复杂性来讲，^{1}H NMR 谱比 ^{13}C NMR 谱复杂，而且在高场区，氢峰容易重叠，解析的难度增大，但也正是它的复杂性，才给出了更多的信息，为结构解析提供了有力帮助。也就是说，有时峰型与偶合常数在结构解析中更有用，更是结构解析正确与否的有力判断佐证证据，即如果最终解析的化合物从峰型及偶合常数上看，有矛盾的地方，有不能解释的地方，则说明结构解析不正确。

对于结构复杂的化合物（如萜类、生物碱），在一些结构片段的连接上，或在相对构型的确定上，1D NMR 谱不能给出解答，所以需再测定 2D NMR 谱。2D NMR 谱可更容易地将化合物的结构片段连接起来，以及确定化合物的相对构型，从而得到化合物的平面结构及相对构型。而若要解决化合物的绝对构型，一般需另采用 X-单晶衍射法，但是 X-单晶衍射法测定化合物的绝对构型需要先得到化合物的单晶，而有些化合物，如油状的、量小的、分子量大的化合物，如糖苷类化合物，单晶培养不易，因此，对于此情形，就需采用 CD 谱来解决。CD 谱也有限制条件，如手性中心旁无发色团的结构，其 CD 谱就无科顿效应（Cotton Effects，CE），就不能用 CD 谱来解决化合物的绝对构型。对于这些类型的化合物，就需具体情况具体解决，如采用 mosher 法解决仲醇的手性，或者对结构进行衍生化后再培养单晶等。

一般情况下，简单酚酸类成分，如黄酮、蒽醌等类型的化合物，通过 1D NMR 谱就可完成结构推导，故本项目采用 MestReNova 软件，对以上典型结构化合物的 ^{1}HNMR、^{13}C NMR 及 DEPT 谱进行谱图处理操作及结构鉴定。

（一）核磁共振波谱法的基本原理

1. NMR 的发展

（1）1945 年，珀塞尔（Purcell）（哈佛大学）和布洛赫（Bloch）（斯坦福大学）发现 ^{1}H NMR 核磁共振现象，他们获得 1952 年诺贝尔物理奖。

（2）20 世纪 70 年代以来，使用强磁场超导核磁共振仪，大大提高了仪器灵敏度，在生物学领域的应用迅速扩展。脉冲傅里叶变换核磁共振仪使得 ^{13}C、^{15}N 等的核磁共振得到了广泛应用，即 ^{13}C NMR 谱的出现。

（3）20 世纪 80 年代，英国能斯特（R. R. Ernst）（因对二维谱的贡献而获得 1991 年诺贝尔化学奖）完成了在核磁共振发展史上具有里程碑意义的一维、二维及至多维脉冲傅里叶变换核磁共振的相关理论，为脉冲傅里叶变换核磁共振技术的不断发展奠定了坚实的理论基础。

2. 产生核磁共振现象的条件及相应的原子核

将磁性原子核放入强磁场后，用适宜频率的电磁波照射，它们会吸收能量，发生原子核能级跃迁，同时产生核磁共振信号，即核磁共振现象。但并不是所有原子都能产生 NMR 现象，只有自旋量子数 $I \neq 0$ 的原子核才具有自旋运动特性，具有角动量 P 和核磁矩 μ，从而显示出磁性，成为核磁共振研究的对象。但目前只有 $I = 1/2$ 的原子核才具有研究价值，才是 NMR 的研究对象。

$I = 1/2$ 的原子核有 ^{1}H、^{13}C、^{19}F、^{31}P，其原子核可看作核电荷呈球形分布于核表面，并像陀螺一样自旋，有磁矩产生，其核磁共振的谱线窄，最适宜检测。其中 ^{1}H、^{13}C 为有机化合物中的常见元素，故为核磁共振研究的主要对象。

但是，只有少数原子的天然丰度大，容易检测，如 ^{1}H 核的天然丰度为 99.85%，^{19}F 和 ^{31}P 的天然丰度可达 100%，因此它们的共振信号强，容易测定；而 ^{13}C 的天然丰度为 1.1%，^{15}N 和 ^{17}O 的天然丰度在 1% 以下，核磁共振信号弱，所以必须用傅里叶变换核磁共振仪，经反复扫描、信号累加才能得到 NMR 谱。

3. 饱和和弛豫

为何测定 NMR 谱要将化合物用氘代溶剂溶解，配成溶液后才测定，而不能直接测定固体样品？

自旋量子数 $I = 1/2$ 的核（^{1}H 和 ^{13}C）在外加磁场中分为两个能级，低能级（$m = +1/2$）和高能级（$m = -1/2$）。在热力学平衡条件下（室温下），自旋核在两个能级间的定向分布数目遵从玻尔兹曼分配定律，即低能态核（$m = +1/2$）的数目比高能态（$m = -1/2$）的数目稍多一些（仅百万分之几）。若给予电磁波能量，低能级的核就跃迁至高能级，产生核磁共振现象。但低能态的核吸收能量自低能态跃迁到高能态后，能量将不再吸收。

与此相应，作为核磁共振的信号也将逐渐减退，直至完全消失。此种状态称作"饱和"状态。

在核磁共振条件下，在低能态的核通过吸收能量向高能态跃迁的同时，高能态的核也通过以非辐射的方式将能量释放到周围环境中，由高能态回到低能态，从而保持玻尔兹曼分布的热平衡状态。这种通过无辐射的释放能量途径，核由高能态回到低能态的过程称作"弛豫"，正是核的这种弛豫特性使得核磁共振的连续吸收信号成为可能。

上述弛豫过程主要有两种，即自旋-晶格弛豫和自旋-自旋弛豫。

自旋-晶格弛豫是处于高能态的核自旋体系与其周围的环境之间的能量交换过程，其结果是部分核由高能态回到低能态，核的整体能量下降，其所需要的时间称为自旋-晶格弛豫时间，用 T_1 表示。T_1 越小，表明弛豫过程的效率越高；T_1 越大，表明弛豫过程的效率越低。固体样品的振动，转动频率较小，T_1 长，可达几小时；而气体或液体，T_1 一般只有 $10^{-4} \sim 10^2$ s。因此，采用液体来测定 NMR，有利于弛豫，从而有利于 NMR 信号的测定。

自旋-自旋弛豫时间是指一些高能态的自旋核将能量转移给同类的低能态的核，低能态的核获得能量后又跃迁至高能态，其结果是各种取向的核的总数并没改变，核的整体能量也未改变，但是影响具体的（任意选定的）核在高能级停留的时间。自旋-自旋弛豫时间以 T_2 表示，一般气体、液体的 T_2 也是 1 s 左右。固体及高黏度试样中由于各个核的相互位置比较固定，有利于相互间能量的转移，故 T_2 极小，即在固体中各个磁性核在单位时间内迅速往返于高能态与低能态之间，其结果是使共振吸收峰的宽度增大，分辨率降低。这就是，在核磁共振分析中，要先将固体试样配成溶液后才能测定的原因。

4. 屏蔽效应

为什么相同原子核在不同的化学环境下有不同的化学位移？如果所有的相同原子核，如 ^1H（^{13}C 等）核都只有一个相同的共振频率，那本法肯定不能用于有机化合物的结构测定。同类核具有不同的跃迁频率的原因就是它们处于不同的化学环境，其所受到的外加磁场不同，即核外电子云的密度不同，这就是屏蔽效应。

核外电子在与外加磁场垂直的平面上绕核旋转同时将产生一个与外加磁场相对抗的第二磁场。结果对氢核来说，等于增加了一个免受外加磁场影响的防御措施。这种作用叫作电子的屏蔽效应（Shielding Effect）。

以氢核为例，实受磁场强度：

$$H_N = H_0(1 - \sigma)$$

式中：σ——屏蔽常数，表示电子屏蔽效应的大小，其数值取决于核外电子云密度。

每个核因所处化学环境不同，电子屏蔽效应的强弱也不同。故即使在同一频率电磁辐射照射下，共振峰也将出现在强度稍有差异的不同磁场区域。当然，屏蔽效应越强，即 σ 越大，共振信号将越在高磁场处出现；而屏蔽效应越弱，即 σ 越小，共振信号越将出现在低磁场。

5. 化学位移

不同类型氢核因所处化学环境不同，共振峰将分别出现在磁场的不同区域。当照射频率为 60 MHz 时，这个区域为 $(14\,092 \pm 0.1141)$ G，即只在一个很小的范围内变动，故精确测定其绝对值相当困难。另外，世界上也不存在一个没有外层电子的原子核，因此，也不可能测定原子核的化学位移绝对值。实际工作中多将待测氢核共振峰所在位置（以磁场强度或相应的共振频率表示）与某基准物氢核共振峰所在位置进行比较，求其相对距离，称之为化学位移（δ，Chemical Shift）。

6. 基准物质

常用四甲基硅（Tetramethylsilane，TMS）作为基准物应用。TMS 因其结构对称，H 多峰强，在 ^{1}H NMR 谱上只给出一个尖锐的单峰；加以屏蔽作用较强，共振峰位于高磁场；绝大多数有机化合物的氢核共振峰均将出现在它的左侧，故作为参考标准十分方便。此外，它还有沸点较低（26.5 ℃）、性质不活泼、与样品不发生缔合等优点。

根据 IUPAC 的规定，通常把 TMS 的共振峰位规定为零，待测氢核的共振峰位则按"左正右负"的原则分别用 $+\delta$ 及 $-\delta$ 表示。在实际中，虽出现负值的可能性较小，但对一些特殊结构，如处于屏蔽作用很强区域内的原子会出现负的化学位移。

7. 测试溶剂

为何须用氘代溶剂溶解样品，而且即使测定碳谱也要用氘代试剂溶解样品？

为抑制溶剂中所含质子的氢峰，故将其氘代（不氘代的话，其含量太高，峰的强度很高，峰很大很高，将使待测物的峰受到抑制）。但是，在实际中溶剂氘代不可能达到 100% 的完全氘代，所以，NMR 谱中也会残留有氘代溶剂的氢峰。

常用的氘代溶剂有氘代甲醇、氘代氯仿、氘代丙酮、氘代吡啶与氘代二甲亚砜等。

另外，溶剂不同，其与待测样品间的作用力，如氢键作用力不同，因此，在不同的溶剂下测定 NMR，其各个氢的化学位移也就会有变动。在 NMR 结构解析中，常将溶剂峰的 ^{1}H、^{13}C 作为化学位移的内标峰基准，而不采用上述所说的四甲基硅烷。常用的氘代溶剂峰如表 5-1 所示。

表 5-1 常用氘代溶剂峰

氘代溶剂	δ_H	水峰 δ_H	δ_C
氘代甲醇 CH_3OD	3.31	4.87	49.0
氘代三氯甲烷 $CDCl_3$	7.26	1.56	77.1
氘代二甲亚砜 $(CD_3)_2SO$	2.50	3.33	39.5
氘代吡啶 C_6H_5N	7.22，7.58，8.74	—	123.5，135.5，149.2
氘代丙酮 $(CD_3)_2CO$	2.05	2.84	29.8，206.5
重水 D_2O	4.79	—	—

8. 水对测定的影响

为何样品在测试 NMR 前，应干燥？谱图中为何有水峰？

由于亲水性的氘代溶剂中会含微量的水，因此，水与待测试样中的活泼氢（如羟基、羧基、氨基、巯基氢）发生氢核交换过程，会使活泼氢不出峰。而对于氘代二甲亚砜作为溶剂，则因不含水，而会使样品结构中的活泼氢出峰。有些时候，在氘代氯仿和氘代吡啶做溶剂的 NMR 谱中（也因样品干燥，溶剂不含水），所以，化合物中的活泼氢会出峰。

同时，因水峰不仅会干扰活泼氢的出峰，而且若其量在样品中较大，即样品不干燥，则会造成即使用氘代二甲亚砜做溶剂也会使活泼氢不能出峰，以及水峰太大太高，也会掩盖住样品峰，因此，样品在测试 NMR 前，应先将样品干燥。

（二）^{1}H NMR 给出的结构信息

1. ^{1}H NMR 的化学位移

在化合物中，氢核不是孤立存在的，其周围连着其他的原子或基团，它们彼此间相互影响，从而使氢核周围电子云密度改变，凡是能使核外电子云密度改变的因素都能影响化学位移。

内部因素有：元素电负性，磁的各向异性效应等；而外部因素有：溶剂效应，氢键的形成等。

（1）元素的电负性（诱导效应）

如果 ^{1}H 核与吸电子基团，如卤素原子、氧原子等相连，其周围电子云密度减小，受到屏蔽作用减弱，共振向低场移动，化学位移增大。如：

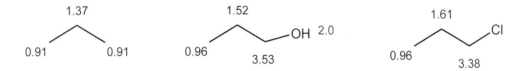

（2）共轭效应

极性基团通过 π-π 或 p-π 共轭作用，可影响较远的碳上的质子的化学位移。取代基的吸电子（Cl）共轭效应使 δ_H 变大，而供电子共轭效应使 δ_H 减小。如：

```
5.1                 15.0
 H      OH
  \    /
   C=C
  /    \
 H      5.3
5.4

5.43
 H      Cl
  \    /
   C=C
  /    \
 H      H
5.38   6.33

5.25 ══ 5.25

5.02      6.25
 H        H
  \      /
   C=C  
  /      \
 H        5.16
5.16

          H    H
           \  /
            C=C
           /  \
          H    
        6.25   5.02
```

（3）磁的各向异性

实践证明，化学键尤其是 π 键，因电子的流动将产生一个小的诱导磁场，并通过空间影响到邻近的氢核。这个由化学键产生的第二磁场是各向异性的，即在化学键周围是不对称的，有的地方与外加磁场方向一致，将增加外加磁场，并使该处氢核共振移向低磁场处（去屏蔽效应），故化学位移值增大；有的地方与外加磁场方向相反，将削弱外加磁场，并使该处氢核共振移向高磁场处（屏蔽效应），故化学位移值减小。这种效应叫作磁的各向异性效应（Magnetic Anisotropic Effect）。

在含有 π 键的分子中，如芳香系统、烯烃、羰基、炔烃等，其磁的各向异性效应对化学位移的影响十分重要，见表 5-2。此现象说明了苯环、烯和醛上的氢处于去屏蔽区，所以化学位移处于低场，而炔氢处于屏蔽区，所以处于高场。

表 5-2　含有 π 键的分子中磁的各向异性效应应对化学位移的影响

结构类型	杂化方式	在磁场中的电子流动方向	各向异性图
芳环	sp^2	在碳环的上或下方，逆时针流动	
醛	sp^2	在 C-O σ 键的上或下方，逆时针流动	
炔	sp	在 C-C σ 键周围形成圆筒形，按逆时针的方向流动	

（4）氢键效应

化学位移受氢键的影响较大，当分子中形成氢键以后，由于静电作用，氢键中 ^1H 核周围的电子云密度降低，^1H 核处于较低的磁场处，其 δ 值增大。共振峰的位置取决于氢键缔合的程度，即样品浓度，浓度大，越易形成氢键。显然，样品浓度越高，则 δ 值越大。随着样品用非极性溶剂稀释，共振峰将向高磁场方向位移，故 δ 值减小。

（5）质子快速交换

活泼氢是指连接在 O、N、S 等电负性较大原子上的 H 原子。在一定条件下，活泼氢可发生快速交换，从而使静态下化学环境不同的 H 核，在动态下成为化学等同核，具有相同的化学位移。

当在同一个化合物分子中有多种活泼氢，或者在溶质和溶剂分子中都有活泼氢时，由于它们快速交换位置使其所处化学环境平均化，从而使静态下本来不同的活泼 H 核成为化学等同核。即在质子性溶剂中测定化合物的 ^1H NMR 时，活泼氢的 NMR 信号会消失的原因就源于此。

（6）溶剂效应

溶剂的影响也是一种不可忽视的因素，^1H 核在不同溶剂中，因受溶剂的影响，化学位移发生变化，这种效应称为溶剂效应。

综上，各型氢核所处的化学环境不同，共振信号就将分别出现在磁场的某个特定的区域，即具有不同的化学位移值，故可从测得的化学位移值推测氢核的结构类型。常见氢核的化学位移值见表 5-3。

表 5-3　常见氢核的化学位移

类型	结构	δ/ppm
饱和烃	—CH_3	0.79 ~ 1.10
	—CH_2	0.98 ~ 1.54
	—CH	$\delta CH_3 + (0.5 \sim 0.6)$
	—OCH_3	3.2 ~ 4.0
	—NCH_3	2.2 ~ 3.2
	烯甲基	1.8
	乙酰甲基	2.1
	芳甲基	2 ~ 3
烯烃	端烯质子	4.8 ~ 5.0
	内烯质子	5.1 ~ 5.7
	与烯基、芳基共轭	4 ~ 7
芳香烃	芳烃质子	6.5 ~ 8.0
	供电子基团取代（—OR，—NR_2）时	6.5 ~ 7.0
	吸电子基团取代（—COCH_3，—CN，—NO_2）时	7.2 ~ 8.0
	—COOH 取代时	10 ~ 13
—OH	醇	1.0 ~ 6.0
	酚	4 ~ 12
—NH_2	脂肪	0.4 ~ 3.5
	芳香	2.9 ~ 4.8
	酰胺	9.0 ~ 10.2
	—CHO	9 ~ 10
巯基	烷基巯基	1.0 ~ 2.0
	芳香巯基	3.0 ~ 4.0

2. 峰型与偶合常数（自旋偶合与自旋裂分）

每一种化学环境的 H 所受的周围电子的磁屏蔽强度是一定的，理应只有一种共振频率——出现单峰。然而在碘乙烷（CH_3CH_2I）的核磁共振谱图（图 5-1，由 Chemdraw 软件模拟）中，可以看到，δ=1.6 ~ 2.0 处的—CH_3 峰有一个三重精细结构；在 δ = 3.0 ~ 3.4 处的—CH_2 峰有一个四重精细结构。邻近的两个质子自旋时，核磁矩之间相互作用产生自旋偶合，自旋偶合引起谱线增多，这种现象叫自旋裂分。

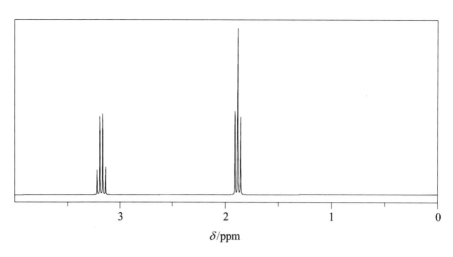

图 5-1　碘乙烷的核磁共振谱图

自旋裂分产生的原因，是 H 感受到的邻位 H 的磁场有多种（每一 H 核在外加磁场中有两种取向）。对于简单的偶合，峰裂距称为偶合常数（J），表示偶合能力的大小。

相邻氢核间可以发生自旋偶合，这种叫同核偶合。尽管相邻 ^{13}C、^{17}O 会对氢有偶合作用，但 ^{13}C、^{17}O 的自然丰度很小，所以对氢的偶合作用很小，在氢谱中只在主峰两侧以"卫星峰"的形式存在，影响很小，常被基线噪声所掩盖，通常不予考虑。但是在碳谱中，由于 ^{1}H 的自然丰度很大，所以对 ^{13}C 的偶合作用很强，偶合常数很大，会产生复杂的图谱。因此，为解决此问题，采取去偶的方式，消除所有 ^{1}H 核对 ^{13}C 的影响，这样得到的碳谱即每一个化学不等价的 ^{13}C 核均表现为一个尖锐的单峰信号（碳棒）。

1）偶合-裂分的条件（磁不等价，峰型与偶合常数）

磁等价核：如果有一组化学等价质子，当它与组外的任一磁核偶合时，其偶合常数相等，该组质子称为磁等价质子。

对硝基氟苯（结构如下）而言，H_a 和 H_b 为化学等价核，H_c 和 H_d 为化学等价核，但它们磁不等价。例如，H_a 与 H_c 是邻位偶合，而与 H_b 是间位偶合；而 H_b 与 H_c 是对位偶合。所以说，化学等价的核不一定是磁等价核，磁等价核一定是化学等价核。

$$
\begin{array}{c}
NO_2 \\
Ha \quad\quad Hb \\
\\
Hc \quad\quad Hd \\
F
\end{array}
$$

磁等价核之间虽有偶合作用，但无裂分现象，在 NMR 谱图中为单峰，只有磁不等价核才会产生共振峰裂分现象，所以，在 Cl—CH$_2$—CH$_2$—Cl 分子中，—CH$_2$—上的氢核皆是化学等价与磁等价核，出现的信号强度相当于 4 个 H 核的单峰。

2）磁不等价的结构有：

（1）化学环境不相同的氢核。

（2）末端双键上的同碳质子。

（3）虽是单键，但带有双键性质的氢核，如 N,N-二甲基甲酰胺，其 N 原子连接的是两个甲基氢质子，因酰胺键与羰基共轭，使 C—N 单键具有双键的性质，不能自由旋转，因此，其磁不等价。

（4）与手性碳原子相连的亚甲基 CH_2 上的两个氢核磁不等价。

（5）刚性环上的亚甲基 CH_2 上的两个氢核磁不等价。

（6）对于对位取代芳环的取代基，邻位氢也是磁不等价，但它们不裂分，因为自旋偶合作用是通过键合电子间的传递而实现的，故间隔键越多，偶合作用越弱。通常，磁不等同的两个（组）核，当间隔超过 3 根单键时，如硝基氟苯中的 H_a 与 H_b（间隔 4 根键），它们相互自旋干扰作用弱，可以忽略不计。

3）自旋偶合的分类

自旋偶合系统：指相互偶合的一组核。如丙基异丙基醚（结构如下）中丙基是一种自旋偶合系统，异丙基是另一种自旋偶合系统。

（1）低级偶合

相互偶合作用的各基团化学位移差值 Δv（频率差值，单位 Hz）与偶合常数 J 之比大于等于 6，即 $\Delta v/J \geqslant 6$ 时，干扰作用弱，称为低级偶合；反之，则干扰严重，称为高级偶合。

（2）低级偶合的特征

① $n+1$ 规律

a. 一个（组）磁等价质子与相邻碳上的 n 个磁等价质子偶合，将产生 $n+1$ 重峰。如 CH_3CH_2OH（2+1；3+1；1）。

b. 当某组质子有两组与其偶合作用不同的邻近质子偶合时（ J 不同），如其中一组的质子数为 n，另一组质子数为 m（这两组核为磁不等价），该组质子会产生 $(n+1)(m+1)$ 重峰，如 $CH_3CH_2CH_2NO_2$（斜体的中间亚甲基峰裂分为 12 重峰）。

c. 当某组质子有两组与其偶合作用相同的邻近质子时（ J 相同），其中一组的质子数为 n，另一组的质子数为 m，则该组质子会产生 $n+m+1$ 重峰。如 $CH_3CH_2CH_3$（斜体的中间亚甲基峰裂分为 7 重峰）。

② 峰高

当某组质子与 n 个相邻氢偶合时，裂分峰之间的峰面积或峰强度之比符合二项展开式各项系数比。$(a+b)^n$，n 为相邻氢核数。

③ 各组峰的中点，即为其化学位移，可直接在谱图中读出。

④ 裂分峰之间的裂距即为偶合常数。

（3）高级偶合的特征

峰不具有低级偶合的特征，如峰不符合"$n+1$"规律，化学位移不在峰的中点，不能通过峰的间距直接读出偶合常数等。

（4）随着核磁共振仪频率的提高，一些高级偶合会变为低级偶合，使谱简单化，更易解析。

4）偶合常数

两个磁不等价的氢核之间的相互干扰，称为自旋偶合，干扰的强度就是偶合常数，

用 J 表示，单位为 Hz。如果是低级偶合，则可直接从峰的裂距计算出。而且由于 J 是一种物理常数，所以不因仪器的不同，或仪器的频率不同而不同。故偶合常数值与峰形对化合物的结构解析非常重要，有时甚至比化学位移值还重要。如顺式双氢的偶合常数是 9～12 Hz，而反式双氢的偶合常数是 12～16 Hz；芳香体系中的邻位双氢的偶合常数是 6～9 Hz，而间位双氢的偶合常数是 1～3 Hz。

3. 峰面积与氢核数目

在 ^1H NMR 谱中，各个氢信号的积分面积之比等于分子中各个氢的数量之比。即用解谱软件先对谱图中最对称、无重叠的氢峰进行积分（一般选取低场峰，如芳香氢峰进行积分），软件自动将其峰面积定义为 1，然后再对其他氢峰进行积分，则可判断分子中各个氢的数量。不仅如此，还可通过氢的峰面积比例，来判断该峰是否是杂质峰，即若该氢峰与其他氢峰的峰面积不成比例，则可判断该峰是杂质峰。另外，要注意活泼氢在极性溶剂（如氘代甲醇）中不出峰，因此，对此类活泼氢还要结合 ^{13}C 的化学位移来判断。

（三）^{13}C NMR 给出的结构信息

因为 ^{13}C 在自然界的天然丰度很低，两个 ^{13}C 相连的概率只有 0.1%，所以 ^{13}C—^{13}C 相连的同碳偶合，基本可以不考虑。但是，因 ^1H 在天然界的丰度很高，所以，^1H 对 ^{13}C 的影响就很大，不能忽略。故为消除质子对 ^{13}C 的影响，使谱图容易解析，当前几乎所有碳谱均是消除了 ^1H 对 ^{13}C 的影响的谱，碳谱就无裂分现象，仅以一根根的碳棒出现。由于 ^1H 对 ^{13}C 有 NOE 效应，所以碳棒还有高矮之分，对判断碳的级数也有帮助。也由于此情形，季碳的峰比较矮，所以，如果样品量少或累加的次数较少，易使季碳出不了峰，这需要在解谱时注意。

1. 化学位移

为去除 ^1H 对 ^{13}C 的偶合与裂分干扰，当前的 ^{13}C 谱绝大多数采用全氢去偶的方法来测定，所得的谱图就没有偶合与裂分现象，是一根根的碳棒。因此，谱图也只给出一个信息，即化学位移，没有峰面积与偶合常数等信息。

化学位移也是以基准物四甲基硅烷为基准而测定的，以 δ（ppm）表示，宽度为 0～220 ppm，是氢谱的 20 倍。因此，碳棒重叠的可能性比氢谱小，碳骨架就容易判断与归属解析。

从总体上说，^{13}C 的化学位移与核外电子云密度有关。而具体来讲，主要受碳原子的杂化方式、吸电子基的诱导效应、共轭效应、空间效应、氢键效应、磁的各向异性等因素的影响。

（四）DEPT 信息

无畸变极化转移技术（distortionless enhancement by polarization trancefer，DEPT），是采用特殊脉冲使灵敏度高的 ^1H 核磁化转移至灵敏度低的 ^{13}C 核上，从而大大提高 ^{13}C 观测灵敏度的技术。

脉冲宽度（θ）为 135° 的 DEPT 谱应用最广，能将亚甲基 CH_2 以倒峰、不连氢的季碳不出峰，而 CH 和 CH_3 为正峰的形式显示，因此，容易判断碳的级数，即伯、仲、叔、季碳。对均为正峰的 CH 和 CH₃ 的区别可，用脉冲宽度（θ）为 90°的 DEPT 谱来解决，即在谱图中，CH 出峰，而 CH₃ 不出峰。但对于有经验的识谱者，不做脉冲宽度（θ）为 90°的 DEPT 谱，也能很好地将正峰的 CH 和 CH₃ 区别开来，即从化学位移与峰的高度来判断。

（五）谱图处理与解谱操作

软件上部的菜单栏及快捷键栏都与一般软件的设计类似，一些图标与作用也相同，因此，容易学习与上手。

1. ¹H NMR 谱的解析操作

（1）双击桌面的软件快捷键，打开 MestReNova 软件，并将解析的谱图打开。用 open 键打开相应的 NMR 谱图数据，打开后的氢谱如图 5-2 所示。

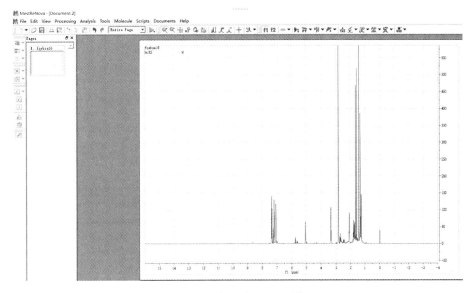

图 5-2　打开 ¹H NMR 谱

（2）谱图处理。

① 首先识别溶剂峰，从而确定与之相应的水峰，从而把溶剂峰与水峰排除；若 DMSO 为溶剂，则活泼氢才可能出峰（不是必能出峰，也就是说若样品不干燥，含有水的情况下，也不出峰）。其他溶剂，活泼氢（—OH，—NH₂，—COOH）不出峰，特殊情况在氘代氯仿中有可能出峰。

② 以溶剂峰的化学位移作为基准，从而标定样品峰的化学位移。

③ 选择低场区峰形最好的峰为基准积分，再对其余峰进行积分，确定峰面积，从而判断每个峰的氢数，并排除不成比例的杂质峰。

④ 对多重峰进行偶合常数的标定或自己计算，并准确判断峰形，如 s、d、dd、t、m 等峰。注意：在有些情况下，氢峰或有重叠现象，尤其是在高场区。多数情况下，即为低级偶合的情况下，氢峰的峰数符合 $n+1$ 的规则，峰高符合二项式展开式的系数。

⑤ 对谱图中的字体、字号、颜色、栅格等进行处理，优化谱图的外观。处理好的谱图如图 5-3 所示。

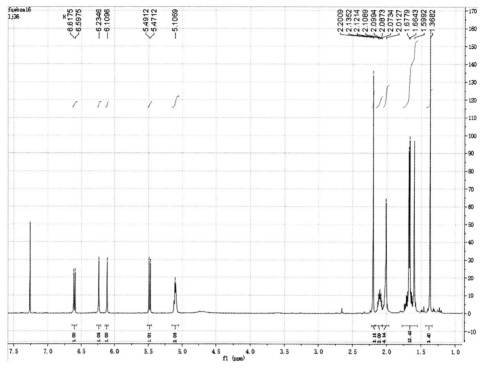

图 5-3　处理后的 ¹H NMR 谱图

（3）在 ¹H NMR 谱中，将化学位移分成几段来理解，各段对应各自的氢，重要的位移列于表 5-4 中。

表 5-4　¹H NMR 谱中重要的化学位移

类型	化学位移	峰型
醛氢	9.5～10	s
羧基上的羟基氢	12 以上	s
酚羟基	>8	s
芳香氢	6～9	与邻位、间位氢发生偶合，峰型与偶合常数常对结构解析有重要作用
连杂原子的碳氢	3～6	与邻位氢偶合，峰形变化
醇羟基氢	0.5～5	与邻位氢偶合，峰形变化
糖端基氢	4.5～5.5	d，偶合常数常可确定糖的 α、β 构型
烷基氢	<3	峰形变化大，一般符合 $n+1$ 的规则，容易与其他氢重叠
甲基	～1	峰形变化大，一般符合 $n+1$ 的规则，容易与其他氢重叠
芳香甲基	～2	s
乙酰甲基	2.1	s
甲氧基	3.5～4.0	s

2. ^{13}C NMR 与 DEPT 谱的解析操作

（1）在 ^{13}C NMR 谱中，也是先找出溶剂峰，作为基准，再对碳峰标定出化学位移。

（2）将 ^{13}C NMR 谱和 DEPT 谱标出化学位移后，就将它们上下排列在一页谱中，并使峰对齐。

（3）峰的级数判定，由 DEPT 得出。同时，由于有 NOE 效应，所以连氢越多的峰越高，甲基峰最高、季碳峰最矮；碳谱中的碳信号采用的是去氢去偶谱，所以碳为单峰（碳棒），且化学值的范围宽，因此，一般不会有碳重叠的现象，如果有的话，峰肯定比一般碳高一倍，对此还可再与氢谱对照核实。

（4）将化学位移分成几段来理解，各段对应各自的碳氢，重要的位移列于表 5-5 中。

表 5-5　^{13}C NMR 谱中重要的化学位移

类型	化学位移 δ_C	化学位移 δ_C 的影响
醛酮羰基	>200	p-π 共轭或 π-π 共轭均使羰基向高场移，即数值变小
羧酸羰基	180	
酯羰基	170	
酰胺羰基	160~170	
芳香碳	100~160	基准是 127.8，连氧后化学位移 +30，且为季碳（DEPT 上可分析出）
连杂原子的碳	100~50	
糖端基碳	95~105	1. 通过糖端基氢的偶合常数可判断与葡萄糖 C-2 绝对构型一致的糖的 α 和 β 构型 2. 通过碳的化学位移，也可初步判断糖的种类及 D/L 型
烷基碳	< 50	容易通过 DEPT 判断（甲基向上，亚甲基向下，次甲基向上），甲基因连接的氢多，NOE 效应强，所以峰最高
乙酰甲基	30	可结合羰基碳判断；且在氢谱中是单峰
甲氧基	45~55	与氢谱结合判断

（5）DEPT 谱

在脉冲宽度 $\theta = 135°$ 的 DEPT 谱中，碳棒向上的为 CH 或 CH_3（CH_3 只能出现在高场，再与氢谱核对可确定有多少甲基，因为可从峰的积分数为 3 或 3 的倍数来判断）；向下的是 CH_2；不出峰的是季碳。

在脉冲宽度 $\theta = 90°$ 的 DEPT 谱中，碳棒向上的为 CH，其他的不出峰。

处理后的谱图如图 5-4 所示。

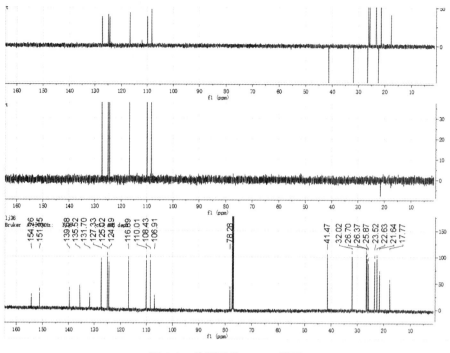

图 5-4　处理后的 DEPT 谱图

3. 2D NMR 的解析

（1）通过 HSQC 谱，确定 C—H 直接相关，从而确定大多数关键的 C、H 化学位移与位置。

（2）解析 HMBC 谱，确定 2 键以上的 C—H 相关；一般先从特征的碳或氢化学位移开始解析。

（3）解析 ¹H—¹H COSY（相邻氢的相关）来解析相邻氢的关系，从而将连氢的碳结构连接起来。

（4）最后，用 ROESY 或 NOESY（空间上相接近的氢相关）谱来确定分子的立体构型，但只能确定分子的相对构型，不能确定其绝对构型。

4. 综合解析

通过 1D NMR 谱基本能判定出化合物的骨架类型，如依据碳谱中有多少个碳（排除甲氧基的碳数，碳谱确定），有什么类型的碳（DEPT 确定），有无甲氧基、甲基（碳氢谱确定），是否为含糖的苷类化合物（糖端基氢与端基碳的化学位移、峰形、偶合常数；连氧的亚甲基的碳氢化学位移；糖上 C-2 ～ C-5 的化学位移等综合判定）。

对各类型结构化合物的碳氢特点有了解，才能很快判断结构类型，如黄酮化合物的结构，母核上的取代基主要是甲氧基与羟基，则各类碳氢的化学位移、偶合常数需了然于胸才能很好解析化合物，如连氧的芳碳的化学位移约为 δ_C 160（苯环碳 127.8 + 30），甲氧基（δ_C 45 ～ 55），C-4 位羰基约 δ_C 175，5-OH 与 C-4 位羰基的氢形成分子内氢键，化学位移可低至 δ_H 12。

最后将解析的化合物来验证碳氢谱数据（尤其是峰型与偶合常数）的正确性，不能有自相矛盾的地方，如此，结构解析正确的可能性很高。

NMR 是结构解析中最有力的方法，但不是唯一的方法，结构在测试之前，对化合物的外观性状、溶解性等理化性质的了解，以及化合物来源的科、属、种也能给结构鉴定很大的提示。

最后，结构推导出来后，还可再用质谱确定分子的分子量是否与解析的化合物分子量一致，如此，结构解析肯定无误。如果分子中有手性中心，则还需用 CD、X 射线单晶衍射法或其他方法来确定分子的绝对构型（也就是要写出手性碳的 R/S 构型）。

三、仪器设备、材料与试剂

安装有 MestReNova 与 Chemdraw 软件的计算机。解析的谱图（酚酸类成分化合物，如苯丙素、香豆素、蒽醌与黄酮的 ^1H、^{13}C NMR 及 DEPT 谱）。

四、技能训练内容与考查点

见表 5-5。

表 5-5　核磁共振波谱解析技能训练内容与考查点

实训步骤	操作要点	考查内容	评分
1	图谱处理	正确使用解谱软件进行图谱处理，考查： 1. 正确判断 H、C 谱的溶剂峰，定标准确 2. 正确标出氢峰的化学位移、峰面积与偶合常数（偶合常数可不标出） 3. 正确标出碳峰的化学位移 4. ^{13}C 谱与 DEPT 的对齐一致 5. 图谱清晰、简洁、美观及谱图中的字号大小适中	40
2	图谱解析	结构解析正确，考查： 1. 正确使用 ChemDraw 软件，画出结构 2. 结构解析正确 3. C、H 峰归属正确	40
3	结果输出	按要求格式正确写出 ^1H，^{13}C NMR 峰的化学位移、峰形、偶合常数、碳氢编号，其中： 1. 碳、氢化学位移、峰形、偶合常数写法正确、有效数字位数保留正确 2. 附图文档正确保存	20

五、知识拓展

核磁共振技术因其具有非破坏性和无侵入性等特点，已发展成为新化合物结构鉴定和天然产物药物分析不可缺少的工具，广泛应用于药物研究领域。而且，核磁共振现象给出的化学位移、偶合常数等是化合物的物理常数，所以成为结构解析的"金标准"。不仅如此，随着高场核磁共振仪及固态核磁共振技术的发展，NMR 在药物发现、药物相互作用、药物代谢组学以及固态药物分析中发挥着越来越广泛的作用。

1. 定量核磁共振技术在中药分析中的应用

基于核磁共振的定量分析方法——定量核磁共振技术（Quantitative Nuclear Magnetic Resonance，qNMR），具有快速、简便、准确、专属性高的特点，与其他分析方法相比，具有以下优势：①核质子信号强度与数目成正比，与化学性质无关，适用于多数化合物；②利用内标法或相对测量法，定量时无须该化合物的纯品作为对照标准；③信号峰的宽度窄，远小于各信号之间的化学位移的差值，不同组合的信号之间很少发生重叠；④不破坏被测样品；等。因此，可用于化合物的纯度分析、中药鉴定、中药活性成分的含量测定等。

2. NMR 波谱在药物相互作用中的应用

在天然产物小分子作用靶点的研究上，由于获得核酸与配体尤其是小分子共结晶样品的难度较大，因而在研究核酸与其他物质相互作用时，NMR 具有明显优势。NMR 在溶液中研究 DNA 与其他分子形成复合体结构时，除获得高分辨率结构外，还可获得其他相互作用信息，如结合常数、分子动态学以及瞬时构象等。

3. 固体核磁共振波谱的应用

在测定 NMR 时，使用固体样品会因自旋-晶格弛豫时间增长，以及自旋-自旋弛豫时间缩短，都会对测定结果不利。因此，一般都要使用氘代溶剂溶解固体试样，才能测定 NMR。但是，固体核磁共振作为一种重要的谱学技术，它对体系中的近程有序变化更为敏感，非常适合用于研究各类非晶固体材料的微观结构和动力学行为，能够提供原子、分子水平的结构信息。近年来，高场 NMR 谱仪（800 MHz 及以上）和超高速（60 kHz 及以上）魔角旋转探头的应用，以及各类先进一维、二维脉冲实验技术和超极化技术的研发，极大地促进了固体 NMR 方法学的发展及其应用范围的拓展。目前，固体 NMR 已被广泛应用于多相催化、聚合物、玻璃、锂电池、纳米材料、药物和膜蛋白等诸多研究领域。

4. 液相色谱-核磁共振联用技术

液相色谱-核磁共振（LC-NMR）联用技术就是把液相色谱出色的分离能力同核磁共振技术有效的结构解析能力结合到一起，实现在线检测，不仅能简化样品前处理过程，提高自动化程度，缩短检测时间，而且能够建立相关化合物色谱和核磁数据之间的对应关系，在分子分离、鉴定领域有非常大的应用潜力。

经过几十年的 NMR 仪器和实验方法的发展，现已出现了更高场强的 NMR 仪器，设计出了更先进的 NMR 探头，发展了功能更丰富的脉冲序列技术，很大程度上解决了 LC-NMR 联用中 NMR 灵敏度低、干扰过多等传统问题，使得 LC-NMR 逐渐用于天然产物分析、药物代谢研究、异构体分析、聚合物分析等领域。

六、思考题

1. 请对 NMR 的产生原理进行解释说明。
2. 请对 ^1H NMR 谱中的溶剂峰、水峰、杂质峰如何判断作出说明。
3. 溶剂对 NMR 的影响有哪些？
4. 化学位移的影响因素有哪些？
5. 请举实例来说明峰的偶合条件（磁不等价情况）。
6. 请对一些典型结构的裂分情况，以及它们的偶合常数进行说明。
7. 请对简单苯丙素、香豆素、蒽醌、黄酮化合物的特征 NMR 信号进行分类说明。

七、参考资料

[1] 裴月湖. 有机化合物波谱解析[M]. 5 版. 北京：中国医药科技出版社，2019.

[2] 刘雅琴，余明新，何玲. 核磁共振技术在药物检测中的应用进展[J/OL].天然产物研究与开发. https://kns.cnki.net/kcms/detail/51.1335.Q.20220922.0944.002.html

[3] 林珊，苏娟，叶霁，等. 定量核磁共振技术在中药分析中的应用进展[J].药学实践杂志，2014，32（02）：92-95 + 106.

[4] 朱江，杨运煌，刘买利. DNA 及其蛋白质和小分子复合体结构的核磁共振波谱学研究进展[J]. 中国科学：化学，2022，52（09）：1438-1452.

[5]《物理化学学报》编辑部，邓风. 固体核磁共振研究进展——邓风研究员及其团队专访[J]. 物理化学学报，2020，36（04）：7-8.

[6] 张何，黄桂兰，袁铃，等. 液相色谱-核磁共振联用技术研究进展[J]. 化学分析计量，2017，26（03）：117-122.

项目六
绝对构型（改良 Mosher 法）

一、技能训练目的与要求

1. 掌握仲醇绝对构型的判断方法——Mosher 法的原理与操作。
2. 掌握改良 Mosher 法的原理。
3. 了解其他判断有机化合物绝对构型的方法及适用范围。

二、实验实训原理（或简介）

核磁共振波谱是非手性谱，所以在非手性条件下（在非手性的溶剂中测定），对于一对对映异构体，其 NMR 谱信号是相同的，也就是说一个外消旋体的左旋体与右旋体的 NMR 信号是相同的，因此，无法通过 NMR 来直接测定其绝对构型。即使利用 2DNMR 谱中的 ROESY 或 NOESY 谱，即通过 H-H 空间上的 NOE 效应，也只能确定分子的相对构型。但在 20 世纪 70 年代，美国学者 Mosher 开发出一种利用核磁共振波谱技术来确定手性仲醇绝对构型的方法，即 Mosher 法（Mosher's Method），而且本方法能解决 CD 谱不能解决的有机分子的手性问题，即手性仲醇碳原子旁无发色团结构的手性分子的绝对构型的确定问题，因此，本法是确定手性分子绝对构型方法的一个重要补充。

Mosher 法测定原理是：在非手性环境下，将外消旋体转化成非对映异构体衍生物，从而就有不同的 ^1H NMR 信号，因而通过比较衍生物的 ^1H NMR 来推测手性分子的构型。

Mosher 法采用一对手性试剂：α-甲氧基-α-三氟甲基-苯基乙酸，（α-methyloxyl-α-trifluoromethyl-phenyl-acetic acid，MTPA），亦称为 Mosher 酸（Mosher Acids）。现为提高反应活性，采用其酰卤化合物，立体结构及优势构象见下。

R-MTPA   S-MTPA

将一个手性仲醇分别与手性试剂 R-MTPA 和 S-MTPA 反应，得到 2 个酯类衍生产物（MTPA Derivatives），称为 Mosher 酯（Mosher Esters），Mosher 酯的立体结构见下。而且，Mosher 教授发现，在 Mosher 酯的优势构象中，醇基即"手性仲醇分子"上的 α-H、手性碳原子、氧原子以及 MTPA 上的羰基、羰基上的碳原子、α-C、α-三氟甲基上的碳原子共处同一平面，因而，Mosher 教授将此平面称为 MTPA 平面（MTPA Plane）或 Mosher 平面（Mosher Plane），并设计了 Mosher 酯构型关系模式图优势构象，见下。

手性仲醇   *R*-MTPA 酯的立体结构及优势构象

S-MTPA 酯的立体结构及优势构象

从 Mosher 酯构型关系模式可以看出，在 *R*-MTPA 酯分子中，醇基中取代基 R_1 处于酸基中的苯基（Ph）的面上，但是 R_1 与 Ph 处于 MTPA 平面的异侧，因此，R_1 受苯环的磁屏蔽效应（Shielding Effect）较小；而在 *S*-MTPA 酯分子中，R_1 处于 Ph 的面上，而且 R_1 与 Ph 处于 MTPA 平面的同侧，因此，R_1 受苯环的磁屏蔽效应较大。故此，*R*-MTPA 酯与 *S*-MTPA 酯相对比，*R*-MTPA 酯中 R_1 基团上的 β-H 处于较低场，而 *S*-MTPA 酯中 R_1 基团上的 β-H 处于较高场。

同理，对于醇基中取代基 R_2，*R*-MTPA 酯与 *S*-MTPA 酯相对比，*R*-MTPA 酯中 R_2 基团上的 β-H 处于较高场，而 *S*-MTPA 酯中 R_2 基团上的 β-H 处于较低场。因此，通过比较 ^{1}H NMR 谱中得出的数据分析，可判断仲醇的绝对构型。即产物 *R*-MTPA 酯、*S*-MTPA 酯中醇基上取代基 R_1 上 β-H 的 ^{1}H NMR 信号，其位移值差值 $\Delta\delta = \delta_S - \delta_R < 0$；比较产物 *R*-MTPA 酯、*S*-MTPA 酯中仲醇基上取代基 R_2 上 β-H 的 ^{1}H NMR 信号，其位移值差值 $\Delta\delta = \delta_S - \delta_R > 0$。因此，将 $\Delta\delta$ 为负值的 β-H 所在基团（R_1）放在 Mosher 模式图中 MTPA 平面的左侧，将 $\Delta\delta$ 为正值的 β-H 所在基团（R_2）放在 Mosher 模式图中 MTPA 平面的右侧，最终可判断仲醇样品手性碳的绝对构型，见下。

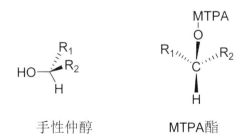

手性仲醇   MTPA酯

随后，又有科学家通过研究发现，在 MTPA 酯中，苯环对手性仲醇取代基非 β-位的远程质子同样存在抗磁屏蔽作用，而且对于与 β-H 处于同侧的、更远的质子具有相同的抗磁屏蔽作用，只是作用强度大小不同，这种方法称为改良的 Mosher 法。改进的 Mosher 法得到的结果比经典 Mosher 法中仅运用 β-H 的 $\Delta\delta$ 符号来判断手性碳的绝对构型的结果更加可靠。以下是通过改良 Mosher 法确定的 Faberidilactone E 和 4R-天名精内酯醇（4R-Carabrol）的结构，它的 S- 与 R-MTPA 酯的 ¹H NMR 数据（表 6-1）及判断结果如下。

$\Delta \delta_H (\delta_S - \delta_R)$ values

R=(S)- or (R)-MTPA

表 6-1　Faberidilactone E 和 4R-天名精内酯醇的 S- 与 R-MTPA 酯的 ¹H NMR 数据

序号	Faberidilactone E		序号	4R-Carabrol	
	S-MTPA 酯	R-MTPA 酯		S-MTPA 酯	R-MTPA 酯
1	0.37,　m	0.44,　m	1	0.35	0.43
2	1.62,　m	1.68,　m	4	5.32	5.32
4	5.30,　m	5.30,　m	5	0.16	0.25
5	0.11,　m	0.20,　m	6b	0.81,　m	0.84,　m
6b	0.71,　m	0.75,　m	7	3.07	3.10
8	4.38,　m	4.38,　m	8	4.80	4.81
9b	0.94,　m	0.96,　m	9b	0.92	0.95
14	0.88,　s	0.96,　s	13a	6.31,　d	6.31,　d
15	1.33,　d	1.26,　d	13b	5.52,　d	5.54,　d
8	4.97	4.97	14	0.91,　s	0.97,　s
14′	1.13,　d	1.13,　d	15	1.35,　d	1.27,　d
15′	1.46,　s	1.46,　s	—	—	—

　　另外，由于大多数分离的天然产物的量一般都较少，为毫克级，因此，当前的改良 Mosher 法的操作是：一般直接采用氘代吡啶做溶剂，在核磁管或 EP 管中，样品与 MTPA（酰卤）反应，反应完成后，不进行分离，直接测定 ¹H NMR 谱。然后对 ¹H NMR 数据进行归属，计算 $\Delta \delta_H (\delta_S - \delta_R)$ 值，从而判断仲醇的绝对构型。此实验操作仅需样品量 1 mg，因此，具有样品需要量少、产物不需分离的优点。但是，氢谱中会存在未反应完全的 MTPA 原料的氢峰，因此，谱图会比纯化合物的氢谱复杂。在本反应中，氘代吡啶具有溶剂及催化剂的双重作用，其催化机理是，吡啶的碱性基团与反应生成的氢卤酸中和，

从而打破平衡，促使反应向正反应方向移动，其反应见下。

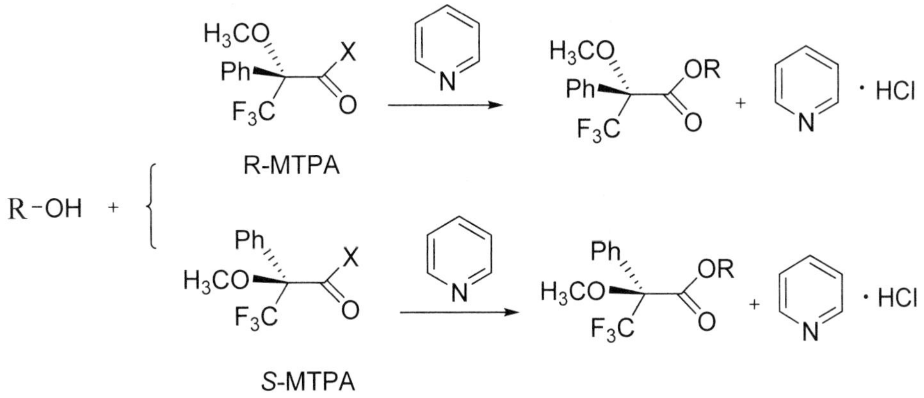

具体的操作流程如下：

1. R-MTPA、S-MTPA 酯的制备

在两只 EP 管中分别移入 1.0～3.0 mg 样品，用气泵吹干溶剂，再各移入氘代吡啶 130 μL，然后再分别移入 R-MTPA、S-MTPA 酰氯 3 μL，密封，置 40 ℃水浴加热反应 8 h 后，转入两支微量 NMR 管，测定 ^{1}H NMR 谱。

2. NMR 图谱处理与峰归属

（1）先对测试样品的氢信号进行归属。

（2）再分别对两个酯的 ^{1}H NMR 谱进行图谱处理，即溶剂峰标定、化学位移的标定，氢的归属。

（3）计算 $\Delta\delta_H$（$\delta_S - \delta_R$）值。

3. 判断仲醇的绝对构型

按照上述判断方法对化合物仲醇的手性进行正确判断。

三、仪器设备、材料与试剂

1. 仪器设备

核磁共振仪及 ^{1}H NMR 图谱、NMR 解析软件与计算机。

2. 试 剂

手性仲醇化合物（如 4R-天名精内酯醇）、S-与 R-MTPA 酰卤、氘代吡啶。

四、技能训练内容与考查点

见表 6-2。

表 6-2　绝对构型（改良 Mosher 法）技能训练内容与考查点

实训步骤	操作要点	考查内容	评分
1	R-MTPA，S-MTPA 酯的制备	考查试验操作	30
2	NMR 图谱处理	考查 ^{1}H NMR 图谱的处理能力，即识别溶剂峰，对峰进行正确归属正确计算 $\Delta\delta_H$（$\delta_S - \delta_R$）值。	50
3	判断仲醇的绝对构型	考查判断正确与否	20

五、知识拓展

　　有机化合物构型的测定方法主要有 X 射线衍射法（X-Ray）、圆二色散光谱法（Circular Dichroism，CD）、旋光色散光谱法（Optical Rotatory Dispersion，ORD）、核磁共振波谱法（NMR）等。但是，每个方法都有其局限性，都不能解决所有的问题。例如，对有机化合物的绝对构型判断最重要、也是最准确的测定方法是 X 射线衍射法，但本法对测定样品有单晶的要求，即样品需要先出培养出单晶才能测定，而很多天然产物由于量少或为油状等原因，很难培养出单晶。而其他常用的方法如圆二色散光谱法和旋光色散光谱法则要求测试化合物的手性中心旁要有发色团，这样在 CD 谱中才有 CE，才能用于化合物绝对构型的判断。因此，对不能培养出单晶、在手性中心旁又无发色团的化合物的绝对构型的确定，就需要另求办法。针对此类化合物绝对构型的解决，当前出现了基于 NMR 的方法，如 Mosher 法。因此类方法具有测试仪器使用广泛，容易测定；测定原理容易理解与掌握；测试样品需要量少，而且有时还可回收；以溶液形式进行测试，因此，适用于固体与液体样品的测试等优点，成为当前确定有机分子手性绝对构型的重要方法，也是 X 射线衍射法、CD 法的一种重要补充方法。

　　按鉴定化合物绝对构型的 NMR 法的测定原理，可将本法分为两类，第一种方法的测定原理是样品在手性溶剂或在非手性测试溶剂中添加手性试剂，即给样品提供一个手性的测试环境，从而产生不同的化学位移，以此来确定化合物的绝对构型。例如，研究发现符合通式 $M_2(O_2CR)_4$（其中 M = Mo、Rh、Ru）的双核螯合物，均显示了与多种结构类型化合物易形成手性配合物的良好特性。因此，目前比较公认的方法包括：应用 $Mo_2(OAc)_4$ 试剂确定邻二醇类结构的绝对构型和应用 $Rh_2(OCOCF_3)_4$ 试剂确定手性醇结构（仲醇和叔醇）的绝对构型。但本法所用的手性试剂与样品不发生反应，不产生共价键结合，所以产生的磁屏蔽作用不强，因此，一对对映体的 NMR 相似度较高，不易区分，本法应用不广。

　　第二种方法就是将光学纯样品分别与一对光学纯手性试剂反应，生成一对非对映异构体。因它们是以共价键结合的酯，结合紧密，产生的磁屏蔽作用强，从而会产生区分度较高的 NMR 信号，从而能较好地解决化合物的绝对构型，如 Mosher 法。经过几十年的发展，根据 Mosher 法的原理，科学家们又开发出了一些改进的新方法与新的手性试剂，现简要介绍如下。

1. Mosher 法测定伯醇 β-位手性中心的绝对构型

该方法可以测定如下所示模型化合物的伯醇 β-位手性中心的绝对构型，如甾体化合物 C-26 位氧化（伯醇）的 C-25 位手性中心的绝对构型测定。

R = R-or S-MTPA

根据 R-MTPA 酯和 S-MTPA 酯中 26 位亚甲基的两个质子的化学位移和裂分情况来判断 25 位手性碳的绝对构型。若 C-25 为 S 构型，则 R-MTPA 酯中 26 位两个质子的化学位移比较接近，有时表现为一个含两个 H 的双重峰，而 S-MTPA 酯中 26 位两个质子的化学位移相对分开，有时表现为两个分辨良好的双二重峰。若 C-25 为 R 构型，则情况相反。

2. 改良 Mosher 法测定氨基酸和伯胺 α-位手性中心的绝对构型

Kusumi 等运用改进的 Mosher 法测定氨基酸和直链伯胺类化合物的绝对构型，取得满意的结果。所应用的 MTPA 平面和 Model A 与仲醇时相同，如下所示。

3. 应用 MPA 试剂的 Mosher 法

应用 α-甲氧基苯基乙酸（MPA）确定手性中心绝对构型的方法由 Trost 提出，MPA 酯的优势构象模型与 MTPA 酯类似。应用 MPA 法测定手性中心绝对构型的过程与 MTPA 法类似。但因 MPA 酯只有两种主要构象异构体，它们的数量很大，芳环的屏蔽效应清楚，因此，应用简化的模型就可推测绝对构型。而 MTPA 酯有 3 种主要构象异构体，而空间位阻或实验因素（如 NMR 测试溶剂或浓度）等会引起构象平衡移动，就会较大程度影响 $\Delta\delta$ 的大小，从而影响绝对构型测定结果的可靠性。

MTPA 对L2的屏蔽作用　对L2的去屏蔽作用　对L1的去屏蔽作用

MPA 对L1的屏蔽作用　对L2的屏蔽作用

综上，MTPA 法的应用受到以下两方面的限制：其本身不利的构象特征，以及存在屏蔽和去屏蔽作用相互抵消的现象。所以对于仲醇手性中心的绝对构型的确定，MTPA 方法没有 MPA 法和下面要讨论的 ⁹ATMA 法及 ²NMA 等可靠。

4. 应用 AMAs 试剂（¹NMA、²NMA、⁹ATMA、²ATMA）的 Mosher 法

Seco 等首先研究了一系列的芳基甲氧基乙酸[aryl（methoxy）acetic acid，AMAs]试剂。结果表明 ¹NMA（1-萘基-甲氧基乙酸）、²NMA（2-萘基-甲氧基乙酸）和 ⁹ATMA（9-蒽基-甲氧基乙酸）使 NMR 信号分离的程度（用 $\Delta\delta$ 值表示）是 MTPA 和 MPA 的 2 ~ 3 倍。

5. MNCB 和 MBCN 法

Mosher 法对于空间位阻大的羟基难以运用。Fukushi 等人运用 2-(2'-甲氧基-1'-萘基)-3,5-二氯苯甲酸（MNCB）和 2'-甲氧基-1,1'-二萘基-2-甲酸（MBCN）试剂，测定仲醇的绝对构型，而且该法可以用于有空间位阻的二级羟基的手性中心绝对构型的测定。

六、思考题

1. 在改良 Mosher 法中，为何要用氘代吡啶做溶剂，而不能用氘代甲醇？
2. Mosher 法测定仲醇的绝对构型的原理是什么？能否采用本法测定叔醇的绝对构型？
3. 测定化合物构型的方法还有哪些？简要叙述它们的适用范围。

七、参考资料

[1] 李力更，王于方，付炎，等. 天然药物化学史话：Mosher 法测定天然产物的绝对构型[J]. 中草药，2017，48（02）：225-231.

[2] 滕荣伟，沈平，王德祖，等. 应用核磁共振测定有机化合物绝对构型的方法[J]. 波谱学杂志，2002，19（02）：203-223.

[3] SECO J M, QUINOA E, RIGUERA R. The assignment of absolute configuration by

NMR[J]. Chem Rev, 2004, 104（1）: 17-118.

[4] YANG Y X, GAO S, ZHANG S D, et al. Cytotoxic 2，4-linked sesquiterpene lactone dimers from Carpesium faberi exhibiting NF-kB inhibitory activity[J]. RSC advances, 2015, 5: 55285-55289.

[5] 杨勇勋. 贵州天名精中倍半萜内酯类的化学成分研究[J]. 中国中药杂志，2016，41（11）: 2105-2111.

项目七
绿色化学（超声辅助苯甲酸的制备）

一、技能训练目的与要求

1. 掌握绿色化学与原子经济性的概念。
2. 掌握苯甲酸的制备原理。
3. 掌握超声辐射的原理与应用。
4. 掌握抽滤、重结晶操作。
5. 牢固树立绿色化学的观念和环保意识。

二、实验实训原理（或简介）

　　绿色化学是指运用化学的技术和方法去减少或消灭那些对人类健康或环境有害的原料、产物、副产物、溶剂和试剂等的产生和应用。绿色化学追求的目标是使废物不再产生，不再有废物处理的问题，因此，绿色化学是一门彻底阻止污染的化学。其中，如何利用高选择性催化剂或制备方法来实现化学反应的高选择性，进而实现"原子经济"（Atom Economy）反应（即原料分子中的原子百分之百地转变成产物），最终实现废物的"零排放"（Zeroemission）是当前绿色化学研究的重点方向之一。开发这类反应所采用的制备方法与常规制备方法的主要区别不仅表现在操作简单、安全、环境友好和资源有效，而且还能够快速定量地把廉价、易得的起始原料转化为天然或设计的目标分子。

　　近年来，一些特殊的合成反应，如电化学（有机电解合成）、光化学、相转移催化、微波合成、超声合成反应，因其污染小、节能、绿色、转化率高、产物分离简单等优点，日益得到广泛的关注与应用。

　　超声波合成技术在有机合成中受到广泛关注的原因是超声波对许多反应具有明显的促进作用，有些反应在一般条件下很难发生或需要催化剂方可进行，而在超声波辐射下可在较温和的条件下进行。

　　超声波促进反应进行的机理现在还不甚清楚，但一般认为并不是声场与反应物在分子水平上直接作用的简单结果，因为超声波的能量较低，甚至不足以激发分子的转动，故并不能使化学键断裂而引起化学反应。而是由于液体在超声波的作用下，产生无数的小空腔，即"空穴效应"，空腔内的小空腔闭合，产生瞬时的高温与高压，引起反应物分子的热离解、离子化或生成自由基等，从而使反应发生与加快。

　　苯甲酸是一种重要的化工产品，广泛用于医药、食品、染料、香料等行业，尤其在医药、食品领域中作为制备防腐剂苯甲酸钠的原料而得到广泛应用。有采用相转移催化法用高锰酸钾氧化甲苯制备苯甲酸的有效方法；但此法耗时长，温度高，且因要产生 MnO_2 沉淀，使溶液受热不均，易产生爆沸，有安全隐患等。同理，苯甲酸还可以通过苯甲醇的氧化来制备，但该反应也需要较高的温度，且反应时间较长，能耗大，转化率不高，也不符

052

合绿色化学的理念。本反应采用超声波促进苯甲醇氧化成苯甲酸，大大缩短了反应时间，降低了反应温度，提高了反应效率，降低了能耗，因此，是一个绿色化学反应。

其合成反应如下：

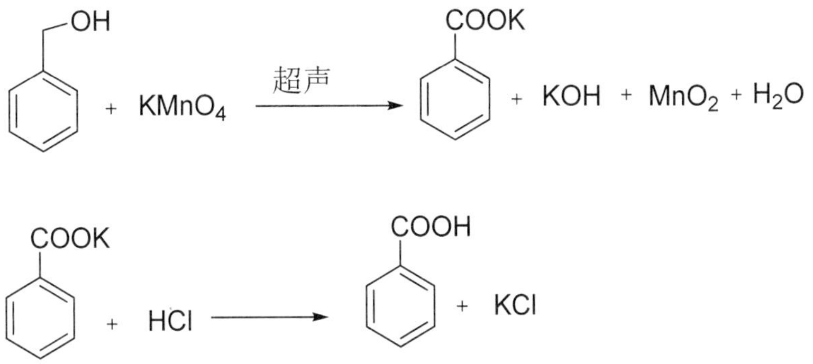

本反应在超声波的作用下，生成苯甲酸。然后加入氢氧化钠，使之转化成水溶性大的苯甲酸钠盐。通过过滤，将还原生成的固体 MnO_2 滤除，得到含苯甲酸钠的水溶液。再向滤液中加入还原剂亚硫酸氢钠，使未反应的高锰酸钾还原，如再有还原产物 MnO_2 生成，则再过滤，除去固体 MnO_2。然后，向滤液中加入盐酸，调节溶液的 pH，使之显酸性，苯甲酸钠盐转化成水溶性小的分子型苯甲酸化合物，然后析晶。最后，通过过滤得到产物。

三、仪器设备、材料与试剂

1. 仪器设备

250 mL 圆底烧瓶、回流冷凝管、抽滤装置、超声波清洗仪。

2. 试 剂

苯甲醇、高锰酸钾、浓盐酸等。

四、技能训练内容与考查点

见表 7-1。

表 7-1　绿色化学（超声辅助苯甲酸的制备）技能训练内容与考查点

实训步骤	操作要点	考查内容	评分
1	超声辅助氧化反应	操作准确，实验装置安装正确 具体操作：在 250 mL 圆底烧瓶中加入 2 mL（2.08 g，0.019 mol）苯甲醇、100 mL 蒸馏水及 6 g 高锰酸钾，装上球形冷凝管，将反应器置于超声清洗仪的中央，距离清洗槽底部 2～3 cm 处，控制清洗槽中的水温为 60 ℃，启动超声清洗仪进行超声处理。反应体系中的油状物全部消失后，停止超声处理（全程约需 3 min），关闭声源	30

实训步骤	操作要点	考查内容	评分
2	过滤，得滤液	操作准确 具体操作：取下圆底烧瓶，向反应瓶中加入适量的 10%氢氧化钠溶液，使生成的苯甲酸完全溶解，布氏漏斗抽滤。滤饼用 5 mL 50%氢氧化钠溶液洗涤一次，合并滤液。如果有颜色，加入亚硫酸氢钠溶液使其褪色。	30
3	析晶	操作准确，得率高。 具体操作：在搅拌下向滤液中加入 20 mL 浓盐酸，使溶液显酸性，使苯甲酸呈分子型而析出。布氏漏斗抽滤，得晶体。80 ℃干燥，称重①，产量为 2~2.3 g	40

五、知识拓展

目前，绿色化学的研究主要是围绕化学反应、原料、催化剂、溶剂和产品的绿色化开展，也取得了较大的进展。如在工业及实验室中，禁止使用对环境和人类有害的溶剂，如苯；在合成安息香反应中，用对环境友好的维生素 B_1 做催化剂，代替剧毒的氰化钠试剂；用一步反应代替两步反应，即原来是通过氯醇法两步制备环氧乙烷，发现银催化剂后，改为乙烯直接氧化生产环氧乙烷等。当前，在 CO_2 超临界流体、等离子体态下反应，可减少有机溶剂的使用，降低环境污染，同时可提高反应的选择性，节省能量；另外，改变合成的环境，引入超声、微波、电等手段可使化学反应速率更快、选择性更好、原子经济性更好，因此，它们也促进了绿色化学的发展。现对绿色化学合成中的新方法和新技术做以下简单介绍。

1. 超临界合成法

超临界合成是以超临界流体为介质（有时也作为反应物），而发生化学反应的一种新型合成方法。超临界流体是指处于临界温度（t_c）、临界压力（p_c）以上的流体，其气-液界面消失，体系性质均一，此时既不是气体也不是液体，呈流体状态（也被称为物质的第四态）。最常使用的超临界流体是 CO_2，它既可用作溶剂，又可用作反应物。CO_2 的使用，替代了传统的对环境污染严重且有毒的溶剂，无毒又无污染；同时它还能大大地提高反应速率，并且对目的产物的选择性也有一定程度的增加，从而减少和避免了副产物的生成；并且 CO_2 可以气体的方式从产物中完全分离，从而减少或去除后续分离单元操作，既节省了资源和能源，同时又减少了废气、废物等的排放。

2. 微波辐射合成

一般来说，大多数有机反应都需要用传统的加热装置来进行加热，如水浴、油浴、

注：① 实为质量，包括后文的恒重、重量、片重等。因现阶段我国制药等行业的生产和科研实践中一直沿用，为使读者了解、熟悉行业实际情况，本书予以保留。——编者注

电热套等。然而，这些加热方式都很慢，而且会在样品中出现温度梯度。另外，局部温度过热会导致产物、底物和试剂发生分解。而用微波介质加热时，微波能量可以均匀地对反应体系加热，而且不会对容器本身加热，使反应体系的温度上升快，而且迅速、均匀。

微波辅助化学（Microwave Chemistry，MC）是将微波技术应用于化学工艺中，是近几年来兴起的一门交叉学科。目前，微波辐射合成技术发展很快，已取得了一大批成果。其中涉及多种加成反应、酯化反应、氧化反应、缩合和聚合反应等；同时，微波也应用于超细粉末材料的制备、沸石分子筛的化学合成以及陶瓷的烧结反应等。

3. 等离子体有机合成

对于气态物质来说，释放电流或使其温度提升，气体的内部微粒便会发生电离作用或解离作用。当带电粒子的浓度达到一定程度的时候，新的聚集状态将会生成，这便是等离子体态。

许多激发态原子、分子、自由基等活泼介质和离子、电子等存在于等离子体中，促使等离子体易于进行化学反应，甚至可以使一些在正常条件下不易发生反应的物质得以反应。

4. 超声辅助合成

超声波辅助化学反应具有以下特点：①超声产生的"空化效应"可促进化学反应的进行。②超声使许多有机反应（特别是非均相反应）的速率明显加快，并且一般可提高反应得率。③使反应条件更加温和，大多数情况下使反应不需要另加搅拌，减少甚至可不用催化剂，故简化了实验操作。如本实验中氧化苯甲醇生产苯甲酸为两相反应，采用超声辅助技术后，既未用相转移催化剂，也未另加搅拌装置，而且反应温度得到了降低，提高了反应的安全系数。④在金属参与的反应中，超声波的加入可及时除去金属表面形成的产物、中间产物及杂质等，使其一直暴露出清洁的反应表面，从而对化学反应起到促进作用。正是由于超声化学不产生二次污染，环境友好，而且设备简单且易于操作控制，因此，应用越来越广。

5. 电化学合成

采用电化学的方法合成化合物的技术叫作电化学合成。其相对于传统的合成具有明显的优势：①电化学反应是通过反应物在电极两端上得失电子而实现的，一般不用加上其他试剂，故减少了物质消耗，从而减少了环境污染。②选择性很高，增加了产品纯度和收率，减少了副反应，较大程度地简化了产品分离和提纯工作。③工艺流程简单，反应容易控制。④反应的条件一般较温和，通常在常温常压或低温低压下进行，节省了能源，同时又降低了设备投资。

6. 光化学合成

光化学反应与热化学反应的主要区别有：①热化学反应是分子基态时的反应，反应物分子没有选择性地被活化，而光化学反应中，光能的吸收具有严格的选择性，一定波长的光只能激发特定分子结构的分子。②光化学反应中分子所吸收的光能远超过一般热化学反应可以得到的能量，因此，一些加热难以进行的反应，可以通过光化学反应进行。

另外，光化学反应还具有以下优势：①光是一种清洁"试剂"；②光化学反应比热化学反应温和；③进行光化学反应时，不需要进行基团保护；等等。因此，光化学合成反应的研发对绿色化学的发展也具有重要意义。

六、思考题

1. 反应体系中的油状物是什么？
2. 超声波促使反应的机理是什么？
3. 本实验分离苯甲酸的原理是什么？
4. 请比较分析，采用相转移催化剂，用高锰酸钾氧化甲苯生产苯甲酸与本法的不同之处。

七、参考资料

[1] 谢宗波，乐长高. 有机化学实验操作与设计[M]. 上海：华东理工大学出版社，2014.

[2] 张荣国，杨静，郭丽萍，等. 大学绿色化学实验体系设想[J]. 高等工程教育研究，2002（06）：81-82.

[3] 陆熙炎. 绿色化学与有机合成及有机合成中的原子经济性[J]. 化学进展，1998，10（02）：14-21.

[4] 闵恩泽，傅军. 绿色化学的进展[J]. 化学通报，1999（01）：11-16.

[5] 霍健. 现代绿色合成化学[J]. 化学工程与装备，2013（07）：154-155+158.

项目八
相转移催化（相转移催化法用
甲苯氧化制备苯甲酸）

一、技能训练目的与要求

1. 掌握相转移催化反应原理，以甲苯为原料制备苯甲酸的路线与方法。
2. 掌握回流和减压过滤等单元操作。
3. 掌握苯甲酸的提取分离原理。

二、实验实训原理（或简介）

在有机合成中，经常会遇到固液两相反应，例如以下反应（反应方程式见下）：氯辛烷（液体）与氰化钠（固体）的亲核取代反应，即使加热两周，也不会有产物生成；若用非质子极性溶剂，如 DMSO（二甲亚砜）虽会促使发生反应，生成取代产物，但须在无水条件下使用，以及 DMSO 的沸点高，反应完成后，不易将其从反应体系中除去，因此，应用也不广。

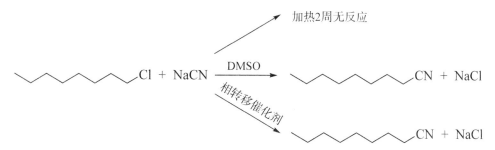

相转移催化法（Phase Transfer Catalysis，PTC）是 20 世纪 70 年代发展起来的一种新的合成方法。其中可促使一个可溶于有机溶剂的底物与一个不溶于溶剂的离子型试剂之间发生反应的催化剂称为相转移催化剂。由于该方法具有反应条件温和、操作简便，反应选择性高、副反应少等优点，受到国内外学者的普遍重视，发展非常迅速，已广泛应用于有机合成和高分子合成等领域。

目前，相转移催化剂主要有三类，即季铵盐类、冠醚类与非环多醚类，其中又以季铵盐类最为常用。催化反应的机理有多种假说，其中 Starks（1971 年）提出的相转移催化反应历程最为经典，可用以下亲核取代反应为例进行讨论：

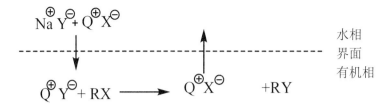

	水相
	界面
	有机相

Starks 认为：季铵盐在两相反应循环作用—— 使水相中的负离子 Y⁻ 与季铵盐正离子结合形成离子对，并由水相转移到有机相，在有机相中迅速地与卤代烷作用生成 RY 和离子对[Q⁺X⁻]，新形成的[Q⁺X⁻]回到水相再与负离子结合形成一轮循环。

苯甲酸一般由甲苯氧化而成，工业上采用液相空气氧化生产苯甲酸。$KMnO_4$ 氧化甲苯制备苯甲酸的方法是实验室中最常见的一种方法。由于该法需要比较剧烈的氧化条件，而氧化反应一般都是放热反应，所以控制反应在一定的温度下进行是非常重要的。如果反应失控，不但可能破坏产物，导致产率降低，还会有发生爆炸的危险。采用相转移催化剂完成甲苯氧化制备苯甲酸，可以优化反应过程，缩短反应时间并提高反应的安全性。

本实验采用四丁基溴化铵（TBAB）为催化剂，$KMnO_4$ 为氧化剂，由甲苯制备苯甲酸。

具体实验操作流程如图 8-1 所示。

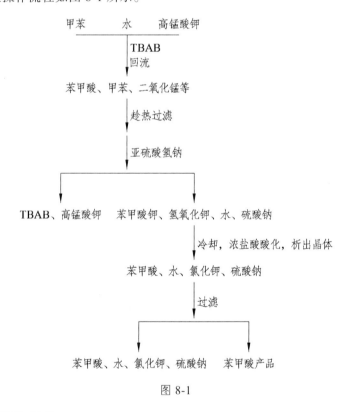

图 8-1

1. 苯甲酸的制备

在 250 mL 三颈瓶中加入 2.7 mL 甲苯、100 mL 水和一定量（约 0.8 g）的相转移催化剂，加入沸石。电热套回热至沸腾，分两次加入 8.5 g $KMnO_4$，黏附于瓶口的 $KMnO_4$ 用少量水冲洗入瓶内，继续在搅拌下反应 2 h，直至甲苯层几乎消失，并且回流液不再出现油滴为止。

在反应过程中，要注意反应不能剧烈，以防止爆沸。因随反应不断地进行，会有大量的 MnO_2 固体产物生成，造成受热不均，容易爆沸，致使反应液从反应瓶中通过冷凝管喷出。因此，在反应过程中要保持反应温和，保持微沸。

注意：不能从冷凝管的上端去观察反应进行情况，以免反应液冲出而受伤。

2. 产物的分离纯化

将反应混合物趁热减压过滤，用少量热水洗涤滤渣，合并滤液与洗涤液，加少量亚硫酸氢钠还原未反应完的 $KMnO_4$，直至紫色褪去。再次减压过滤，将滤液放于冰水浴中冷却，随后在搅拌的同时加入浓盐酸酸化，调节 pH 至强酸性（pH < 4），析出苯甲酸晶体，减压过滤可得到苯甲酸粗品。

三、仪器设备、材料与试剂

1. 仪器设备

三颈瓶（250 mL）、冷凝管、温度计（200 ℃）、量筒、抽滤瓶、布氏漏斗、托盘天平、电热套，水泵、滤纸等。

2. 试　剂

2.7 mL 甲苯、8.5 g $KMnO_4$、0.8 g 四丁基溴化铵、无水碳酸钠、盐酸、亚硫酸氢钠、氢氧化钠、广泛 pH 试纸（1～14）。

四、技能训练内容与考查点

见表 8-1。

表 8-1　相转移催化（相转移催化法用甲苯氧化制备苯甲酸）技能训练内容与考查点

实训步骤	操作要点	考查内容	评分
1	氧化反应	1. 实验装置安装正确，操作熟练 2. 反应过程安全意识强，反应温和，无剧烈反应、无反应液冲出现象	40
2	趁热抽滤操作	1. 操作熟练 2. 布氏漏斗使用正确	20
3	苯甲酸的提取	1. 操作正确 2. 能对滤液正确进行还原、过滤、加酸等操作	20
3	结晶	1. 熟练掌握操作流程好，操作流畅 2. 产品收率高	10

五、知识拓展

对有机物进行氧化的反应很常见，但氧化反应剧烈、副反应多、过程安全风险高，若使用相转移催化剂，可使反应温和、副反应少、过程安全。目前，已有相转移催化剂（Phase Transfer Catalysis，PTC）催化 $KMnO_4$、K_2CrO_7、$NaClO$、K_2O、$K_2S_2O_8$、KIO_4、H_2O_2、HNO_3 等氧化剂的氧化作用的报道。

总结起来说，相转移催化给有机物的氧化反应带来如下优点：①促进固液两相反应的发生；②反应条件温和，可在常温、常压或接近常温、常压条件下进行；③提高了氧化剂的氧化能力；④对于某些多官能团的有机物的氧化反应，具有一定的选择性；⑤反应绿色化。具体举例如下：

1. PTC 催化 $K_2Cr_2O_7$ 的氧化反应

这个反应是氧化卤代烷，使之生成醛类化合物。本反应的特点是在反应的过程中，分子结构中的双键不受影响，所以用 PTC 催化的 $K_2Cr_2O_7$ 氧化反应，尤其对于合成不饱和醛类，具有特殊的重要意义，特别是环内双键卤代烷的氧化反应，如牦牛儿醛和法尼醛等不饱和醛类的合成。

2. PTC 催化 NaClO 的氧化反应

PTC 催化 NaClO 的氧化反应，能催化苄醇的氧化，使其氧化生成苯甲醛，而且生成的醛类不再进一步氧化成酸类。这是该反应的特点。

3. PTC 催化 H_2O_2 的氧化反应

利用钨酸钠与二齿配体形成的催化体系，以 H_2O_2 为氧化剂，在相转移催化剂十六烷基三甲基溴化铵（CTAB）存在下，催化氧化环己醇合成环己酮。本法替代了在有机化学实验教材中，一般采用铬酸氧化环己醇，或用漂白粉制备次氯酸氧化环己醇的方法。克服了上法中对环境不友好的、致癌的氧化剂 Cr（VI）。

4. PTC 催化高铁酸钾的氧化反应

以 K_2FeO_4 为氧化剂，采用苄基三甲基氯化铵做相转移溶剂，实现了苯甲醇氧化成苯甲醛的绿色反应过程。本反应为绿色反应的原因是本反应的副产物是铁锈，反应后处理容易，无污染。而若采用传统氧化剂，如高锰酸钾、重铬酸钾等的氧化反应，氧化剂用量大，产生污染物多。

六、思考题

1. 相转移催化的反应原理是什么？
2. 反应结束后，如果反应液呈紫色，为什么需要加入亚硫酸氢钠？
3. 本反应的优点与不足各有哪些？

七、参考资料

[1] 邹祥. 制药工艺学实验教程[M]. 北京：科学出版社，2015.

[2] 林友文. 有机化学实验指导[M]. 厦门：厦门大学出版社，2016.

[3] 姜淑芳. 有机物氧化反应的新技术——相转移催化反应[J]. 哈尔滨师范大学自

然科学学报，1985（04）：51-58.

[4] 丁永杰，赵春香，胡龙淮，等. 相转移催化法合成环己酮的研究[J]. 周口师范学院学报，2008，25（02）：74-76.

[5] 宋华，王宝辉，张娇静. 用绿色氧化剂高铁酸钾相转移催化氧化苯甲醇[J]. 化学通报，2006（03）：220-223.

项目九
极性反转（安息香的制备）

一、技能训练目的与要求

1. 掌握安息香缩合反应的原理。
2. 掌握氰化钠及噻唑盐类催化剂（维生素 B_1）的催化原理，以及不用氰化钠的原因。
3. 掌握抽滤、重结晶操作。
4. 了解卤代烷极性反转（格式试剂）的反应机理与应用。

二、实验实训原理（或简介）

安息香是第一个应用极性反转原理制备的化合物，该反应称为安息香缩合。本反应为苯甲醛（不含 α-活泼氢）在含水乙醇中以氰化钠或氰化钾为催化剂，加热后发生自身缩合，生成 α-羟基酮。

其反应机理如下：

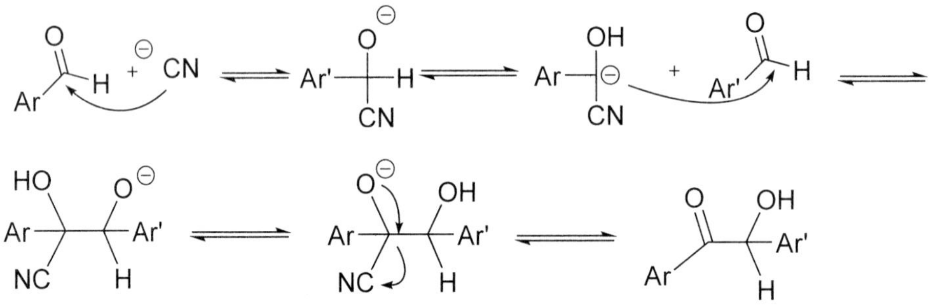

首先，氰化钠在碱性条件下，产生催化性的氰负离子。然后，对羰基进行亲核加成，使羰基发生极性转换，形成氰醇碳负离子。因氰基的吸电子作用，连有氰基的碳原子上的氢的酸性很强，在碱性介质中立即形成氰醇碳负离子，而且被氰基和苯基组成的共轭体系所稳定。接下来，氰醇碳负离子向另一分子的苯甲醛进攻，发生亲核加成。初始加成物经质子迁移后再脱去氰基，生成 α-羟基酮，即安息香。当苯基被其他芳基取代时，仍可按相似机理进行反应。

由于该反应使用的催化剂是氰化物，毒性大，对环境不友好，因此，近年来，采用环境友好的噻唑类催化剂（下式中的结构 1），如 VB_1 代替，其催化机理是：VB_1 分子中噻唑环上的 S 和 N 之间的氢原子有较大的酸性，在碱的作用下形成碳负离子，进攻苯甲醛的醛基，使羰基碳极性反转，从而催化反应。其机理如下：

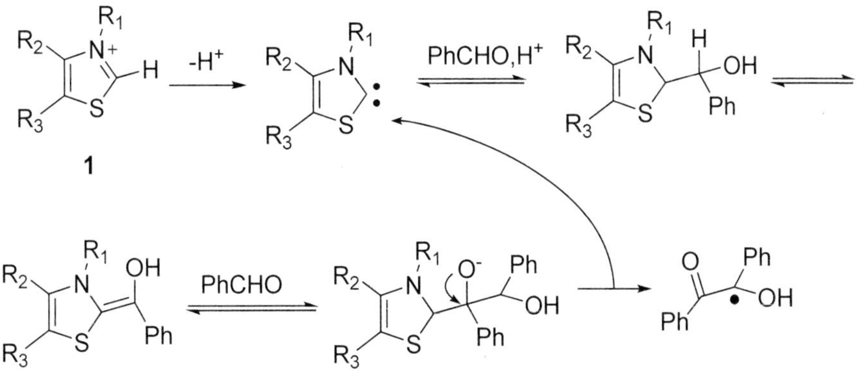

具体操作为：

1. 苯甲醛的蒸馏

（1）开真空泵、闭气，待真空度上升至 0.02 MPa 以上时，才开旋转，开始蒸馏。

（2）蒸馏完毕，要先停止旋转，然后放气，待真空度下降至 0.02 MPa 以下时，再关闭真空泵，取下圆底烧瓶。

（3）取下蒸馏液收集瓶，倒出新蒸的苯甲醛至干净的试剂瓶内，待用。

2. 安息香的合成

（1）于 50 mL 圆底烧瓶内，加入 VB_1 0.9 g，水 3 mL，待固体溶解后，再加入 95% 乙醇 8 mL。塞上瓶塞，于冰浴上冷却。

（2）同时，取 3 mL 10% 氢氧化钠溶液，也置冰浴中冷却。

（3）然后在冰浴冷却下将氢氧化钠溶液滴加到 VB_1 溶液中，不时摇动，调节 pH 为 9~10，此时溶液变为黄色。

（4）从冰浴取出，迅速加入新蒸馏的苯甲醛 5.0 mL。充分混匀后，加上回流冷凝管装置，加入沸石，在水浴上温热 1.5 h，保持温度在 60~70 ℃，切勿加热至剧烈沸腾。

（5）将混合物冷却至室温，析出结晶。

3. 重结晶

（1）抽滤，得淡黄色结晶，用冷水洗，得安息香粗品。

（2）粗产物再用 95% 乙醇重结晶纯化。若产物有黄色，则用活性炭脱色。

三、仪器设备、材料与试剂

1. 设备仪器

旋转蒸发仪、抽滤瓶、真空泵、滤纸、布氏漏斗、锥形瓶等。

2. 试　剂

苯甲醛、维生素 B_1、95% 乙醇、氢氧化钠。

注释：

（1）苯甲醛中不能有苯甲酸，所以，苯甲醛要用新蒸馏的苯甲醛，以除去苯甲酸。

（2）维生素 B_1 在酸性条件下稳定，但在水溶液中易氧化失效；在光、金属离子，如铜、铁、锰等离子催化下，加速氧化失效。在氢氧化钠碱性条件下，噻唑环易开环失效，因此，反应前必须将 VB_1 溶液及氢氧化钠溶液用冰水充分冷却，否则 VB_1 在碱性条件下会分解，导致实验失败。

四、技能训练内容与考查点

见表 9-1。

表 9-1　极性反转（安息香的制备）技能训练内容与考查点

实训步骤	操作要点	考查内容	评分
1	苯甲醛的蒸馏	考查旋转蒸发仪的使用操作顺序	20
2	安息香的合成	1. 考查投料操作 2. 考查回流装置的正确安装 3. 考查回流操作的温度控制在规定的范围内	50
3	重结晶	考查抽滤与重结晶操作	30

五、知识拓展

在有机反应中，按共价键的断裂方式，可分为离子型与自由基型反应。其中，在离子型反应中，碳碳共价键是缺电子（正电荷）基与富电子（负电荷）基反应而形成的。按路易斯酸碱理论，此类反应也可称为酸碱反应。但当两个基团均是富电子性的或均是缺电子性的时候，只有改变其中一个基团的电性，使之极性反转，才能成键。因此，当基团的电性发生改变，由富电子变成缺电子，或由缺电子变成富电子时，就称该基团发生了极性反转。现介绍有机反应中几个经典的极性反转的反应。

（一）金属促进的极性反转

1. 格式试剂

一卤代烷与金属镁在乙醚（绝对无水条件下）溶液中，生成有机镁化合物，称为 Grignard 试剂，简称格式试剂。因卤原子的吸电诱导效应，卤代烷中的烷基碳带部分正电，但在格式试剂中，金属镁缺电子，使烷基碳由缺电子转变为富电子碳，从而发生极性反转，因此，能与缺电子的醛、酮等反应，生成羧酸、醇等一系列的化合物。反应机理如下：

$$\overset{\delta^+}{R}-X \xrightarrow[\text{无水乙醚}]{Mg} \overset{\delta^-}{R}-Mg-X \xrightarrow{R_1 \overset{O}{\underset{\parallel}{C}} R_2} \underset{R_1}{\overset{R}{\underset{R_2}{C}}} O^-$$

2. Reformasky 反应

在无水条件，金属锌诱导下 α-碘代乙酸乙酯能和丙酮发生反应生成 β-羟基酯。α-碘

064

代乙酸乙酯从金属锌得电子形成烯醇锌盐,中心碳原子由原来的缺电性碳变成富电性碳,发生极性反转成亲核试剂,亲核进攻羰基化合物而形成 C—C 键,生成 α,β-不饱和酸酯。反应机理如下:

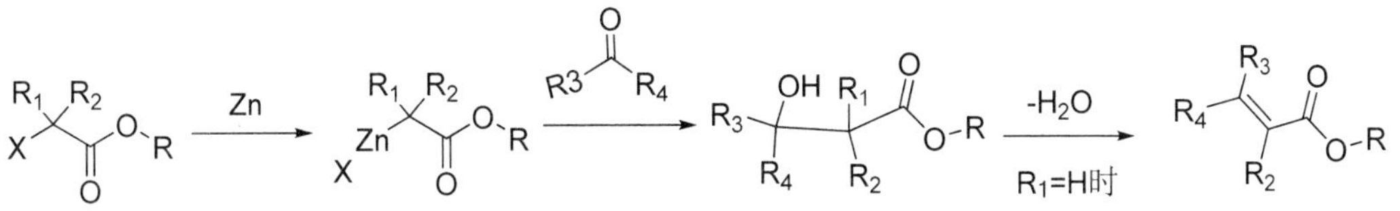

（二）碱促进的极性反转

1. 通过硫缩醛的极性反转

醛和二硫醇在酸催化下脱水生成硫缩醛后,受到两个硫原子诱导吸电子的影响,原料中醛氢的酸性增加,在碱的作用下发生脱质子而生成碳负离子。原料中的醛基碳由缺电性变成碳负离子,发生极性反转成亲核试剂,进攻多种碳正底物而形成 C—C 键。反应机理如下:

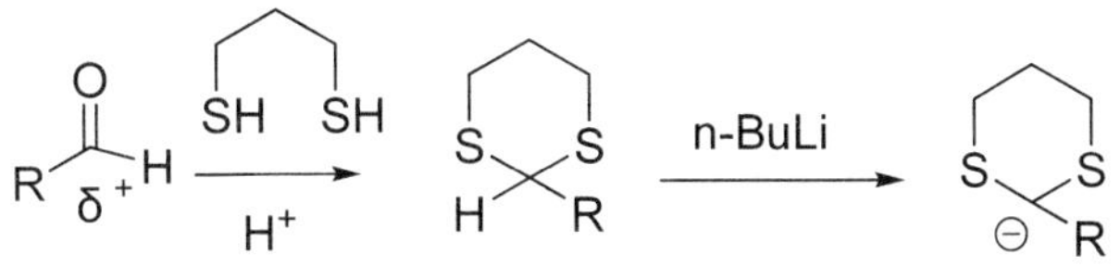

六、思考题

1. 安息香缩合的反应机理是什么? 用 VB$_1$ 代替氰化钠的原因是什么?

2. VB$_1$ 催化安息香缩合反应的机理是什么?

3. 为什么只有芳醛才能发生安息香缩合反应,而脂肪醛不能?

七、参考资料

[1] 叶彦春. 有机化学实验[M]. 3 版. 北京：北京理工大学出版社，2018.

[2] 闻韧. 药物合成反应[M]. 4 版. 北京：化学工业出版社，2017.

[3] 于海珠，傅尧，刘磊，等. 经过极性反转的亲核有机催化[J]. 有机化学，2007（05）：545-564.

[4] 吕萍，王彦广. 经典有机反应中的极性反转[J]. 大学化学，2016，31（05）：49-59.

项目十
手性拆分（α-苯乙胺的拆分）

一、技能训练目的与要求

1. 掌握外消旋体拆分（成盐结晶法）的原理和方法。
2. 掌握抽滤、重结晶操作。
3. 掌握旋光仪的操作。
4. 掌握对映体过量的旋光计算方法。

二、实验实训原理（或简介）

在非手性环境下，由一般合成反应所得的手性化合物均为等量的对映体组成的外消旋体，无旋光性。由于大多数的药物为结构特异性药物，其手性与药理、毒理作用有密切的关系，因此，在临床上，一般都需要使用光学纯的化合物。而拆分就是将外消旋体中的两个对映体分开，以得到所需的光学纯的左旋体或右旋体。

尽管外消旋体的拆分技术操作繁琐，但仍是当前最重要，也是最主要的制备手性化合物的方法之一。目前的拆分方法主要是结晶拆分工艺、化学拆分工艺与动力学拆分工艺。其中，化学拆分法，也称为结晶成盐法，是最常用和最基本的有效拆分方法。其拆分的原理是将等量的左旋体和右旋体所组成的外消旋体与另一光学纯的试剂反应（一般通过酸碱成盐或酯化反应），生成非对映异构体，根据非对映异构体的理化性质的不同，如溶解性的不同，通过结晶法将二者分开。最后，再去除拆分剂，就可以得到光学纯的化合物，从而达到拆分的目的。

化学拆分法中，拆分剂的选择是关键。理想的拆分剂应满足以下几个条件：①能够与两个对映体进行反应生成两个非对映体，而且生成的两个非对映体的物理性质，如溶解度应有显著的差异。②拆分剂本身的光学纯度要足够高。③拆分剂的成本低，便于回收使用，环境友好。常用的拆分剂有马钱子碱、奎宁和麻黄碱等光学纯的生物碱（用于拆分外消旋的有机酸），及酒石酸、樟脑磺酸等光学纯的有机酸（用于拆分外消旋的有机碱）。

本实验用的拆分原料(±)-α-苯乙胺通过 Leuckart 反应提前合成。然后采用(+)-酒石酸作为拆分剂，它与外消旋的(±)-α-苯乙胺生成非对映异构体的盐。由于(−)-胺·(+)-酸非对映异构体的盐比另一种非对映异构体的盐在甲醇中的溶解度小，故易从溶液中结晶析出。随后，经稀碱处理，使(−)-苯乙胺游离出来。而母液中含有的(+)-胺·(+)-酸盐还可经提纯后，再用碱处理，得到(+)-胺。本实验只分离左旋体，故拆分反应如下：

（±）-α-苯乙胺 + （+）-酒石酸 →
（+）-胺•（+）-酒石酸
（-）-胺•（+）-酒石酸 —50%NaOH→ （-）-α-苯乙胺

理论上拆分后应得到光学纯的(−)-α-苯乙胺，但实际上，只能得到左旋体过量的(−)-α-苯乙胺，因此，对产物可再利用旋光仪，测定拆分物的比旋光度$[\alpha]_{obs}$，再与理论值$[\alpha]_{max}$比较，计算出对映体过量值。其计算公式为：

$$[\alpha]_{obs} = \frac{\alpha}{cL}$$

式中　α——测试的旋光度；
　　　c——溶液的浓度，g/100 mL；
　　　L——旋光管的管长，dm。

$$光学纯度（\%）= \frac{[a]_{obs}}{[a]_{max}} \times 100\%$$

通过光学纯度，则可容易地计算对映体过量（enantiomeric excess，*e.e.*）值。

三、仪器设备、材料与试剂

1. 仪器设备

圆底烧瓶，烧杯，量筒，球形冷凝管，直形冷凝管，蒸馏装置，锥形瓶，分液漏斗，布氏漏斗，抽滤瓶，蒸发皿，漏斗，电热套、旋光仪等。

2. 试　剂

（+）-酒石酸 6.3 g，甲醇，乙醚，50%氢氧化钠，1.8 mL 苯乙酮，20 g 甲酸铵，氯仿，浓盐酸，甲苯等。

四、技能训练内容与考查点

见表 10-1。

表 10-1　手性拆分（α-苯乙胺的拆分）技能训练内容与考查点

实训步骤	操作要点	考查内容	评分
1	成盐反应	考查要点：操作准确，无混合物沸腾或起泡溢出 操作：在 250 mL 锥形瓶中，加入(＋)-酒石酸 6.3 g 和 90 mL 甲醇，在水浴上加热溶解。然后在搅拌下加入 5 g(±)-α-苯乙胺，并使之溶解	20
2	结晶操作	考查要点：棱柱状结晶析出，抽滤操作准确。收率高 操作： 1. 冷却至室温，盖紧瓶塞，于室温下放置 24h 以上，析晶 2. 抽滤，并用少量甲醇洗涤晶体 3. 将晶体从滤纸上刮入已称重的蒸发皿中，80 ℃干燥 2 h，称重。重量不少于 4 g	20
3	分解操作	考查要点：萃取操作准确 操作：1. 将结晶置于 125 mL 锥形瓶中，加入 10 mL 蒸馏水，搅拌使溶解，再加入 3 mL 50%氢氧化钠溶液，搅拌至固体溶解 2. 将溶液转入分液漏斗中，用 10 mL 乙醚萃取 2 次 3. 合并萃取液，用旋转蒸发仪蒸去乙醚	20
4	蒸馏	考查要点：蒸馏操作准确 操作： 1. 蒸馏，收集 180～190℃馏分于一已称重的锥形瓶中 2. 称重，计算收率	20
5、	光学纯度测试与计算	考查要点：旋光仪操作准确 操作： 1. 准确称取样品约 1 g，用甲醇溶解，并定容至 100 mL 容量瓶中，摇匀，即得，作为供试品样品 2. 取供试品溶液，操作旋光仪，测试旋光度 3. 根据测得的旋光度，计算光学纯度。(–)-α-苯乙胺的比旋光度理论值为−39.5°	20

注意事项：

（1）晶体应是棱柱状，如是针状结晶，则是另一非对映异构体盐，应按下法处理。

① 将析出针状结晶的溶液再加热，使晶体溶解，重新放置过夜，析晶。

② 将针状结晶抽滤，母液重新放置过夜，析晶。或者已有棱柱状结晶，则可加入棱柱状结晶作为晶种，重新放置结晶。

（2）作为一种(–)-α-苯乙胺蒸馏纯化的简化处理操作，可将其乙醚提取液放置于一个已称重的锥形瓶中，在水浴上尽量除去乙醚后，再用水泵抽去残余的乙醚（旋转蒸发仪抽），这样可省去蒸馏操作。

五、知识拓展

从"反应停"药害事件发生以来，手性药物的不同光学异构体的药理、毒理差异就是新药研究的重要研究课题，而且，对于手性药物，一般要求是使用光学纯的对映体，避免使用消旋体，因此，手性化合物在合成、拆分后的光学纯度控制（测定）就显得尤为重要。目前，手性化合物光学纯度的测定方法以色谱法和光谱法为主，辅以一些其他方法。色谱法是目前公认的、主流的方法，其中又以高效液相色谱法（HPLC）应用最为广泛。但是，近年来，光谱法因其具有高灵敏性、多重信号模式、实时性和操作简单等优点，在手性化合物的光学纯度快速测定和高通量分析中显示出巨大的潜力，故在此对这些方法做以下简要介绍。

（一）色谱法

1. 高效液相色谱法

本法是目前最主流的、使用最广泛的分离方法。其方法有二：直接法与间接法，前者是使用手性固定相（CSP）或者在流动相中添加手性流动相添加剂（CMPA）实现分离；后者是通过对分离样品进行手性衍生化得到非对映异构体，从而体现出保留时间的差异，将对映体分开。再比较两峰的峰面积，从而得出左右旋体的含量比例。

2. 毛细管电泳法

手性毛细管电泳（CE）是一种具有高分辨率和高灵活性的对映体分离检测技术，被广泛应用于手性分析。与手性 HPLC 类似，手性 CE 也包含直接法和间接法。间接法由于过程冗杂、耗时较长，且需要高光学纯的手性衍生化试剂（CDR），在实际应用中不受青睐。直接法是将手性选择剂添加到普通缓冲液中，形成非对映异构体包合物，在 CE 中表现出不同的电泳迁移率。

3. 气相色谱

气相色谱（GC）和 HPLC 有着相似的分离机理和应用模式，由于流动相是气体，GC 在高效性、灵敏度和重现性上更有优势。但 GC 法也有其不足，即只能用于挥发性和热稳定性的化合物的测定，从而限定了底物的范围；较高的分析温度会加快 CSP 的降解速度，易于发生外消旋化。

4. HPLC 与圆二色谱（CD）联用

HPLC 与圆二色谱（CD）检测器联用（HPLC-CD）为手性化合物提供了一种有效的手性表征方法。与传统的手性柱分离或衍生化方法相比，HPLC-CD 的优势之一在于能够在非手性色谱条件下实现手性化合物光学纯度的测定，而且与 HPLC 联用的 CD 检测器易于通过商业途径获得。HPLC-CD 被广泛应用于手性药物光学纯度的测定。

（二）光谱法

1. 核磁共振

在手性环境下，核磁共振（NMR）可用于手性分析和手性识别机理的研究。目前，可以通过直接法和间接法提供手性环境：间接法是将手性物质进行衍生化处理形成非对映体，从而显示出 NMR 信号的差异；直接法是通过添加手性位移试剂（CSR）或者将分析物溶解于手性溶解试剂（CSA）中。其中，CSA 和手性分析物只需要在核磁管中进行简单的混合就能通过非共价键相互缔合，不需要考虑动力学拆分和外消旋化。

2. 圆二色光谱（CD）

圆二色光谱（CD）是一种高效的手性分析技术，被广泛用于立体化学分析。CD 具有很高的灵敏度，利用各向异性可与 e.e.值直接关联。

3. 旋光法

旋光法通过测量旋光度来确定不同手性化合物的光学纯度，具有直接和操作简单等优点。通过外消旋混合物的旋光度，可计算出比旋光度，从而与理论值比较，即可计算出对映体过量的值。但本法易受到包括溶剂、储存时间和溶剂中的杂质等因素的影响，因此其准确度略显不足。

（三）其他方法

除了色谱法和光谱法，还有立体选择性液-液萃取、差示扫描量热法等方法，它们也可用于手性化合物光学纯度的测定。

六、思考题

1. 除化学拆分法之外，还有哪些手性拆分技术？它们的拆分原理各是什么？
2. 采用不对称合成工艺合成手性药物的制备方法有哪些？各有何优缺点？
3. 手性药物的光学纯度常用何值来表征？有哪些方法可测定对映体的组成？

七、参考资料

[1] 谢宗波，乐长高. 有机化学实验操作与设计[M]. 上海：华东理工大学出版社，2014.

[2] 李陈宗，朱园园，古双喜. 手性药物及其中间体光学纯度的测定方法与应用[J]. 分析试验室，2022，41（05）：588-599.

[3] 彭清涛, 胡文祥, 谭生建. 药物对映体 HPLC 分离测定研究新进展[J]. 药学学报，1998，33（10）：74-81.

项目十一
片剂生产（碳酸氢钠片的制备）

一、技能训练目的与要求

1. 掌握容量滴定法操作。
2. 掌握标准溶液的配制与标定。
3. 掌握湿法制粒的操作。
4. 掌握压片确定片重的计算方法。
5. 掌握碳酸氢钠的含量测定原理。
6. 了解片剂的生产工艺及其设备。

二、实验实训原理（或简介）

　　片剂具有剂量准确、化学稳定性好、携带方便、制备的机械化程度高等优点，因而是现代药物制剂中最主要、应用最广的剂型。

　　片剂的制备方法按制备工艺可分为两大类，即制粒压片法与直接压片法。其中最主要的方法是制粒压片法，因为制粒是改善物料流动性和压缩成型性的最有效的方法之一，而且通过制粒能将不同性质的物料（主药）混合均匀，因此，制粒压片法是最传统、最经典的片剂制备方法。但近年来，随着优良辅料和先进压片机的出现，粉末直接压片法得到了越来越多的应用。

　　制粒压片法又分为湿法制粒与干法制粒。湿法制粒的工艺路线长，尤其是制软材用的槽形混合机不易清洁，存在混药的可能性，因此，在经济性上以及符合 GMP 的要求上，有不足之处。因此，近年来，出现了一些新的制粒方式，如沸腾制粒机，仅需一步即可一次性地完成浸膏（黏合剂）、主药与辅料的混合、制粒、烘干过程。另外，湿法制粒还因在生产过程中使用了水，颗粒需要烘干，故不适用于易水解、易受热分解药品的生产。干法制粒适用于对湿热不稳定、直接压片又有困难的药物，但本法工艺操作繁杂，因此，一般不常用。

　　无论采用何种制备工艺，都需要先将原料进行粉碎和过筛处理，以保证固体物料的混合均匀性和药物的溶出度。药物的粉末细度一般要求为细粉，即 80 ~ 100 目。在压片过程中，需要施加的压力随物料的性质不同而不同，润滑剂、崩解剂的种类和用量都会影响片剂的质量，因此，在片剂的处方设计中，要考虑物料的流动性、压缩成型性和润滑性。

　　由于片剂有标示片重（即处方中主药的含量），因此，为保证压出来的片剂，每片都含有标示量的主药量，在压片前要对待压片的颗粒的含量进行测定。测定出含量后，才能计算出理论的片重，从而指导压片生产。

$$片重 = \frac{每片应含主药量（标示量）}{干颗粒中主药百分含量测得值}$$

考虑到压片机不可能压出每片都是理论的片重，即片重肯定会在理论片重一定的范围内上下浮动，因此，每片的含量就会有一定的偏差，故此，药典对片剂的标示量做了一个限度规定，即标示量的百分含量规定。一般的规定是，片重在 0.3 g 以下的，每片的主药含量应为标示量的 93.0%～107.0%；而 0.3 g 以上的片剂，每片的主药含量应为标示量的 95.0%～105.0%。应该注意的是，片剂生产不能低限投料或按标示量的百分含量的低限压片。

具体操作为：

（一）处　方

碳酸氢钠	20 g
淀粉	2 g
10%淀粉浆	适量
硬脂酸镁	适量
压制	4 0 片

本实验采用湿法制粒压片方法。即碳酸氢钠为主药，淀粉作为稀释剂与崩解剂，10%淀粉浆为黏合剂，而硬脂酸镁为润滑剂。其中的工艺要点有：①制软材的干湿程度对制粒的质量影响较大。在制备中一般根据经验掌握，即以"握之成团、触之即散"为标准。②因碳酸氢钠易受热分解生成碳酸钠，对湿热敏感、不稳定，因此，对制备的湿颗粒应将烘干的温度控制在 50 ℃。

（二）盐酸标准溶液的配制与标定

1. 配　制

采用直接法配制盐酸滴定液（ 0.5 mol/L ）1 000 mL：取盐酸 45 mL，加水适量使成 1 000 mL，摇匀，即得。

2. 标　定

取在 270～300 ℃干燥至恒重的基准无水碳酸钠约 0.8 g，精密称定，加水 50 mL 使溶解，加甲基红-溴甲酚绿混合指示液 10 滴，用上述盐酸标准溶液滴定至溶液由绿色变为紫红色时，煮沸 2 min，冷却至室温，继续滴定至溶液由绿色变为暗紫色。每 1 mL 盐酸滴定液（ 0.5 mol/L ）相当于 26.50 mg 无水碳酸碳。

（三）碳酸氢钠的粉碎

采用粉碎机将碳酸氢钠粉碎成细粉。必要时可过筛。

（四）湿法制粒

（1）黏合剂的制备：采用 10%淀粉浆为黏合剂。称取 10 g 淀粉，加入 100 mL 蒸馏水中，均匀分散后，加热搅拌糊化后，即成。

（2）按处方称取碳酸氢钠细粉与淀粉，混匀，多次少量加10%淀粉浆适量，制软材，使之成"握之成团、触之即散"的状态。

（3）用尼龙筛网16目，摇摆式颗粒机制粒。

（4）湿颗粒在50℃鼓风干燥箱中干燥。

（5）烘干后，颗粒用尼龙筛网16目，摇摆式颗粒机整粒。

（6）加入润滑剂硬脂酸镁，在三维混合机中混匀。

（五）理论压片片重的计算

精密称取适量颗粒（约相当于碳酸氢钠1 g），加水50 mL，振摇使碳酸氢钠溶解，加甲基红-溴甲酚绿混合指示液10滴，用盐酸滴定液（0.5 mol/L）滴定至溶液由绿色转变为紫红色，煮沸2 min，冷却至室温，继续滴定至溶液由绿色变为暗紫色。每1 mL盐酸滴定液（0.5 mol/L）相当于42.00 mg $NaHCO_3$。计算颗粒中碳酸氢钠的含量，并确定片剂的压片理论重量（以每片中含碳酸氢钠0.5 g计）。

（六）压 片

首先，手动调试压片机，确保设备的冲头、冲模匹配，运行正常。随后，运行设备，检查设备运行正常后，从料斗加入颗粒，开始压片。取压片好的片剂10片，在台称上称重，算出平均片重，与理论片重比较，从而调节压片的厚度来调节片剂的重量，使之符合理论片重的要求。最后，在运行中，随时调节压力、转速与片重，保证压片的质量。

（七）片剂的含量测定

取本品10片，精密称定，求出平均片重。研细，精密称取适量（约相当于碳酸氢钠1 g），加水50 mL，振摇使碳酸氢钠溶解，加甲基红-溴甲酚绿混合指示液10滴，用盐酸滴定液（0.5 mol/L）滴定至溶液由绿色转变为紫红色，煮沸2 min，冷却至室温，继续滴定至溶液由绿色变为暗紫色。每1 mL盐酸滴定液（0.5 mol/L）相当于42.00 mg $NaHCO_3$。

三、仪器设备、材料与试剂

1. 仪器设备

电子分析天平、酸式滴定管、称量瓶、250 mL锥形瓶、50 mL试剂瓶、方盘、筛网等。粉碎机、摇摆式颗粒机、多向运动混合机、压片机、鼓风干燥箱等。

2. 试 剂

盐酸、无水碳酸钠（优级纯）、甲基红、溴甲酚绿、95%乙醇、碳酸氢钠、硬脂酸镁、滑石粉。

四、技能训练内容与考查点

见表11-1。

表 11-1　片剂生产（碳酸氢钠片的制备）技能训练内容与考查点

实训步骤	操作要点	考查内容	评分
1	碳酸氢钠的粉碎	1. 安全使用粉碎机 2. 粉末的细度为细粉	10
2	湿法制粒	1. 正确使用黏合剂的用量，使制备的软材达到"握之成团、触之即散"的要求 2. 正确选择筛网，制得颗粒均匀的湿颗粒 3. 烘干温度选择正确 4. 正确使用摇摆式颗粒机制粒与整粒	20
3	理论压片片重的计算	1. 电子天平的正确使用 2. 滴定操作的熟练程度、滴定终点的正确判定 3. 理论片重的计算正确	30
4	压片	1. 正确操作压片机 2. 控制片重在理论值范围内 3. 片剂外观光洁、硬度适中	10
5	片剂的含量测定	本品以标示片重计算，每片含 $NaHCO_3$ 应为标示量的 95%～105%	30

五、知识拓展

当制品含有多种粉状成分且通常其粒度、形状及比重均不相同时，制备一种非分离性的混合物，即制粒就非常必要。因为，从粉末转变为颗粒可改变混合物的分离性、流动性、堆积密度、溶解度、黏结性、黏度、硬度、脆碎度、粒度、粒度分布及形状。另外，改善粉末的流动性在压片或分装工艺中也至关重要，因此，湿法制粒或干法制粒压片的方法就是片剂生产的主流生产工艺。但是，粉末直接压片也具有较明显的优点：①工艺过程比较简单，不必制粒、干燥，可简化工艺流程，提高生产效率和节约能源。②产品崩解或溶出快，成品质量稳定，尤其适用于遇湿、热易变色、分解的药物。③某些药物遇湿、热易发生变色、氧化、含量下降等情况，若在生产过程中采用常规湿法制粒，即药物与黏合剂中的溶剂接触，并经高温干燥，使得药物发生分解，影响产品质量。而采用粉末直接压片工艺，不需经过润湿、黏合、干燥、整粒过程。所制得的片剂片面光滑，崩解时限短，含量下降少，稳定性提高。④由于工序少，时间短，减少了交叉污染的机会，不接触水分，也不容易受到微生物污染，符合 GMP 要求。随着新辅料的开发应用、新型压片设备的发明等，片剂的生产越来越简单，如 20 世纪 60 年代早期，喷雾干燥和微晶纤维素的引入，开创了粉末直接压片工艺的时代。目前，各国的直接压片品种不断增长，有些国家高达 60% 以上。

对直接压片工艺的研究就是研究不制粒也能解决物料的流动性和可压性的问题。目前，采取的措施有改善药物粉末的形态、添加优良的辅料以改善混合物料的流动性和可压性、改进压片设备等。以下分别做简要介绍。

（一）粉末直接压片对药物的要求

进行粉末直接压片的药物应具有一定的粗细度或结晶形态。药物粉末应具有良好的流动性、可压性、和润滑性。但多数药物不具备这些特点，当药物的粗细度、结晶形态不适于直接压片时，可通过适宜手段，如改变其粒子大小及其分布、改变形态等来加以改善，如重结晶法、喷雾干燥法等。如将维生素C（抗坏血酸）做成球型结晶，改善其流动性与可压性，用于粉末直接压片。对于低剂量药物（如主药含量在50 mg以下）处方中含有较多的辅料，其流动性、可压性、润滑性主要取决于辅料的性能。因此，不论药物本身的流动性和可压性好或不好，与大量的流动性好、可压性好的辅料混合均匀后，即可直接压片。

（二）对压片设备进行改进

细粉的流动性总是不及颗粒的好，容易在饲粉器中出现空洞或流动时快时慢，造成片重差异较大，因此，在压片机上加振荡饲粉或强制饲粉装置，可以使粉末均匀流入模孔。

增加预压装置，由于粉末中存在的空气比颗粒中的多，压片时容易产生顶裂。解决办法，一是降低压片速度，二是经二次压缩，即第一次为初步压缩，第二次为最终压成药片。由于增加了压缩时间，利于排出粉末中的空气，减少裂片现象，增加片剂的硬度。

（三）使用优良的新型辅料

直接压片中辅料的选择是至关重要的。对辅料的要求除了具备一般片剂辅料的性能外，必须要有良好的流动性和可压性，还需要有适宜的松密度和较大的药品容纳量（即加入较多的药物而不至于对其流动性和可压性产生显著的影响）。这是由于药物原料一般是粉末状的，流动性、可压性都很差，需要用辅料作为填充剂来改善其性能。常用于直接压片的辅料品种有以下几种。

1. 微晶纤维素

它具有高度变形性、黏合性和吸水润胀作用，能牢固地吸附药物及其他物料，并起球化作用，故不需要经过传统的制粒工艺，即可直接压片。

2. 预胶化淀粉

本品流动性好、可压性好，有润滑作用，可减少片剂从模孔顶出的力量；有良好的崩解作用和干燥黏合性，可增加片剂的硬度，减少脆碎度。是粉末直接压片理想的多功能辅料。

3. 乳　糖

本品无吸湿性，压成的片剂表面光洁、美观、释放药物快；流动性、黏合性均好，是片剂理想的填充剂。喷雾干燥法生产直接压片用乳糖的制备方法于1958年获得专利。自此后，乳糖就一直作为所有现代直接压片用辅料的标准参照物。

4. 羧甲基淀粉钠

本品在粉末直接压片中用作崩解剂，对难溶性药物的片剂，本品能改进其崩解。还有良好的流动性和可压性，可改善片剂的成型性，增加片剂的硬度而不影响其崩解。

5. 预混辅料

将两种或多种辅料通过某种操作，如共同干燥、喷雾干燥、快速干燥或共同结晶等预混合，使辅料在亚颗粒状态反应，产生功能的协同作用，同时掩盖单个辅料的不足。经过这样的处理，颗粒的流动性、可压性都明显优于简单混合的配方，十分有利于直接压片工艺的使用。例如，可用于直接压片用的 Ludipress 预混辅料，其由 93%的乳糖、3.5%的聚维酮 K 30、3.5%的交联聚维酮组成。

（四）粉末直接压片的缺点

粉末压片法也有自身的不足：①药物与辅料的密度差异，以及物料在干混时易产生静电，使得直接压片的物料容易分层，导致重量差异和含量均匀度达不到药典的规定。②直接压片的辅料是经过特殊工艺加工的，因此，其生产成本较高。③大多数直接压片的辅料只能容纳 30%~40%的药物，对药物规格大的片，需要加入大量的辅料，造成片形太大，无法吞咽，不适合用直接压片工艺。④有些直接压片辅料对主药有影响，在设计处方时须考虑到。

六、思考题

1. 对于碳酸氢钠来说，采用湿法制粒方式，其不利的影响是什么？如何减小影响？
2. 片剂的标示量、片重，以及标示含量的概念有何不同？
3. 中药浸膏片的制粒，如采用湿法制粒的方式制粒，能否采用淀粉浆为黏合剂？如不行，应如何制粒？
4. 干法制粒的适用范围有哪些？

七、参考资料

[1] 崔福德. 药剂学实验指导[M]. 3 版. 北京：人民卫生出版社，2004.

[2] 方亮. 药剂学[M]. 8 版. 北京：人民卫生出版社，2016.

[3] APPELGREN C. 制粒技术及设备的进展[J]. 国外医药：合成药、生化药、制剂分册[J]. 1986，7（05）：302-304.

[4] 黄朝霞. 粉末直接压片工艺的进展[J]. 现代食品与药品杂志，2007，17（05）：31-36.

项目十二
微生物（植物内生真菌）发酵

一、技能训练目的与要求

1. 掌握培养基的配制及其器具的灭菌操作。
2. 掌握植物内生菌的分离、纯化方法。
3. 掌握菌种的保存方法。
4. 掌握微生物发酵法中的固体发酵法操作。

二、实验实训原理（或简介）

自从第一个抗生素青霉素（通过发酵技术，从产黄青霉菌的发酵液中提取分离出的成分）上市使用以来，相当多的抗生素被发现，应用于临床，如红霉素、链霉素、四环素等。除此之外，通过微生物发酵，还发现了它汀类抗血脂药、抗肿瘤药物阿霉素等。另外，由于微生物还能产酶，在药物生产上将其应用于微生物转化，如维生素C的生产等。还可将微生物作为基因生产药物的宿主细胞等。可以说，微生物在药物生产上具有十分重要的作用。

微生物发酵技术的研究开发内容是菌种筛选和诱变技术，发酵技术以及发酵产物的提取与分离。因此，本实验主要介绍植物内生真菌的分离、纯化、培养，分离菌种的发酵及其次生代谢产物的提取与分离技术。学生通过学习后，应该具备可以从各种环境中分离出不同类型微生物的能力，掌握发酵技术要点与天然产物的提取、分离技术，触类旁通地了解、掌握微生物限度检查等操作技术。

（一）马铃薯葡萄糖培养基（PDA 培养基）

马铃薯浸汁（20%）100 mL
葡萄糖　　　　　2 g
琼脂　　　　　　1.5 ~ 2 g

培养基配制方法：将马铃薯去皮，切成小块，取 100 g 放入 1 000 mL 烧杯中，加水 500 mL，煮沸 20 min，注意用玻棒搅拌以防糊底，然后用双层纱布过滤，得到的滤液加葡萄糖与琼脂，补足体积至 500 mL，pH 自然。

（二）水琼脂培养基

含 0.5% ~ 0.8%琼脂的（蒸馏水 + 琼脂）培养基。

（三）发酵培养基的配制与灭菌

采用固体培养基，二级种子发酵。

一级种子培养基：称取 200 g 马铃薯，切成小块，放在 1 000 mL 水中，煮沸 20 min，用滤布滤去残渣。滤液中加入 2% 葡萄糖、0.3% KH_2PO_4、0.15% $MgSO_4 \cdot 7H_2O$、0.15% 酵母膏，用 NaOH 水溶液将 pH 调至 5.8 ~ 6。

注意：发酵培养基中不加琼脂。

二级培养基：大米中加入 0.3% 的蛋白胨，混合均匀。

（四）灭　菌

采用湿热灭菌法，对培养基、生理盐水、烧杯、锥形瓶、培养皿、培养基进行灭菌。灭菌条件：115 ~ 121 ℃灭菌 30 min。

（五）植物采集与表面消毒

在校园内采集白三叶草新鲜植物叶片（或其他植物叶片），自来水洗净后，70% 酒精表面消毒 1 min，清洗后，再用 0.1% 升汞表面消毒（根、茎 1 min，叶片 30 s），无菌水冲洗 3 ~ 10 次。以无菌刀片切成约 0.5 cm × 0.5 cm 小段（片、块），贴于 PDA 固体培养基表面（培养基于前一日倾倒，平置、凝固），28 ~ 30 ℃培养。逐日观察，待边缘有菌丝长出，用接种环（针）蘸（挑）取少许菌种，按下述方法纯化后保存。

取已组织消毒后最后 1 次清洗无菌水 1 mL，倒入培养基培养，检验样品表面消毒是否彻底。

注：（1）升汞为剧毒药品，对环境不友好，而且消毒时间稍长，则对植物叶片有氧化变黑的不良作用影响，因此，可改用 75% 乙醇浸泡 3 ~ 5 min，以替代升汞溶液。

（2）若平板上，叶片周围长出的菌是以白色的、稍显湿润的霉菌为主，则改用水琼脂培养基，再进行贴片培养。

（六）平板划线法分离菌种

1. 制备平板

无菌操作，将在 90 ~ 100 ℃烘箱中熔化并冷却至约 50 ℃的 PDA 培养基倾注入平皿中，平置等凝固（此操作于划线分离前 1 h 进行）。

2. 划线分离

（1）连续划线法：将接种环灭菌后，从待纯化的菌落沾少许菌种，点种在平板边缘处，再将接种环灭菌，以杀死过多的菌体，然后从涂有菌的部位在平板上做往返平行划线。

注意：划动要利用手腕力量在平板表面轻轻滑动，不要将培养基划破，所划线条平行密集而不重叠。

（2）分区划线法：分区划线法划线时一般将平板分为四个区，故也称四分区划线法。将接种环灭菌后，从待纯化的菌落蘸取少许菌种，在平板的第一区做往返平行划线。将接种环灭菌后，从 1 区将菌划至第 2 区，做往返平行划线。将接种环再次灭菌，从第 2 区划至第 3 区。依此类推，从第 3 区划至第 4 区。

3. 培　养

将平板倒置于生化培养箱中，28～30 ℃培养，逐日观察。

重复上述划线分离操作至平板上所有的单菌落颜色、形态、与基质结合情况等均一致，则可认为菌落已纯化；若不一致则还需继续划线培养至纯。

（七）分离纯化菌种进行斜面培养基接种

为避免分离纯化菌种在平板划线接种后不能培养出，故在每步划线培养时均需进行斜面培养基接种。将接种坏火菌后，从待纯化的菌落蘸取少许菌种，然后在新鲜斜面上以"之"字形从斜面的下部划至上部。注意不要划破培养基。

（八）菌种进行斜面培养基保藏

1. 接　种

将分离纯化的真菌无菌操作接种在 PDA 培养基上。在距管口 2～3 cm 处，试管斜面的正上方贴上标签，注明菌种名称的接种日期。

2. 培　养

将接种后的斜面培养基置于生化培养箱中，28～30 ℃培养，使其充分生长。如果是有芽孢的细菌或生孢子的放线菌及霉菌等，均要等到孢子生成后再行保存。

3. 保　藏

将斜面管口棉塞端用牛皮纸包扎好，移至 4 ℃冰箱中进行保藏。

4. 移　种

保藏时间依微生物的种类不同而不同，到期后需另行转接至新鲜配制的斜面培养基上，经适当培养后，再行保藏。不产芽孢的细菌最好 1 个月移种一次；酵母菌 2 个月移种一次；而有芽孢的细菌、霉菌、放线菌可保存 2～4 个月，然后再进行移种。

（九）菌种的发酵培养

一级种子的发酵：将斜面培养基中的菌种挑取一环接种到灭好菌的培养基中，在恒温箱中培养 3～4 d。

二级发酵：将一级种子按 10%的接种量均匀地接种到灭了菌的固体培养基上，室温培养至菌丝长满。此过程耗时较长，需 20～30 d。

三、仪器设备、材料与试剂

1. 器　材

培养皿、移液管、接种针、接种环、试管、锥形瓶、烧杯、剪刀、镊子、棉花、纱布、棉线、牛皮纸、酒精灯、生化培养箱、高压灭菌锅等。

2. 试剂与试药

马铃薯、葡萄糖、琼脂、纯净水、乙醇、新洁尔灭、0.1%升汞溶液等。

葡萄糖、KH_2PO_4、$MgSO_4$、NaOH、乙醇等为分析纯；酵母膏、蛋白胨为生化试剂；纯净水、马铃薯、大米、pH 试纸（1~14）等。

四、技能训练内容与考查点

见表 12-1。

表 12-1 微生物（植物内生真菌）发酵技能训练内容与考查点

实训步骤	操作要点	考查内容	评分
1	培养基的配制、器材的捆扎	操作熟练、准确	10
2	灭菌	1. 操作熟练、准确（采用全自动灭菌锅） 2. 安全操作、准确。放气两次，灭菌温度与时间准确（半自动灭菌锅）	10
3	倒平板、制斜面	1. 操作熟练、准确 2. 无菌操作手法熟练 3. 平皿的开合手法正确	10
4	植物叶片的贴片操作	无菌操作熟练、准确	10
5	划线法纯化	1. 无菌操作熟练、准确 2. 划线手法熟练、准确 3. 单一菌种纯化、分纯	30
6	菌种的保存	1. 采用斜面保存 2. 划线手法准确 3. 贴标签位置准确	10
7	一级种子发酵	1. 菌种接种手法准确、熟练。 2. 无菌操作熟练、准确	10
8	二级固体种子发酵	1. 菌种接种手法准确、熟练 2. 无菌操作熟练、准确	10

五、知识拓展

微生物发酵（Microbiology Fermentation）亦称微生物工程，是生物工程的重要组成和基础，它利用微生物的作用亦通过近代工程技术来实现有用物质向工业化生产或其他产业过程转化的科学技术体系。它以微生物学、生物化学、遗传学的理论为基础，开发自然界微生物资源及其所有的潜在功能，使之应用于生产实践。其主要包括原料的处理，有用微生物的筛选和诱变，菌种工业应用的最适培养条件的选择，代谢调节的控制，生物反应等的研究和设计，发酵工艺中各种参数的测试与自控，产物的提取和分离等。微生物发酵技术与基因工程、细胞工程、酶工程相互渗透和相互促进，是科研成果从实验室向商业化转移的重要课题。总的来说，微生物发酵既是开发生物资源的关键技术，也是生物技术产业化的重要环节。

植物内生菌（Endophyte）是指在其生活史中的某一段时期生活在植物组织内部，对植物健康组织没有引起明显病害症状的微生物。它包括细菌、真菌与放线菌等。自 1898 年从黑麦草种子内分离出第一株内生真菌至今已有 100 多年的历史，但直到 1977 年 Bacon 等发现了高羊茅内生真菌与牛的中毒症状相关后，有关内生菌的研究才开始被人们所重视。

从目前研究来看，尚未发现没有分离到内生菌的植株，因此可以推断内生菌在植物体内是普遍存在的。内生菌广泛分布于植物体根、茎、叶、花、果实和种子等器官组织的细胞或细胞间隙中，其种类、数量、分布定植都因植物种类不同而异。在植物体内，不同的内生菌占据不同的生态位，并相互作用，建立一种生态平衡。其中一些是分离频率高、数量大的优势种，而另一些是分离频率低的稀有种。

由于内生菌长期生活在植物体内微环境中，并与之协同进化，在演化过程中二者形成了互惠关系，一方面植物为内生菌提供光合作用产物和矿物质，另一方面内生菌的代谢物能刺激宿主植物的生长发育，提高宿主植物对生物胁迫和非生物胁迫的抵抗能力。内生菌不仅能够参与植物次生成分的合成，或对植物次生代谢产物进行转化，而且还能够独立产生丰富的次生代谢产物，是天然产物的重要来源，如 1993 年，Stierle 等人从短叶红豆杉（Taxus brevifolio）的韧皮部分离到一株能产抗癌活性物质紫杉醇的内生真菌。因此，本书对植物内生菌与中药的道地性的相关性做一简要介绍。

道地药材是具有明显地域性的优质药材的专用名词。道地药材也是一个质量概念。除了突出地域性特征之外，名副其实的道地药材，还包含着优良的品种、成熟的栽培技术、最适宜的采收季节和经典的加工炮制技术等保证"道地性"的要素。但是，目前国内外对于药材道地性的研究主要集中于化学成分、遗传多样性、药理作用以及生态环境（气候因子、光照、土壤、水分）等方面，而忽视了植物体内环境在道地药材形成中所发挥的作用，特别是植物内生菌的作用。因此，将中药学、植物学以及微生物学相结合，以内生菌与植物所构成的微生态系统作为研究对象，充分利用微生物学、植物学等学科的理论、方法与技术，研究道地药材与非道地药材内生菌种群结构与功能，道地药材不同生长发育期内生菌种群结构的动态变化规律与生物效应，对揭示道地药材的科学内涵，开创中药道地性研究的新思路、新方法与关键技术体系具有重要意义。

内生菌是构成植物内环境重要的组成部分，与植物在长期共进化过程中形成了一种稳定的互利共生关系，而这种关系的物质基础是内生菌与植物共同作用产生的次生代谢产物。内生菌不但自身能够产生特殊的生物活性物质，还能诱导和促进药材有效成分的合成或积累，甚至产生与药材相同或相似的活性成分。总结起来说，内生菌对道地药材形成的影响主要表现在以下几个方面。

1. 促进药材生长

内生菌可促进植物的生长发育，增加植物的总生物量、单株花序数量和种子数量，提高植物种子的饱满率和发芽率，促进幼苗存活和分蘖生长，从而有利于提高道地药材的产量。例如，Ernst 等从芦苇（*Phragmites australis*）中分离到一株内生菌壳多隔孢

（*Stagonospora* sp.），通过盆栽实验表明该内生菌可显著促进芦苇根、茎的生长，提高干物质总量。

2. 增强抗逆性

感染内生菌的植物对环境具有很强的抗逆性，可分为对非生物胁迫和对生物胁迫的抗性两方面，前者主要包括干旱和高温耐性，后者主要包括阻抑昆虫和食草动物的采食、抵抗病虫害等。例如，内生菌对植物病原菌的抑制现象较为普遍，在内生菌与植物构成的微生态系统中，内生菌发挥着重要的生态学作用。80%的植物内生真菌在抗真菌、抗藻类或抗杂草方面具有活性，而来自土壤中的真菌大约只有43%具有活性。

3. 促进药材有效成分的积累

现代研究表明，内生菌在与植物协同进化过程中，不但自身能够产生特殊的化学物质，还能诱导宿主植物次生代谢产物的合成和积累。因此，从内生菌的角度阐明植物次生代谢产物的积累机制以及道地药材的成因将是一种新的研究思路和方法。例如，中药紫菀（*Aster tataricus*）中的 astins 类环肽是由紫菀植物内生真菌 *Cyanodermella asteris* 代谢产生，如 astin C，而另外一些紫菀 astins 类环肽，如 astin A 等环肽则是先由内生真菌生成，再由植物体内的酶进行修饰后产生，即此类环肽是由植物内生真菌与植物交叉复合共同代谢产生。

六、思考题

1. 无论全自动与半自动灭菌锅都有放气的操作，而且至少需放气两次，这是为什么？
2. 若要分离细菌，应采用何种培养基？
3. 本项目采用固体发酵培养基进行发酵生产，这是基于何种考虑？

七、参考资料

[1] 邹文欣，谭仁祥. 植物内生菌研究新进展[J]. 植物学报，2001，43（09）：881-892.

[2] 杨勇勋，董小萍，晏永明，等. 白三叶草植物内生真菌烟曲霉及其次生代谢产物的研究[J]. 天然产物研究与开发，2013，25（01）：64-67.

[3] 杨勇勋. 白三叶草植物内生真菌烟曲霉蒽醌化合物的研究[J]. 天然产物研究与开发，2016，28（06）：864-867.

[4] 江曙，钱大玮，段金廒，等. 植物内生菌与道地药材的相关性研究[J]. 中草药，2008，39（08）：1268-1272.

[5] SCHAFHAUSER T, JAHN L, KIRCHNER N, et al. Antitumor astins originate from the fungal endophyte *Cyanodermella asterisliving* within the medicinal plant Aster tataricus[J]. Proceedings of the National Academy of Sciences of the United States of America, 2019, 116 (52): 26909-26917.

项目十三
阿司匹林（乙酰水杨酸）的合成

一、技能训练目的与要求

1. 掌握阿司匹林的性状、特点和化学性质。
2. 熟悉和掌握酯化反应的原理和实验操作。
3. 进一步巩固和熟悉重结晶的原理和实验方法。
4. 了解阿司匹林中杂质的来源和鉴别。

二、实验实训原理（或简介）

本反应的反应式为：

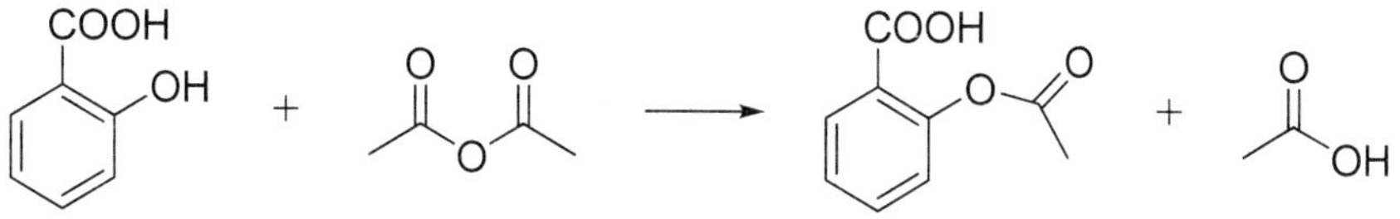

在反应过程中，阿司匹林会发生自身的酯缩合，形成一种聚合物（结构见下）。但可利用阿司匹林和碱反应生成水溶性钠盐的性质，与聚合物分离。

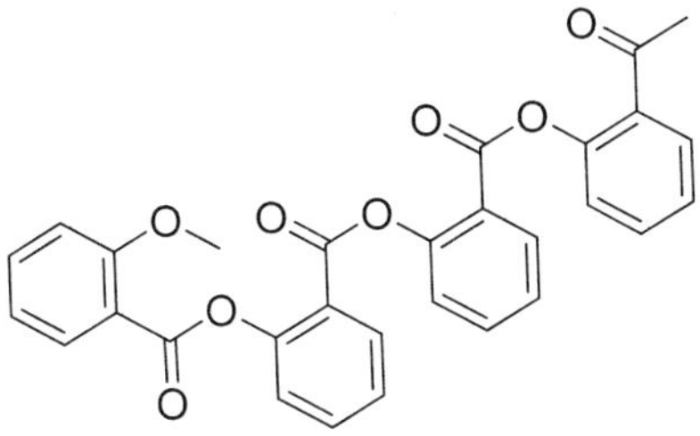

阿司匹林产品的另一个主要的副产物是水杨酸，其来源是酰化反应不完全的原料，也可能是阿司匹林的水解产物。水杨酸可以在最后的重结晶中加以分离。

1. 原料规格及配比（表 13-1）

表 13-1 阿司匹林的合成实验所用原料

原料名称	规格	用量	物质的量/moL	物质的量之比
水杨酸	药用	10.0 g	0.075	1
乙酸酐	CP	25 mL	0.25	3.3
蒸馏水		适量		
乙酸乙酯	CP	10～15 mL		
浓硫酸	CP	25 滴（约 1.5 mL）		

2. 操作要求

在 500 mL 的锥形瓶中，放入水杨酸 10.0 g，乙酸酐 25.0 mL，然后用滴管加入浓硫酸，缓缓地旋摇锥形瓶，使水杨酸溶解。将锥形瓶放在蒸汽浴上（附注 1）慢慢加热至 85～95 ℃，维持温度 10 min。然后将锥形瓶从热源上取下，使其慢慢冷却至室温。在冷却过程中，阿司匹林渐渐从溶液中析出（附注 2）。再冷到室温，结晶形成后，加入水 250 mL（附注 3），并将该溶液放入冰浴中冷却。待充分冷却后，大量固体析出，抽滤得到固体，冰水洗涤，并尽量压紧抽干，得到阿司匹林粗品。

将阿司匹林粗品放在 150 mL 烧杯中，加入饱和的碳酸氢钠水溶液 125 mL（附注 4）。搅拌到没有二氧化碳放出为止（无气泡放出嘶嘶声停止）。有不溶物的固体存在，真空抽滤，除去不溶物并用少量水洗涤。另取 150 mL 烧杯一只，放入浓硫酸 17.5 mL 和水 50 mL，将得到的滤液慢慢地分多次倒入烧杯中，边倒边搅拌。阿司匹林从溶液中析出（附注 5）。将烧杯放入冰浴中冷却，抽滤固体，并用冷水洗涤，抽紧压干固体，得阿司匹林粗品，mp.135～136 ℃。

将所得的阿司匹林放入 25 mL 锥形瓶中，加入少量的热的乙酸乙酯（不超过 15 mL），在蒸汽浴上缓缓地不断地加热直至固体溶解，冷却至室温，或用冰浴冷却（附注 6），阿司匹林渐渐析出，抽滤得到阿司匹林精品（附注 7）。

3. 附 注

（1）加热的热源可以是蒸汽浴、电加热套、电热板，也可以是烧杯加水的水浴。若加热的介质为水，注意不要让水蒸气进入锥形瓶中，防止酸酐和生成的阿司匹林水解。

（2）倘若在冷却过程中阿司匹林没有从反应液中析出，可用玻璃棒或不锈钢刮勺轻轻摩擦锥形瓶的内壁，也可同时将锥形瓶放入冰浴中冷却促使结晶生成。

（3）加水时注意，一定要等结晶充分形成后才能加入。加水时要慢慢加入，因为伴有放热现象，甚至会使溶液沸腾。产生乙酸蒸气，须小心，最好在通风橱中进行。

（4）当碳酸氢钠水溶液加到阿司匹林中时，会产生大量的气泡，注意分批少量地加入，一边加一边搅拌，以防气泡产生过多引起溶液外溢。

（5）如果将滤液加入盐酸后，仍没有固体析出，测一下溶液的 pH 是否呈酸性。如果不是，再补加盐酸至溶液 pH 2 左右，会有固体析出。

（6）此时应有阿司匹林从乙酸乙酯中析出。若没有固体析出，可加热将乙酸乙酯挥发一些，再冷却，重复操作。

（7）阿司匹林纯度可用下列方法检查：取两支干净试管，分别放入少量的水杨酸和阿司匹林精品。加入乙醇各 1 mL，使固体溶解。然后分别在每支试管中加入几滴 10%$FeCl_3$ 溶液，盛水杨酸的试管中有红色或紫色出现，盛水杨酸精品的试管中应是无色的。

三、仪器设备、材料与试剂

1. 仪器设备

真空泵，恒温水浴锅，布氏漏斗，吸滤瓶，温度计，滤纸，玻璃棒，500 mL 锥形瓶，25 mL 锥形瓶，500 mL 烧杯，150 mL 烧杯，量筒。

2．试　剂

水杨酸，乙酸酐，浓硫酸，蒸馏水，乙酸乙酯，饱和的碳酸氢钠水溶液，稀盐酸，冰块等。

四、技能训练内容与考查点

见表 13-2。

表 13-2　阿司匹林（乙酰水杨酸）的合成技能训练内容与考查点

实训步骤	操作要点	考查内容	评分
1	阿司匹林粗品的制备	考查： 1. 正确滴加浓硫酸，缓缓地旋摇锥形瓶，使水杨酸溶解 2. 置水浴上加热（控制适宜的温度），并注意勿让水蒸气进入锥形瓶中 3. 锥形瓶从水浴中取出后冷却，有结晶形成 4. 正确抽滤析出的固体，冰水洗涤，并尽量压紧抽干 5. 应分批次少量地加入饱和的碳酸氢钠水溶液，边加边搅拌 6. 滤液加入硫酸溶液中，冷却析出固体，抽滤，冰水洗涤，抽干水分得到阿司匹林粗品	60
2	阿司匹林精品的制备	考查： 1. 阿司匹林粗品中加入少量热的乙酸乙酯，蒸汽浴加热固体溶解 2. 冰水浴冷却后，有固体渐渐析出 3. 固体经抽滤，冰水洗涤，抽干水分得到阿司匹林精品 4. 正确检查阿司匹林的纯度	40

五、知识拓展

阿司匹林，化学名：2-（乙酰氧基）苯甲酸，乙酰水杨酸。阿司匹林（aspirin）是水杨酸类解热镇痛药的代表。水杨酸盐药用的历史可以追溯到 19 世纪，1838 年水杨酸首次从植物中提取获得。1860 年 Kolbe 以苯酚钠为原料制备了水杨酸并投入商业应用。1875 年 Buss 将水杨酸钠作为解热镇痛药用于临床，1886 年水杨酸苯酯应用于临床。1898 年，德国化学家霍夫曼用水杨酸与乙酸酐反应，合成了乙酰水杨酸。1899 年，德国拜仁药厂正式生产这种药品，取商品名为 Aspirin（阿司匹林）。

阿司匹林在小剂量使用时很少引起不良反应，但长期大量用药（如治疗风湿热）时则较易出现副作用，常见的有恶心，呕吐等胃肠道反应，偶尔可见胃肠道出血，溃疡以及过敏反应等。在未充分了解非甾体抗炎药物的作用机制前，普遍认为这些副作用主要是由于阿司匹林分子中存在游离的羧基所致，因此设计了一系列羧基修饰后的衍生物。

将水杨酸分子中的羧基和邻位酚羟基修饰成盐，如水杨酸镁（magnesium salicylate）和水杨酸胆碱（choline salicylate）等；将羧基修饰成酰胺，如水杨酸酰胺（salicylamide）等；临床上应用较多的药物还有贝诺酯（benorilate）、双水杨酯（salicylsali-cylic acid）和二氟尼柳（diflunisal）等。上述药物活性均低于阿司匹林。

百余年来的临床应用证明，阿司匹林为有效的解热镇痛药，现仍广泛用于治疗伤风、感冒、头痛、神经痛、关节痛、急性和慢性风湿痛及类风湿痛等。近年来发现阿司匹林为不可逆的花生四烯酸环氧合酶抑制剂，结构中的乙酰基能使环氧合酶活动中心的丝氨酸乙酰化，从而阻断酶的催化作用，乙酰基难以脱落，酶活性不能恢复，进而抑制了前列腺素的生物合成。阿司匹林还能抑制血小板中血栓素 A2（TXA2）的合成，具有强效的抗血小板凝聚作用，因此，现在阿司匹林已经用于心血管系统疾病的预防和治疗。本品还能缓解癌痛，可直接作用于痛觉感受器，阻止致痛介质形成或对抗组织损伤时致痛物质的释放，适用于轻度癌痛或与阿片类镇痛药合用缓解中重度癌痛。最近研究还表明：阿司匹林和其他非甾体抗炎药对结肠癌也有预防作用，而且其应用范围还在不断被拓展。

酸催化合成乙酰水杨酸比较经典，传统上是以浓硫酸为催化剂，水杨酸和乙酸酐为原料合成乙酰水杨酸，也就是本书中所采用的合成路线。因考虑浓硫酸腐蚀性强、污染环境等，因此众多研究者为寻找绿色经济的酸催化剂对阿司匹林的合成展开了研究。本书拓展以下几种酸催化合成阿司匹林。

1. 浓硫酸催化合成阿司匹林

浓硫酸是一种无机强酸，常用作脂类等有机化合物合成的催化剂、脱水剂。阿司匹林的合成最早是通过浓硫酸催化水杨酸和乙酸酐发生酰化反应而得，浓硫酸催化阿司匹林的合成具有反应时间短，产率高等优点。该合成路线较为经典，是本科教学有机合成中 O-酰化反应代表性实验，也是本书中的技能训练实验。

2. 柠檬酸催化阿司匹林合成

柠檬酸（又叫枸橼酸）是一种酸性较强的有机酸，易溶于水。柠檬酸催化阿司匹林合成与浓硫酸催化阿司匹林合成相比，前者具有对设备腐蚀小、绿色环保、后续处理较为简便等优点。

3. 固体超强酸催化阿司匹林的合成

SO_4^{2-}/Fe_2O_3 和 $SO_4^{2-}/ZnO^- TiO_2$ 均为固体超强酸催化剂（多相酸催化剂），超强酸的酸性比纯浓硫酸的酸性还要强，所催化的反应具有催化剂制备简单、反应温度低、节能减耗等优点。固体超强酸可分为固态和液态，与液态超强酸相比，固态超强酸作为催化剂更易与产物分离，且在催化反应中选择性较高，因此在有机合成反应中应用甚广。固体催化剂催化阿司匹林合成后具有副产物生成少，产物易于分离、纯化，对设备腐蚀小等优点；但同时也具有使用成本高、稳定性差等缺点。

4. 二氧化硅负载硫酸氢钠合成阿司匹林

硫酸氢钠为一种灰白色颗粒、晶体或粉末。硫酸氢钠用作催化剂，具有较好的催化性能。本书所介绍的催化剂是将硫酸氢钠与二氧化硅加工制成二氧化硅负载硫酸氢钠，使硫酸氢钠的催化效果进一步提升。该催化反应具有对设备的腐蚀小、反应后续处理简便、催化剂价格低廉等优点。

5. 对氨基苯磺酸催化合成阿司匹林

对氨基苯磺酸是一种固体有机酸，催化性能高，对环境污染小。利用其催化合成阿司匹林，具有反应时间短，但产物产率较低的特点。

6. $AlCl_3$ 催化合成阿司匹林

$AlCl_3$ 是一种较强的 Lewis 酸，该催化剂与浓硫酸相比较为安全、对设备无腐蚀，特别是用活性炭将 $AlCl_3$ 固载后，可以重复利用，催化效果好。

六、思考题

1. 在阿司匹林的合成过程中，要加入少量的浓硫酸，其作用是什么？除硫酸外，是否可以用其他酸代替？

2. 产生聚合物是合成中的主要副产物，生成的原理是什么？除聚合物外，是否还会有其他可能的副产物？

3. 药典中规定，成品阿司匹林中要检测水杨酸的量，为什么？本实验中采用什么方法来测定水杨酸？试简述其基本原理。

七、参考资料

[1] 尤启冬. 药物化学[M]. 北京：人民卫生出版社，2016.

[2] 闻韧. 药物合成反应[M]. 北京：化学工业出版社，2017.

[3] 凌保东. 药理学[M]. 北京：科学出版社，2009.

[4] 谢文娜. 酸催化合成阿司匹林的研究进展[J]. 化工设计通讯，2018，44（10）：196-197.

[5] 何帅，姚梦雨，王浩，等. 阿司匹林的合成工艺研究进展[J]. 山东化工，2019，48（19）：88-89 + 95.

项目十四
盐酸普鲁卡因的合成制备

一、技能训练目的与要求

1. 掌握化学药物合成中酯化、还原等单元反应。
2. 掌握利用水和二甲苯共沸的原理进行酯化脱水操作。
3. 掌握水溶性的盐类，用盐析法进行分离的操作及其精制方法。

二、实验实训原理（或简介）

反应方程式：

$$O_2N-C_6H_4-COOH \xrightarrow[\sim 145℃\ 6h]{HOCH_2CH_2N(C_2H_5)_2,\ 二甲苯} O_2N-C_6H_4-COOCH_2CH_2N(C_2H_5)_2$$

$$\xrightarrow[45℃\ 2h]{Fe/HCl} H_2N-C_6H_4-COOCH_2CH_2N(C_2H_5)_2 \cdot HCl \xrightarrow{20\%NaOH}$$

$$H_2N-C_6H_4-COOCH_2CH_2N(C_2H_5)_2 \xrightarrow[pH\ 5.5]{浓盐酸} H_2N-C_6H_4-COOCH_2CH_2N(C_2H_5)_2 \cdot HCl$$

（一）对硝基苯甲酸-β-二乙胺基乙醇酸（俗称硝基卡因）的制备

1. 原料规格及配比（表 14-1）

表 14-1　硝基卡因的制备所用原料

原料名称	规格	投料量	物质的量/moL	物质的量之比
对-硝基苯甲酸	工业用，含量96%，水分1%	30 g	0.18	1
N,N-二乙基乙醇胺（β-二乙胺基乙醇）	CP.d = 0.88　　bp133 ℃	22 g	0.188	1.044
二甲苯	CP. d = 0.86　bp133 ~ 144 ℃	190 mL	—	—

2. 操作要求

在装有温度计、分水器及回流冷凝器的 500 mL 三颈瓶中（装置如图 14-1 所示）投入对硝基苯甲酸、二甲苯、止爆剂及 β-二乙胺基乙醇，油浴加热至回流（内温约为 145 ℃，油浴温度约为 180 ℃），共沸带水 6 h 后撤去油浴，稍冷，倒入 250 mL 锥形瓶中，放置冷却析出固体，将上清液用倾泻法转移至减压蒸馏烧瓶中，水泵减压蒸除二甲苯，残余物以 3%盐酸 210 mL 溶解，并与锥形瓶中的固体合并，用布氏漏斗过滤，除去未反应的对-硝基苯甲酸，滤液再转移至装有搅拌器、温度计的 500 mL 三颈瓶中，搅拌下用 20% NaOH 溶液调节 pH 至 4.0 ~ 4.2（供还原用）。

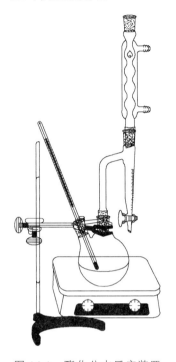

图 14-1　酯化分水反应装置

（二）对氨基苯甲酸-β-二乙胺基乙醇酯（普鲁卡因）的制备

1. 原料规格及配比（表 14-2）

表 14-2　普鲁卡因的制备所用原料

原料名称	规格	投料量	物质的量/moL
硝基卡因盐酸盐溶液	自制	上步得量	—
铁　粉	工业还原铁粉，粒度：80 目，无油污	70 g	1.25

2. 操作要求

接上步，在充分搅拌下于 25 ℃分次加入经活化的铁粉，反应温度自动上升。待铁粉加毕，保持 40 ~ 45 ℃反应 2 h，然后抽滤，滤渣以少量的水洗两次，滤液以稀盐酸酸化至 pH=5。滴加饱和硫化钠液至 pH= 7.8 ~ 8.0，使反应液中的铁盐成硫化铁沉淀，抽滤，滤渣用少量水洗两次，滤瓶用少量水洗一次，稀盐酸酸化至 pH=6，加少量活性炭于 50 ~ 60 ℃保温 10 min 后抽滤，滤渣以少量水洗一次，将滤液冷却至 10 ℃以下，用

20% NaOH 溶液碱化至普鲁卡因完全析出为止（pH 为 9.5～10.5），过滤，压紧抽干，供成盐用。

（三）盐酸普鲁卡因的制备

1. 原料规格及配比（表 14-3）

表 14-3　盐酸普鲁卡因的制备所用原料

原料名称	规格	投料量	物质的量/moL	物质的量之比
普鲁卡因	自制	上步所得量	—	1
盐酸	CP. $d = 1.18$	适量	—	1
食盐	精制品	适量至饱和	—	—
保险粉	CP	适量（约为盐基的 1%）	—	—

2. 操作要求

（1）成盐

取上步制得的普鲁卡因置于干燥的小烧杯中，慢慢滴加浓盐酸至 pH＝5.5，加热至 60 ℃，加精制食盐至饱和，升温到 60 ℃，加保险粉适量，加热至 65～70 ℃，趁热过滤，滤液冷却结晶，等冷至 10 ℃以下过滤，即得盐酸普鲁卡因粗品。

（2）精制

将上步粗品置洁净的小烧杯中，滴加蒸馏水至维持在 70 ℃时恰好溶解，加入适量保险粉，于 70 ℃保温 10 min，趁热过滤，滤液自然冷却，当有结晶析出时，外用冰浴冷却使结晶完全，过滤，用少量冷乙醇洗两次，在红外灯下干燥即得盐酸普鲁卡因成品，产量 12～15 g，mp153～157 ℃，总收率为 24.5%～30.7%（以对-硝基苯甲酸计）。

三、仪器设备、材料与试剂

1. 仪器设备

温度计、回流冷凝器、真空泵、红外灯、搅拌器、减压蒸馏烧瓶、500 mL 三颈瓶、250 mL 锥形瓶、100 mL 烧杯、布氏漏斗。

2. 试　剂

活性炭、精制食盐、保险粉、对硝基苯甲酸、二甲苯、止爆剂、β-二乙胺基乙醇、3%盐酸、20% NaOH 溶液、铁粉、稀盐酸、饱和硫化钠溶液、浓盐酸、蒸馏水、乙醇等。

四、技能训练内容与考查点

见表 14-4。

表 14-4　盐酸普鲁卡因的合成制备技能训练内容与考查点

实训步骤	操作要点	考查内容	评分
1	硝基卡因的制备	考查： 1. 正确组装具温度计、分水器及回流冷凝器的三颈瓶 2. 酯化反应所需的药品、仪器应事前干燥 3. 控制油浴加热温度在适宜范围内 4. 熟练操作水泵减压蒸馏装置	40
2	普鲁卡因的制备	考查： 1. 正确选择及使用经活化的铁粉 2. 稀盐酸酸化滤液至适宜 pH 3. 普鲁卡因完全析出 4. 析出的普鲁卡因需过滤，压紧抽干	40
3	盐酸普鲁卡因的制备	考查： 1. 普鲁卡因成盐时滴加浓盐酸，严格控制 pH= 5.5 2. 盐酸普鲁卡因粗品精制后正确计算总收率	20

五、知识拓展

盐酸普鲁卡因是临床常用的一种局部麻醉药，其化学名是 4-氨基苯甲酸-2-（二乙氨基）乙酯盐酸盐，熔点为 154～157 ℃。由 Einhorn 等于 1909 年首次制得，国内于 1957 年开始生产，自《中国药典》（1953 年版）以来，历版均有收载，是国内外临床上广泛应用的基本药物之一，能竞争性地与神经膜脂蛋白牢固结合，阻碍钠离子的透入，阻碍神经纤维的传导，临床用于浸润麻醉、阻滞麻醉、腰椎麻醉、硬膜外麻醉和局部封闭疗法。

盐酸普鲁卡因的合成方法中涉及酯化反应、还原反应和成盐反应等经典反应，而且在实验操作中也涉及二甲苯带水共沸脱水、盐析和重结晶等方法，是"药物化学"课程教学内容实践的体现。对硝基苯甲酸-N,N-二乙氨基乙酯（硝基卡因）是制备局部麻醉剂普鲁卡因的关键中间体。目前生产硝基卡因的方法主要是酯交换法和直接酯化法。直接酯化法合成硝基卡因是比较成熟的路径，具有工艺简单、原料浪费少等优点，所以盐酸普鲁卡因中间体（硝基卡因）的合成工艺研究备受研究者的关注。

盐酸普卡因的合成制备过程中需注意：

（1）酯化反应是一个可逆反应，本反应利用水与二甲苯共沸的原理，将生成的水不断移去，打破平衡，使酯化反应趋于安全。故酯化所用的药品、仪器应事前干燥。

（2）考虑到技能训练实验的需要和可能，将脱水反应时间定为 6 h，若延长时间，收率还可提高。

（3）对硝基苯甲酸应除尽，否则影响产品质量，回收的对硝基苯甲酸经处理后可以套用。

（4）铁粉活化的目的是除去其表面的铁锈，其方法为：取铁粉 70 g，加 150 mL 水和浓盐酸 10 mL，加热至微沸，用水以倾泻法洗至近中性，置水保存待用。

（5）此类放热反应，铁粉应分次加入，以免反应过于剧烈，加完后温度自然上升，注意不得超过 70 ℃（必要时可冷却，待其降至 54 ℃进行保温反应）。反应过程颜色变化为：绿→棕→黑。若不转棕黑色，可能系反应尚未完全，补加适量铁粉，继续反应一段时间。

（6）因除铁时，溶液中有过量的硫化钠存在，加酸后可使其形成胶体硫，加活性炭后过滤将其出去。

（7）盐酸普鲁卡因水溶性很大，所以仪器必须干燥，用水量亦应严格控制，否则影响收率。

（8）保险粉为强还原剂，可防止芳氨氧化，同时除去有色杂质，以保证产品色泽洁白。若用量过多，则成品含硫量不合格。

六、思考题

1. 写出普鲁卡因的主要药理作用及用途。
2. 本品的合成有多种合成方法，此法有什么优缺点？
3. 成盐一步反应中，为什么加入精制食盐饱和？
4. 采用铁粉还原有什么优缺点。

七、参考资料

[1] 尤启冬. 药物化学实验指导[M]. 北京：中国医药科技出版社，2000.

[2] 闻韧. 药物合成反应[M]. 北京：化学工业出版社，2017.

[3] 黄文静，刘燕华，方加龙，等. 正交试验优化盐酸普鲁卡因中间体的合成工艺[J]. 山东化工，2014，43（12）：34-35＋39.

[4] 陈志华，覃志高，覃宏林，等. 盐酸普鲁卡因含量测定近10年研究概况[J].中国医药指南，2012，10（24）：63-65.

项目十五
电子天平的使用及有效数字的处理

一、技能训练目的与要求

1. 了解电子天平的称量原理、结构特点，药物分析中电子天平的使用。
2. 熟练掌握电子天平的使用（清洁、水平、预热、调零）。
3. 熟练掌握称量的操作方法（直接称量法、减重称量法）。
4. 学会正确记录称量数据，并掌握有效数字的处理。

二、实验实训原理（或简介）

电子天平（Electronic Balance）可以准确地测量物体的质量，是以电磁力或电磁力矩平衡被称物体重力的原理实现测量，当秤盘上加上或除去被称物时，天平产生不平衡状态，此时可以通过传感器检测到其电流变化，以数字方式显示出被测物体质量。其特点是称量准确可靠、显示快速清晰并且具有自动检测系统、简便的自动校准装置以及超载保护等装置，是在实际分析中不可缺少的测量仪器。

电子天平的结构，由天平门、称量台、水平仪、水平调节螺丝、显示屏、功能键等组成。

电子天平按称量范围和精度可分为超微量天平、微量天平、半微量天平、常量天平。一般常用的电子天平精度为 0.001 g 和 0.0001 g。

（一）电子天平的使用

1. 清 洁
检查天平盘内是否干净，必要的话予以清扫。

2. 调节水平
天平开机前，应观察天平后部水平仪内的水泡是否位于圆环的中央，通过天平的地脚螺栓进行调节，使气泡位于圆环的中央。

3. 预热天平
事先检查电源电压是否匹配（必要时配置稳压器），在初次接通电源或长时间断电后开机时，至少需要 30 min 的预热时间。因此，在通常情况下，实验室电子天平不要经常切断电源。

4. 称 量
预热结束后，关好天平门，轻按 POWER（ON）键，LTD 指示灯全亮，松开手，天平先显示型号，稍后显示为"0.0000 g"，若不显示，则按 O/T 键（TAR）清零，显示为"0.0000 g"，说明天平处于平衡状态。称量时，将洁净称量瓶或称量纸置于秤盘上，关上侧门，按显示屏两侧的 Tare 键去皮，待显示器显示为零后，逐渐加入所要称量的试剂进行称量。被测物质的质量是显示屏左下角出现"g"标志时，显示屏所显示的实际数值。待天平数据稳定后，及时准确记录。

5. 称量结束

及时除去称量瓶（纸），按 POWER（OFF）键关闭天平，切断电源，将天平还原。

6. 记录在天平的使用记录本上记下称量操作的时间和天平状态，并签名，整理好台面后方可离开。

（二）电子天平称量方法

1. 直接称量法

用于称取固体物品的质量，或一次称取一定质量的样品。被称量物品的性质稳定，在空气中不易吸湿或挥发。

操作方法：调平，按"POWER"键开机预热，放上折叠好的称量纸，按"O/T"键去皮，用左手手指轻击右手腕部，将牛角匙中样品慢慢振落于称量纸上，直至达到所需质量，稳定后读数并及时记录（表15-1）。

表15-1　直接称量法实验数据记录

称量记录			
称量次数	m_1	m_2	m_3
试剂质量/g			

注意：操作中不能将试剂撒落到称量纸以外的地方。若加入量超出规定量，则需重称试样。已用试样必须弃去，不能放回到试剂瓶中。

2. 减量称量法

利用每两次称量之差，求得被称物质的质量。可称取易吸湿、易氧化、易与 CO_2 反应的样品。

操作方法：调平，按"POWER"键开机预热。①按下"O/T"键去皮：用纸条从干燥器中取出称量瓶，用纸片夹住瓶盖柄打开瓶盖，用牛角匙加入适量试样于称量瓶中，盖上瓶盖，置入天平中按下"O/T"键去皮。②倾出试样：用纸条取出称量瓶，在锥形瓶的上方倾斜瓶身，用瓶盖轻击瓶口使试样缓缓落入锥形瓶中。估计试样接近所需量时，继续用瓶盖轻击瓶口，同时将瓶身缓缓竖直，使粘于瓶口的试样落入瓶中，盖好瓶盖。③记录减少量：将称量瓶盖上瓶盖，放入天平，记录显示的减少量，即为试样质量。

表15-2　减量称量法实验数据记录

称量记录			
称量次数	1	2	3
"称量瓶＋试剂"倾出前量/g	$m_1 =$	$m_3 =$	$m_5 =$
"称量瓶＋试剂"倾出前量/g	$m_2 =$	$m_4 =$	$m_6 =$
倾出试剂的质量/g	$m_1 - m_2 =$	$m_3 - m_4 =$	$m_5 - m_6 =$

注意：操作中不能将试剂洒落到锥形瓶以外的地方。称量时为防止倾出试剂超标，应少量多次进行。一次倾出的试剂量若超出称量范围，需要重新称。已取出的试样不能收回，须弃去。

（三）电子天平使用注意事项

（1）将天平置于稳定的工作台上，避免振动、气流及阳光照射，防止腐蚀性气体侵蚀。

（2）称量易挥发和具有腐蚀性的物品时，要盛放在密闭的容器中，以避免腐蚀和损坏电子天平。

（3）防止超载，注意被称物体的质量应在天平的最大载量以内。

（4）勿把待称量样品洒落在天平内，若不慎洒落，要用干净柔软的刷子扫出。称量瓶外和称量盘上不能沾有粉末，以免影响称量的准确性并污染天平。

（5）定期对电子天平进行自校，保证其处于最佳状态。

（四）有效数字的处理

有效数字是指在分析工作中实际上能测量到的数字。保留有效数字的原则是：

（1）在记录测量数据时，只允许保留 1 位可疑数（欠准数），其误差是末位数的 ±1 个单位。例如，用万分之一精度天平称量某试样的重量，可以准确称量到 0.001 g，小数点后第 4 位有 ±1 的误差，为欠准值，但记录时应保留它。

（2）在数据中数字 1 ~ 9 均为有效数字，但数字 0 则有可能不是有效数字。0 在数字前面时，是定位用的无效数字，其余都是有效数字。当数据首位为 8 或 9 时，要多计 1 位有效数字。例如 90.0% 与 110.0%，都可以看成是 4 位有效数字。

（3）常量分析结果一般要求达到千分之一的准确度，需保留 4 位有效数字，以表明分析结果的准确度是 0.1%。

（4）pH、$\lg K$ 等对数数值，小数点后的位数为有效数字。pH 等对数值，其有效数字位数是由其小数点后的位数决定的，整数部分只表明其真数的乘方次数。pH=11.26（[H$^+$]=5.5×10^{-12} mol/L），其有效位数只有两位。

（五）数字修约规则

（1）采用"四舍六入五留双"规则，即当多余尾数的首位≤4 时舍去；多余尾数的首位≥6 时进位；等于 5 时，若 5 后数字不为 0 则进位，若 5 后数字为 0，则视 5 前数字是奇数还是偶数，采用"奇进偶舍"的方式进行修约。例如，将下列数字修约为 4 位有效数字：14.1447→14.14，14.4863→14.49，14.0250→14.02，14.0150→14.02，14.0251→14.03。

（2）禁止分次修约，例如将数据 1.2456 修约为两位有效数字，应该是 1.2456→1.2，不可以 1.2456→1.246→1.25→1.3。

（3）运算中可多保留 1 位有效数字，算出结果后再按规定修约在运算过程中。为减少舍入误差，其他数值的修约可以暂时多保留 1 位，等运算得到结果时，再根据有效位数弃去多余的数字。特别是运算步骤长，涉及数据多的情况下。

（4）修约标准偏差值或其他表示不确定度时，只要有效数字后面还有数字，都进位。例如 $S = 0.213$，若取两位有效数字，宜修约为 0.22。

（六）注意事项

（1）根据样品称量的要求选择相应的量具："精密称定"是指称取重量应准确至所取重量的千分之一；"称定"是指称取重量应准确至所取重量的百分之一；"精密量取"是指量取体积的准确度应符合国家标准中对该体积移液管的精密度要求；"约"是指取用量不得超过规定量的 ±10%。

（2）正确记录数值，应根据取样量、检测方法的允许误差和标准中的限度规定，确定数字的有效位数，记录全部准确数字和 1 位欠准数字。

三、仪器设备、材料与试剂

千分之一电子天平、万分之一电子天平、称量纸、称量瓶、干燥器、毛刷。

四、技能训练内容与考查点

见表 15-3。

表 15-3　电子天平的使用及有效数字的处理技能训练内容与考查点

实训步骤	操作要点	考查内容	评分
1	天平准备工作	考查： 正确清洁天平、调节水平、预热及调零等操作	10
2	称量操作	考查直接称量法： 　放上折叠好的称量纸，称量物放于正确位置，敲样动作正确，待稳定后正确读数 考查减量称量法： 　正确使用称量瓶、干燥器，称量物放于正确位置，敲样动作正确，待稳定后正确读数，并计算减少量	40
3	试样称量范围	考查： 称量范围最多不超过 ±10%	10
4	称量结束	考查： 整理实验台面，复原天平，清洁天平，登记，放回凳子	10
5	有效数字的处理	考查： 1. 根据记录的称量数据，能够正确判断有效数字的位数 2. 根据样品称量的要求，能够正确对称量数据进行修约	30

五、知识拓展

电子天平是通过电磁力对被称重物体重力加以平衡后获取物体质量的称重仪器，具备读数简单便捷、称量结果准确可靠等特点，适用于精确称重领域。近年来，称重精确面临着更高的要求，电子天平已在教学、科研及医药等行业中实现更广泛的应用，其准确的称量结果发挥着不可忽视的作用。当然仍存在许多因素会影响电子天平的计量检测结果。接下来本书简单剖析影响计量结果的因素与优化措施。

（一）电子天平计量检定重要性

电子天平在称量物质重量时主要是依据物体上作用的重力，同时以数字形式对输出结果加以显示，属于精密的天平仪器。在使用电子天平进行计量时，其结果会受到使用环境、使用频率及使用方法等因素的影响，倘若电子天平失准，造成最终获取了存在较大误差的测量数据，会大幅影响科研、生产以及其他领域，甚至会造成大量经济损失。为此，围绕电子天平定期展开计量检定工作，是保证计量结果可靠性、准确性的重要措施。

（二）影响电子天平计量检定的因素

1. 装置因素

属于精密仪器的电子天平，在计量期间具备固定装置模式，尤其是标准量值计量中面临着更高要求的固定形式。在使用电子天平进行物体的实际测量时，不论其处于什么位置，仪器、仪表及相关设备难免都会有误差产生，操作人员即使严格参照相关规定正确操作也会有计量误差产生，导致计量准确性受影响。此类装置因素引起的误差无关于电子天平本身，却同样会对计量结果造成影响。

2. 人为因素

影响电子天平计量检定的因素中，人为因素构成的影响最大。实验室中使用电子天平的频率相对较高，而部分操作人员为了便利在使用电子天平前不会做任何登记，导致电子天平工作负担加大，长久如此其内部元件可能会受损，从而引起误差，影响精度。同时，电子天平使用中，如果未严格结合相关要求进行操作，同样会引起误差。

3. 环境因素

处于不同环境条件下的电子天平在工作中，其计量检定可能会受到周边环境的大幅影响。电子天平在实际应用中对工作环境要求较高，如果处于过于恶劣的环境中使用，可能会有灵敏性不高的情况出现，影响数值准确性。同时，周边环境温湿度及环境压强等也会剧烈影响天平计量检定结果，若有振动现象存在，天平准确性也难以得到有效保障。

4. 方法因素

电子天平计量检定中，要想确保质量就必须以检定方法及流程为依据严格进行。出现预热时间不足的情况时，电子天平内部零件可能会出现无法高度匹配的情况，会阻碍电子部件和传感器热平衡的实现，从而加大检定结果误差。若未进行预压，会导致电子天平空载状态长时间保持，此时内部部件处于休止的状态，倘若进行称量会对精密部件反应灵敏度构成影响，从而导致示值出现波动或引起更大的误差。

（三）电子天平计量检定优化措施

1. 水平调整，静置 24 h

针对检定前处于未使用状态的电子天平，工作人员需做好水平调整作业，并维持 24 h 的静置后，再开展计量检定工作。电子天平在静置 24 h 后，其内部零部件能够顺利达到机械平衡状态，且会有一致于周围环境的温度状态形成，待达到温度平衡的状态后调整水准器至水平位置，即可开始检定。

2. 准确预热、合理预压

电子天平计量检定中，预热属于重要准备工作之一，要求计量人员引起高度重视，准确预热电子天平后再开展计量检定，为检定结果提供准确性保障。在预热操作结束后，计量人员还需完成预压后才可借助电子天平开展计量检定工作。现阶段，预压操作主要由加压和卸压两方面内容组成，加压的目的在于保证电子天平内部构件皆能准确反应，消除可能出现的摩擦或迟钝现象；预压的目的在于观察是否归零了显示值，若未归零即可明确电子天平内部构件有失平衡或计量功能有误，此时需要做好对应的调整。

3. 严格控制计量检定环境

作为精密仪器之一的电子天平，在计量检定中有着相当苛刻的环境要求。由于温度、湿度、压力及稳定性会影响电子天平，故而计量检定中需做好环境条件的控制，保证与其检定环境标准要求相适应，消除环境因素可能带给计量检定结果准确性、精度的影响。

六、思考题

1. 称量前如何检查天平？
2. 什么情况下用直接称量法、减重法称量？
3. 进行减量法称量时，从称量瓶向器皿转移试样时能否用药勺取样？
4. 如果称量时有少许试样洒落在外边，此次称量数据是否能使用？
5. 就自己在本次实验中的称量情况，谈谈分析天平使用时应该注意哪些问题。

七、参考资料

[1] 杭太俊. 药物分析[M]. 8 版. 北京：人民卫生出版社，2016.

[2] 范国荣. 药物分析实验指导[M]. 2 版. 北京：人民卫生出版社，2021.

[3] 杨雪莲. 电子天平计量检定的影响因素及解决措施探析[J]. 中国设备工程，2021（10）：96-97.

[4] 甄达贵. 影响电子天平计量检定的因素及优化措施[J]. 仪器仪表标准化与计量，2022（05）：41-43.

项目十六
高效液相色谱法

一、技能训练目的与要求

1. 熟悉高效液相色谱仪的基本结构和工作原理。
2. 掌握高效液相色谱法进行定性分析的基本方法；高效液相色谱法的标准曲线定量分析方法。
3. 熟悉高效液相色谱仪的基本操作。
4. 了解高效液相色谱法测定咖啡因的基本原理。

二、实验实训原理（或简介）

高效液相色谱法是以高压下的液体为流动相，并采用颗粒极细的高效固定相的柱色谱分离技术。与经典液相色谱法相比，高效液相色谱具有分离效率高、分析速度快、测量灵敏度高、自动化程度高的特点。高效液相色谱仪由输液系统、进样系统、色谱柱系统、检测系统和数据记录处理系统组成。其中色谱柱是最重要的部件，它由内壁高度抛光的不锈钢柱管和粒度细小而均匀的固定相组成。根据用途可以分为分析型色谱柱和制备型色谱柱，分析型色谱柱和制备型色谱柱的长度差不多，均为 10～30 cm，分析柱内径为 2～5 mm，而制备柱的内径比分析柱大，实验室用 25～40 mm，制药车间生产用可达几十厘米。

咖啡因又称咖啡碱，是由茶叶或咖啡中提取而得的一种生物碱，它属黄嘌呤衍生物，化学名称为 1,3,7-三甲基黄嘌呤。咖啡因对中枢神经系统有较强的兴奋作用，对大脑皮质具有选择性兴奋作用。小剂量能增强大脑皮质兴奋过程、改善思维活动、振奋精神、祛除瞌睡疲乏，使动作敏捷、工作效率增加。大剂量能直接兴奋延脑呼吸中枢及血管运动中枢，使呼吸加快加深、血压升高。医药上可用作心脏和呼吸兴奋剂，也是一种重要的解热镇痛剂，是复方阿司匹林和氨非加的主要成分之一，还有一定的利尿作用。在美国等地，咖啡因大量用作可口可乐等饮料的添加剂。咖啡因作为兴奋剂、苦味剂、香料，主要供可乐型饮料及含咖啡饮料使用。咖啡中含咖啡因为 2.0%～4.7%，茶叶中含 1.2%～8%。可乐饮料、复方阿司匹林（又称复方乙酰水杨酸，是最常用的解热镇痛药）等中均含咖啡因。

定量测定咖啡因的方法有薄层色谱法、紫外分光光度法和反相高效液相色谱法等。本实验采用反相高效液相色谱法测定可乐中的咖啡因。先使已配制好的不同浓度的咖啡因标准溶液进入色谱系统，在整个实验过程中，如果流动相的流速和系统的压力是恒定的，测定它们在色谱图上的保留时间 t 和峰面积 A 后，可直接用保留时间 t 作为定性，用峰面积 A 作为定量，并采用标准曲线法（即外标法）求得可乐中咖啡因的含量。

三、仪器与试剂

1. 仪 器

高效液相色谱仪及其色谱工作站，反相色谱柱（C_{18}，5 μm，250 mm×4 mm），DAD检测器，容量瓶，吸量管，超声波清洗机，孔径为 0.22 μm 的过滤膜，真空泵。

2. 试 剂

甲醇（色谱纯），超纯水，可乐，咖啡因。

四、技能训练内容与考查点

见表 16-1。

表 16-1　高效液相色谱法技能训练内容与考查点

实训步骤	操作要点	考查内容	评分
1	贮备液的配制	精确称取一定量的咖啡因，用流动相溶解，转移至 100 mL 容量瓶中，并用流动相稀释至刻度，用 0.22 μm 的过滤膜减压过滤，备用	20
2	标准溶液的配制	用吸量管分别取贮备液 5 份于 5 个 10 mL 容量瓶中，用流动相稀释定容并摇匀，得到一系列浓度的标准溶液	15
3	样品处理	取一定量的可乐置于洁净干燥的烧杯中用超声波脱气 10 min，除去可乐中二氧化碳。并将样品溶液进行干过滤（即用干漏斗）	15
4	色谱条件设定	流动相：甲醇-超纯水（35:65）；流速：1.0 mL/min；检测波长：275 nm；进样量：10 μL；柱温：室温	10
5	数据记录	待仪器基线稳定后，将咖啡因标准溶液和样品由低浓度到高浓度顺序进样，重复 3 次，并记录峰面积和保留时间	20
6	标准曲线的绘制：	以系列标准溶液的浓度为横坐标、相应的色谱峰面积为纵坐标作图，得到标准曲线，从标准曲线上找出可乐样品中咖啡因的浓度	20

五、知识拓展

高效液相色谱法（HPLC）是目前应用广泛的分离、分析、纯化有机化合物（包括能通过化学反应转变为有机化合物的无机物）的有效方法之一。在已知的有机化合物中，约有 80% 能用高效液相色谱法分离、分析，而且此法条件温和，不破坏样品，因此特别适合高沸点、难气化挥发、热稳定性差的有机化合物和生命物质。高效液相色谱法对流动相的要求比较高：①为了防止堵塞流路，流动相应使用微孔滤膜过滤除去尘埃微粒；

②流动相对试样要有适当的溶解度，更换流动相时必须保证互溶；③为防止在色谱柱中或检测器中产生气泡而影响分离和检测，流动相应脱气；④为了降低色谱柱柱压，多使用甲醇、乙腈等低黏度流动相；⑤流动相应与检测器匹配，如使用示差折光检测时，流动相的折射率应与被测物质的折射率有较大差异。

高效液相色谱检测系统的主要部件是检测器，检测器的作用是将色谱柱分离出组分的浓度或含量转变为电信号。按照应用范围，可将检测器分为专属型和通用型两大类。专属型检测器包括紫外检测器、荧光检测器、电化学检测器等，其响应大小取决于溶质的物理或物理化学性质，只对某类物质产生特殊响应，对流动相几乎不产生响应，所以受外界干扰较少，灵敏度高。通用型检测器包括示差折光检测器、蒸发光检测器等，其响应值大小不仅取决于溶质的物理或理化性质，还与流动相有关，所以受外界干扰大，灵敏度低，噪声和漂移较大，不适于痕量组分分析。

1. 紫外检测器

灵敏度较高，线性范围宽，重现性好，不破坏样品，是 HPLC 中应用最广泛的一类检测器，但要求样品必须有紫外吸收，测定波长要大于溶剂的截止波长。

2. 荧光检测器

是一类用来检测能够产生荧光的物质，灵敏度高，检测限低，可达到皮克级，常用于痕量组分分析。外界因素变化对其影响较小，能用于梯度洗脱。但要求样品能够产生荧光。对于没有荧光的物质可通过衍生化处理使其产生荧光，从而扩大荧光检测器的使用范围。荧光检测器常用于酶、维生素、甾体化合物、氨基酸等药物及其代谢物质的分析。

3. 示差折光检测器

是利用纯流动相和含有被测试样的流动相折光率的差异进行检测的，可以对空白溶液和样品溶液之间的折射率差进行连续检测，其示差值与样品浓度呈正比。

4. 蒸发光散射检测器

色谱柱分离出来的组分随流动相进入雾化室后，被雾化室内的高速气流（常用高纯度氮气）雾化，然后进入蒸发室，流动相被蒸发除去后，样品与载气形成气溶胶，进入检测室，用强光照射气溶胶产生散射光，通过散射光强度来测定组分的含量。这种检测器用于测定挥发性低于流动相的样品。缓冲盐不容易挥发，因而流动相中不能有缓冲盐。对有紫外吸收的组分检测灵敏度低，故蒸发光散射检测器主要用来测定高分子化合物、高级脂肪酸、糖类及糖苷等化合物。

六、思考题

1. 用标准曲线法定量的优缺点是什么？

2. 若标准曲线用峰高对咖啡因浓度作图，能给出准确结果吗？与本实验的标准曲线用峰面积对咖啡因浓度作图相比，何者更优？为什么？

3. 在样品过滤时，为什么要弃去前过滤液？这样做会不会影响实验结果？为什么？

七、参考资料

[1] 吕玉光，高晓燕. 仪器分析[M]. 北京：中国医药科技出版社，2016.
[2] 余邦良. 仪器分析实验指导[M]. 北京：中国医药科技出版社，2016.

项目十七
气相色谱法

一、技能训练目的与要求

1. 熟悉气相色谱仪的基本结构、工作原理及使用方法。
2. 掌握气相色谱法分离的基本原理及规律；外标法进行定量的原理和计算过程。

二、实验实训原理（或简介）

气相色谱法是以气体为流动相的色谱法，主要用于分离分析挥发性成分。能够实现混合物分离的外因在于流动相的不断运动，由于流动相的流动使各组分与固定相之间发生反复的吸附（或溶解）和解吸（或挥发）过程，在这个过程中，各组分在固定相上的移动速度不同，从而实现不同组分的完全分离。各组分按一定顺序离开色谱柱进入检测器，在记录器上绘制出各组分的色谱峰。在色谱条件一定时，各个组分都有确定的保留参数，如保留时间、保留体积及相对保留值等。因此，在相同的色谱操作条件下，通过比较已知对照样品和未知物的保留参数，即可确定未知物为何种物质。测量峰高或峰面积，采用外标法、内标法或归一化法，可确定待测组分的质量分数。外标法是气相色谱常用的定量分析方法之一。该方法需首先配制一系列不同浓度梯度的被测组分的标准溶液，然后对相同体积标准溶液在同一色谱条件下进行色谱分析，以峰面积或峰高对浓度绘制校准曲线，最后在相同色谱条件下，取相同体积的被测样品进行色谱分析，根据所得峰面积或峰高，从校准曲线中查出被测组分含量。外标法简单、不需要校正因子，但对测试条件和进样量有严格要求。

三、仪器和试剂

1. 仪 器

气相色谱仪，毛细柱进样口（S/SL），氢火焰检测器（FD），HP-5 毛细柱（30 m，320 μm × 0.25 μm），10 μL 微量注射器，空气泵等。

2. 试 剂

苯、甲苯、乙苯（均为分析纯），高纯 H_2（99.999%），干燥空气，高纯 N_2（99.999%）。

3. 实验条件

高纯 N_2 做载气，压强为 0.03 ~ 0.04 MP；氢气压强为 0.02 ~ 0.03 MPa；空气压强为 0.025 MPa。

四、技能训练内容与考查点

见表 17-1。

表 17-1　气相色谱法技能训练内容与考查点

实训步骤	操作要点	考查内容	评分
1	标准溶液的配制	以苯为溶剂，准确配制甲苯、乙苯的系列标准溶液	20
2	仪器检查	检查气体的压力，然后打开所有气体开关	15
3	实验参数设置	设置参数为：柱温 80 ℃，检测器温度 160 ℃，气化室温度 160 ℃，辅助载气（N_2）流速为 30 mL/min，氢气流速为 30 mL/min，空气流速为 400 mL/min，毛细管柱载气（N_2）流速 1 mL/min，尾吹气流速 30 mL/min。	15
4	标准曲线的绘制	用微量注射器分别抽取甲苯、乙苯的标准溶液，从进样口注入（注意注射器内应没有气泡），通过积分记录仪记录各色谱峰的保留时间（t_R）和峰面积。用峰面积对浓度作标准曲线	15
5	混合样品的测定	在完全相同的色谱条件下，测定未知浓度的混合芳烃溶液。再根据标准曲线计算得到未知样中甲苯及乙苯的含量	15
6	数据分析	根据单个芳烃的色谱数据对混合芳烃样品进行定性判断，计算未知浓度的混合芳烃溶液中各组分的质量分数	20

五、知识拓展

气相色谱法的仪器价格较低，保养和使用成本均较低，仪器易于自动化，可以很短时间内获得准确的分析结果，尤其适合分离含有挥发性成分的样品。气相色谱与质谱的联合技术结合了色谱的分离能力与质谱的定性、鉴别能力，现已成为复杂混合物分离分析的重要工具。在分离过程中，选择合适的检测器，实验才能顺利进行，因此需要掌握不同检测器的原理。

1. 热导检测器

热导检测器基于被测组分与载气热导率的差异来检测组分的浓度变化，具有结构简单、应用范围广、热稳定性好、线性范围广、样品不被破坏等优点，是一种通用型检测器；但其缺点是灵敏度较低。它主要用于溶剂、一般气体和惰性气体的测定，如工业流程中气体的分析，药物中微量水分的分析等。需要注意的是，热导检测器为浓度型检测器，当进样量一定时，峰面积与载气流速成反比，峰高受流速影响较小，所以用峰面积定量时，需严格保持流速恒定；为了避免钨丝被烧断，开机时应先通载气再通电，关机时先断电再关载气。

2. 氢火焰离子化检测器

氢火焰离子化检测器基于含碳有机物在氢火焰作用下化学电离形成离子流，通过测定粒子流强度而实现检测，其灵敏度高、响应快，线性范围宽、死体积小，是目前最常用的检测器之一。但由于是专属型检测器，一般只能测定含碳化合物，对含有C—H 或 C—C 键的化合物敏感，而对含羰基、羟基、氨基或卤素的有机官能团灵敏度较低，对一些永久性气体，如氧气、氮气、一氧化碳、二氧化碳、氮氧化物、硫化氢和水几乎没有响应。

使用时需要注意的事项：氢火焰离子检测器需使用三种气体，以氮气为载气，氢气为燃气，空气为助燃气，气体流量会影响检测器灵敏度。通常氢气与氮气流量比是 1：1 ~ 5：1，空气流量约是氢气的 10 倍。

3. 电子捕获检测器

电子捕获检测器一种用 ^{63}Ni 或 ^{3}H 做放射源的离子化检测器，主要用于检测含强电负性元素的化合物，如含卤素、硝基、羰基、氰基等化合物，是分析痕量电负性有机化合物最有效的检测器，特别适合于环境中微量有机氯农药的检测；但这种检测器线性范围窄，检测器的性能易受操作条件影响，分析的重现性差。使用时要使用高纯度氮气（纯度高于 99.999%）作为载气，载气中若含有 O_2、H_2O 及其他电负性杂质，则会捕捉电子导致基流下降，降低检测器的灵敏度，长期使用将严重污染检测器；载气流速对基流和响应信号也有影响，可根据条件试验选择最佳载气流速，一般设定为 40 ~ 100 mL/min。

六、思考题

1. 色谱仪的开机流程，即开机顺序是怎样的？顺序错误会有什么结果？关机顺序又是怎样的？
2. 影响气相色谱分离度的因素有哪些？分别可能对分离度造成怎样的影响？

七、参考资料

[1] 吕玉光，高晓燕. 仪器分析[M]. 北京：中国医药科技出版社，2016.
[2] 余邦良. 仪器分析实验指导[M]. 北京：中国医药科技出版社，2016.
[3] 李兴洲. 氢火焰离子化检测器的工作原理与特性[J]. 印刷技术，2012(02)：45-46.

项目十八
红外吸收光谱

一、技能训练目的与要求

1. 掌握用红外吸收光谱进行化合物的定性分析；用压片法制作固体试样晶片的方法。
2. 熟悉红外分光光度计的工作原理及其使用方法。

二、实验实训原理（或简介）

化合物受红外光辐射照射后，分子的振动和转动运动由较低能级向较高能级跃迁，从而对特定频率红外辐射产生选择性吸收，形成特征性很强的红外吸收光谱，红外光谱又称振-转光谱。检测物质分子对不同波长红外光的吸收强度，就可以得到该物质的红外吸收光谱。红外光谱是鉴别物质和分析物质化学结构的有效手段，各种化合物分子结构不同，分子振动能级吸收的频率不同，其红外吸收光谱也不同，因此，红外吸收光谱法已被广泛应用于物质的定性鉴别、物相分析和定量测定，并用于研究分子间和分子内部的相互作用。

在化合物分子中，具有相同化学键的原子基团，其基本振动频率吸收峰（简称基频峰）基本出现在同一频率区域内，但由于同一类型原子基团在不同化合物分子中所处的化学环境有所不同，使基频峰频率发生一定移动。因此，掌握各种原子基团基频峰的频率及其位移规律，就可应用红外吸收光谱来确定有机化合物分子中存在的原子基团及其在分子结构中的相对位置。

本实验用溴化钾晶体稀释苯甲酸标样和试样，研磨均匀后，分别压制成片做参比，在相同的实验条件下，分别测绘标样和试样的红外吸收光谱，然后从获得的两张图谱中，对照上述的原子基团基频峰的频率及其吸收强度，若两张图谱一致，则可认为该试样是苯甲酸。

三、仪器设备、材料与试剂

1. 仪 器
傅里叶变换红外光谱仪，压片机，玛瑙研钵，红外干燥灯。

2. 试 剂
苯甲酸（G.R），溴化钾（G.R），苯甲酸试样（经提纯）。

四、技能训练内容与考查点

见表 18-1。

表 18-1　红外吸收光谱技能训练内容与考查点

实训步骤	操作要点	考查内容	评分
1	仪器开机	开启空调机，使室内温度控制在 18～20 ℃，相对湿度≤65%	20
2	样品制备	取预先在 110 ℃下烘干 48 h 以上，并保存在干燥器内的溴化钾 150 mg 左右，置于洁净的玛瑙研钵中，研磨成均匀、细小的颗粒，然后转移到压片模具上，依次放好各部件后，压片，得到溴化钾片，以同样方法制得样品和对照品	30
3	样品测试	用纯 KBr 薄片为参比片，按仪器操作方法从 4 000 cm^{-1} 扫谱 650 cm^{-1}。扫谱结束后，记录图谱。	25
4	数据处理	1. 在苯甲酸标样和试样红外光谱图上，标出各特征吸收峰的波数，并确定其归属 2. 将苯甲酸试样光谱图与其标准样光谱图进行对比，如果两张图谱上的各特征吸收峰强度一致，则可认为该试样是苯甲酸	25

五、知识拓展

（一）近红外光谱分析技术的特点

与传统分析方法相比，近红外光谱分析技术有鲜明的技术特点。

1. 分析速度快

扫描速度快，可在数十秒内获得一个样品的全光谱图，通过数学模型即可快速计算出样品的浓度。

2. 多种成分同时分析

一次全光谱扫描，可获得多种成分的光谱信息，通过建立不同的数学模型，就可定量分析样品的多种物质成分。

3. 无污染分析

样品不需特别的预处理，不使用有毒有害试剂。根据样品的物质状态和透光能力采用透射或漫反射方式测定，可直接测定不经预处理的液态、固态或气态样品。

4. 无损伤分析

测定过程不破坏或消耗样品，不影响外观、内在结构和性质。

5. 实时分析和远距离测定

实时在线分析特别适合工业生产上应用。利用光导纤维技术远离主机取样，将光谱信号实时传送回主机，直接计算出样品成分的含量。

6. 操作简单，分析成本低

除需要电能外，不需要任何耗材，大大地降低测试费用。操作上不需要专门技能和特别训练。

（二）红外光谱分析技术在药学中的应用

随着近红外光谱技术的不断提高和化学计量学的发展，在药学方面应用也愈加广泛。

1. 在中草药材生产中的应用

中药鉴别是保证中药质量的重要环节，传统的中药鉴别方法主要有性状鉴别、显微鉴别和理化鉴别等，但对一些亲缘关系较近的品种和伪品很难获得准确的鉴别结果。目前将近红外光谱技术用于黄芪、当归、人参等药材地道性的鉴别研究，准确率达100%。此外，研究人员利用近红外光谱法测定黄花蒿中青蒿素的含量，测定来自不同产地的黄花蒿药材，并建模进行数据分析，可对药材产地进行鉴别。

2. 在制药行业中的应用

近红外分析具有快速实时、操作简单、不受样品状态影响的特点，符合药物分析的要求。所以在制药行业中的原料药分析、有效成分分析、药品生产质量过程控制等方面，近红外光谱技术得到非常广泛的应用。

比如在抗感泡腾片的生产过程中，近红外光谱法在测定绿原酸类化合物的含量中得到应用。以抗感泡腾片的生产工艺为基础，在线收集样品，采用分光光度法，以绿原酸为对照品，测定样品中绿原酸类化合物的含量，同时应用傅里叶变换近红外光谱技术对样品进行监测分析，采用偏最小二乘回归法建立抗感泡腾片提取液中绿原酸类化合物含量的近红外数学校正模型，能简便、准确、快速地检测其含量，可用于抗感泡腾片生产过程中的在线质量控制。

六、思考题

1. 红外吸收光谱分析对固体试样的制片有何要求？
2. 为什么红外光谱实验室的温度和相对湿度要维持一定的指标？
3. 如何利用红外光谱鉴定化合物中存在的基团及其在分子中的相对位置？

七、参考资料

[1] 吕玉光，高晓燕. 仪器分析[M]. 北京：中国医药科技出版社，2016.

[2] 余邦良. 仪器分析实验指导[M]. 北京：中国医药科技出版社，2016.

[3] 刘浩，黄艳萍，相秉仁，等. 黄花蒿中青蒿素的近红外光谱法测定[J]. 中国医药工业杂志，2007，38（8）：4.

[4] 张媛媛，张加晏，迟玉日月，等. 近红外光谱法测定抗感泡腾片生产过程中绿原酸类化合物含量[J]. 中国中医药信息杂志，2011，18（4）：3.

中 篇

中药制药篇

项目十九

中药炮制（一）[固体辅料炒（米炒、蛤粉炒）]

一、技能训练目的与要求

1. 掌握加固体辅料炒的基本操作方法及质量要求。
2. 掌握加固体辅料炒的火候及注意事项。
3. 掌握加固体辅料（大米、蛤粉）炒的目的及意义。
4. 了解大米、蛤粉辅料的作用。

二、实验实训原理（或简介）

（一）米炒党参

党参为桔梗科植物党参[*Codonopsis pilosula*(Franch.)Nannf.]、素花党参[*Codonopsis pilosula* Nannf. Var. *modesta*(Nannf.)L. T. Shen]或川党参（*Codonopsis tang-shen* Oliv.）的干燥根。味甘，性平，归脾、肺经，具有补中益气、健脾益肺功能。米炒党参气味清香，能增强和胃、健脾、止泻作用，多用于脾胃虚弱、食少、便溏等症。

1. 操作要求

如图 19-1 所示，取原药材，除去杂质及残丝，洗净，润透，切厚片，干燥，大小分档。取净党参片 100 g，大米 20 g，先将大米撒于预热的锅内，用中火加热，待大米开始冒烟时，投入党参片，快速翻动，拌炒至党参呈老黄色，米呈焦黄色时，取出，筛出大米，放凉，即得。

2. 成品性状

米炒党参表面老黄色，具香气。

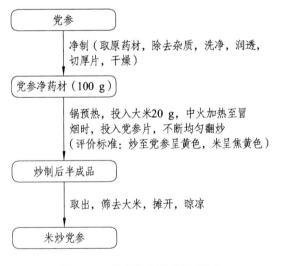

图 19-1　党参炮制的实验流程

附：

大米性味甘辛，具有健脾和中、除烦止渴的作用，多用于某些补脾胃药和某些昆虫类药物的炒制。

糯米味甘，性微温，具有补脾气、益肺气、止虚寒泻痢、缩小便、收自汗的作用。

（二）蛤粉炒阿胶

阿胶为马科动物驴（*Equus asinus* L.）的皮经煎熬，浓缩而成的固体胶。味甘，性平，归肺、肝、肾经，具有补血滋阴、润燥、止血的功能。炒制后降低滋腻之性，同时也矫正不良气味。蛤粉炒阿胶善益肺润燥，用于阴虚咳嗽，久咳少痰或痰中带血。

1. 操作要求（图 19-2）

（1）取阿胶块，置电炉上保持一定距离文火烘软（或至烘箱内在 80 ℃烘制 10 min 取出），切成小方块（约 1 cm² 大），即得。

（2）取阿胶丁 150 g，蛤粉适量，先将蛤粉置于预热的铁锅内，用中火加热，炒至灵活状态时，投入阿胶丁，不断翻炒至鼓起圆球形，内无溏心时取出，筛去蛤粉，摊开放凉，即得。

每 100 g 阿胶丁用蛤粉 30 ~ 50 g。

2. 成品性状

蛤粉炒阿胶呈圆球形，质松泡，外表灰白色或灰褐色，内呈蜂窝状，气微香，味微甜。

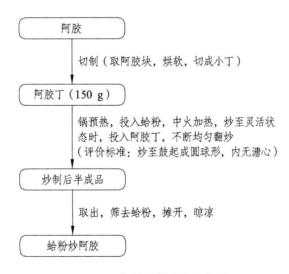

图 19-2 阿胶炮制的实验流程

附：

蛤粉是软体动物及文蛤的贝壳，洗净晒干研细而成。其性味咸寒，有清热利湿、软坚化痰的功能。用于胶类药物的炒制。

（三）注意事项

（1）米炒火力不宜过大，温度过高会使药材烫焦，影响中药炮制的质量。

（2）阿胶颗粒一般在 1 cm² 左右为宜，大了不易透心而成"溏心"，过小易被烫焦，二者均影响质量。

（3）蛤粉炒时，辅料需先炒至灵活状态再加入药物，特别是第一次用于炒药时尤应如此。

三、仪器设备、材料与试剂

1. 仪器设备

调温电炉、铁锅、不锈钢铲、小棕刷、药筛、石棉手套、天平、瓷盘、瓷盆、剪刀、红外测温计、烧杯。

2. 材　料

大米、蛤粉；党参、阿胶。

四、技能训练内容与考查点

见表 19-1。

表 19-1　中药炮制（一）[固体辅料炒（米炒、蛤粉炒）]技能训练内容与考查点

实训步骤	操作要点	考查内容	评分
1	米炒党参	考查： 1. 正确净制党参原药材，并大小分档 2. 在炮制操作前，铁锅需进行预热处理 3. 固体辅料大米撒于预热的铁锅内，使用适合的火力加热 4. 时时关注火力大小（中火），待大米开始冒烟时，投入党参片，翻炒操作正确 5. 正确判断党参的最佳炮制程度(即党参呈老黄色、具香气，米呈焦黄色)	50
2	蛤粉炒阿胶	考查： 1. 使用正确的操作方式制备阿胶丁，大小适宜，注意火力使用得当 2. 在炮制操作前，铁锅需进行预热处理 3. 固体辅料蛤粉置于预热的铁锅内，使用适合的火力加热 4. 使用适合的火力（中火）加热蛤粉，并正确判断蛤粉的状态，投入阿胶丁后，翻炒操作正确 5. 正确判断阿胶的最佳炮制程度(阿胶丁呈圆球形，质松泡，外表灰白色或灰褐色，内呈蜂窝状，气微香，味微甘)	50

五、知识拓展

炒法：将净选或切制后的药物置预热容器内，用不同火力连续加热，并不断搅拌或翻动至一定程度的炮制方法称为炒法。

（一）基本操作

1. 炒法的操作程序

（1）预热。将空锅于火上加热，使锅烧热或烧烫后应用。

（2）投药。待烧至所要求的程度后，即可迅速投入药物。

（3）翻炒。投入药物后即选用适宜工具迅速搅拌或翻炒，翻炒要快要勤，使药物均匀受热。翻动要有规律，一般药物可向一边依次翻动，翻完后再向相反的方向依次翻动，如此反复操作，直至达到所需要的程度为止。容易滚动的种子类药物，可从锅底分别向两边翻动，锅两边的药物即自动滑入锅中心，使其均匀受热。

（4）出锅。药物炒至所需要的程度时，立即将其取出，俗称"出锅"。

2. 炒法的分类

（1）清炒法。不加任何辅料的炒法称为清炒法。根据火候及程度的不同又分为炒黄、炒焦和炒碳。

（2）加辅料炒法。净制或切制后的药物与固体辅料同炒的方法，称为加辅料炒。加辅料炒的主要目的是降低毒性，缓和药性，增强疗效和矫臭矫味等。同时，某些辅料具有中间传热的作用，能使药物受热均匀，炒后的饮片色泽一致，外观质量好。常用的加辅料炒法有麸炒、米炒、土炒、砂炒、蛤粉炒、滑石粉炒等。本项目则选用经典的米炒党参、蛤粉炒阿胶作为炮制的技能训练实验。

3. 加辅料炒的基本操作

（1）麸炒。将净制或切制后的药物，用麦麸熏炒的方法，称为麸炒法。

操作方法：先用中火或武火将锅烧热，再将麦麸均匀撒入热锅中，至起烟时投入药物，快速均匀翻动并适当控制火力，炒至药物表面呈黄色或深黄色时取出，筛去麦麸，放凉。

麦麸用量一般为：每 100 kg 药物，用麦麸 10～15 kg。

（2）米炒。将净制或切制后的药物与米同炒的方法，称为米炒。

操作方法：第一种是先将锅烧热，加入一定量的米，用中火炒至冒烟后，投入药物，拌炒至一定程度，取出，筛去米，放凉。第二种是先将锅烧热，撒上浸湿的米，使其平贴锅上，用中火加热炒至米冒烟时，投入药物，轻轻翻动米上的药物，至所需程度，取出，筛去米，放凉。本项目中米炒党参选用前一种方法。

米的用量一般为：每 100 kg 药物，用米 20 kg。

（3）土炒。将净制或切制后的药物与灶心土（伏龙肝）拌炒的方法，称为土炒。

操作方法：将灶心土研成细粉，置于锅内，用中火加热，炒至土呈灵活状态时投入净药物，翻炒至药物表面均匀挂上一层土粉，并透出香气时，取出，筛去土粉，放凉。

土的用量一般为：每 100 kg 药物，用土粉 25～30 kg。

（4）砂炒。将净制或切制后的药物与热砂共同拌炒的方法，称为砂炒或砂烫。

制砂方法：①普通砂的制备。一般选用颗粒均匀的洁净河沙，先筛去粗砂粒及杂质，再置锅内用武火加热翻炒，以除净其中夹杂的有机物及水分等。取出晾干，备用。②油砂的制备。取筛去粗砂和细砂的中间河沙，用清水洗净泥土，干燥后置锅内加热，放凉，备用。加入 1%～2% 的食用植物油拌炒至油尽烟散，砂的色泽均匀加深时取出，放凉，备用。

操作方法：取制过的砂置锅内，用武火加热至灵活状态，容易翻动时，投入药物，不断用砂掩埋，翻动，至质地酥脆或鼓起，外表呈黄色或较原色加深时，取出，筛去砂，放凉。或趁热投入醋中略浸，取出，干燥即得。

砂的用量以能掩盖所加药物为度。

（5）蛤粉炒。将净制或切制后的药物与蛤粉共同拌炒的方法，称为蛤粉炒。

操作方法：将研细过筛后的蛤粉置热锅内，中火加热至蛤粉滑利易翻动时减小火力，投入经加工处理后的药物，不断沿锅底轻翻烫炒至膨胀鼓起，内部疏松时取出，筛去蛤粉，放凉。本项目中阿胶的炮制即选用此法。

蛤粉的用量一般为：每 100 kg 药物，用蛤粉 30～50 kg。

（6）滑石粉炒。将净制或切制后的药物与热滑石粉共同拌炒的方法，称为滑石粉炒，又称滑石粉烫。

操作方法：将滑石粉置热锅内，用中火加热至灵活状态时，投入经加工处理后的药物，不断翻动，至药物质酥或鼓起或颜色加深时取出，筛去滑石粉，放凉。

滑石粉的用量一般为：每 100 kg 药物，用滑石粉 40～50 kg。

4. 加辅料炒的操作关键

（1）药物炒制前必须大小分档，选择适当火力。

（2）炒前锅要预热，目的是便于掌握温度，使药物迅速获得热能，缩短药物在锅内停留的时间，以提高质量和工效，防止某些种子类药物炒成"僵子"（俗称"炒哑"）。

（3）投药的多少要根据锅的大小和品种而定，原则是少量分锅炒，药太多受热不易均匀。

（4）翻动时，要求每次下铲都要露锅底，俗称"亮锅底"，目的是避免少量药物停留锅底而致枯焦。

（5）出锅要迅速，避免药物"过火"，并应摊开晾凉。

（6）加辅料炒，一般先处理辅料，后投入药物拌炒。出锅后应及时筛去辅料，再摊开晾凉。

5. 加辅料炒的适用范围

（1）麸炒。健脾类药物如白术、山药、神曲等可以增强健脾作用；燥烈的药物如苍术、枳壳等可以缓和辛燥之性，枳实可以缓和破气作用，以免伤正；腥臭类药物如僵蚕可以矫正腥臭气味，便于服用。

（2）米炒。有毒或腥臭类药物如斑蝥、红娘子等昆虫类药物，米炒后可降低毒性和矫正气味；健脾止泻类药物如党参，米炒增强健脾止泻作用。

（3）土炒。固脾止泻类药物如山药、白术等，土炒后增强固脾止泻的作用。

（4）砂炒。坚硬的药物如龟甲、鳖甲、山里狗脊、豹骨等，砂炒后可使药物质地酥脆，便于粉碎和煎煮。毒性药物如马钱子，需净制去毛的药物如骨碎补、狗脊、马钱子，腥臭药物如鸡内金、脐带、刺猬皮等，均可进行砂炒。

（5）蛤粉炒。动物胶类药物如阿胶，炒后使药物质地酥脆，便于粉碎和制剂，降低药物滋腻之性，矫正不良气味。

（6）滑石粉炒。韧性大的药物，滑石粉炒可使药物质地酥脆，便于粉碎和煎煮，如象皮、黄狗肾；有毒或腥臭类药物，可降低毒性和矫正不良气味，如水蛭、刺猬皮。

（二）中药炮制过程中固体辅料的应用分析

中医讲究人与自然的和谐关系，中药炮制是我国独有的制药工艺技术和医药理论。在药物炮制过程中加入相应的固体辅料（如大米、蛤粉、滑石粉、灶心土等）能够很好地改善药物作用，减缓其对患者的刺激作用，增强医疗功效，改善药物自身"毒性"，达到减少药物本身对人体毒性副作用的目的，能够更好地发挥药物调理人体机制的作用，达到快速治愈的功效。此外，辅料的添加还能够促进药物的制成和完善。药物炮制添加固体辅料也是讲究自然和谐，相互相生的医药理论，能够更好验证中医药和谐共生理论。

米炒党参的记载最早出现在清代，是《中国药典》（2020年版）（一部）收载的党参炮制品种，纵观其历史沿革及各省市炮制规范，米炒党参所用炮制辅料"米"包括大米（或粳米）和小米，也有部分规范未对其予以明确。米炒党参的药理作用有调节免疫、保护胃肠功能、抗疲劳、抗氧化等。

唐宋时期是阿胶炮制发展较快的阶段，新创了蛤粉炒、糯米炒、麸炒、面炒等加固体辅料炒的方法，尤其是唐代《银海精微》首次提到的"蛤粉炒"，得到广泛应用和发展，并且一直沿用至今。阿胶的现代炮制方法较简明，国家和地方颁布的炮制规范主要载了"阿胶"和"阿胶珠"两种炮制品规格，沿用了生品捣成碎块、蛤粉炒、蒲黄炒等炮制方法。蛤粉炒阿胶的药理作用有抗炎、抗贫血、免疫调节、抗氧化、抗疲劳等。

六、思考题

1. 加辅料炒要掌握适当的温度，过高或过低对药物会有什么影响？
2. 所加固体辅料中大米、蛤粉各起到什么样的作用？
3. 思考：蛤粉炒至灵活状态是一个什么样的程度？
4. 思考：固体辅料炮制过后还能不能重复利用？

七、参考资料

[1] 吴皓，胡昌江. 中药炮制学[M].北京：人民卫生出版社，2012.

[2] 付超美. 中药炮制与药剂实验[M]. 北京：科学出版社，2008.

[3] 王家宝. 药物炮制过程中固体辅料的应用分析[J]. 生物技术世界，2016（04）：212.

[4] 王梅，荆然，王越欣，等. 米炒党参的历史沿革及其现代炮制工艺、化学成分和药理作用的研究进展[J]. 中国药房，2020，31（14）：1788-1792.

[5] 燕娜娜，熊素琴，陈鸿平，等. 阿胶炮制历史沿革与现代研究进展[J]. 中药材，2018，41（12）：2948-2952.

项目二十
中药炮制（二）[炙法（酒炙、盐炙）]

一、技能训练目的与要求

1. 掌握酒炙法、盐炙法的操作方法，注意事项，辅料选择及用量。
2. 掌握酒炙法、盐炙法的炮制目的和意义。
3. 掌握酒炙法、盐炙法的成品规格。

二、实验实训原理（或简介）

（一）酒炙黄连

黄连为毛茛科植物黄连（*Coptis chinensis* Franch.）、三角叶黄连（*Coptis deltoidea* C.Y. Cheng *et* Hsiao）或云连（*Coptis teeta* Wall.）的干燥根茎。味苦，性寒，归心、肝、胃、大肠经，具有泻火解毒，清热燥湿的功能。酒炙后能引药上行，缓其寒性，长于清心除烦，善清上焦火热。多用于目赤肿痛、口舌生疮和失眠心悸等。

1. 操作要求

如图 20-1 所示，取黄连原药材，除去杂质，洗净润透，切薄片，晒干或低温干燥。取净黄连片 100 g，放容器内，用黄酒 10 g 拌匀，加盖稍闷润，待酒被吸尽后，置于预热的铁锅内，用文火加热，拌炒至炒干，取出晾凉，筛去碎屑，即得。

2. 成品性状

本品酒炙后表面色泽加深，味苦，略具酒气。

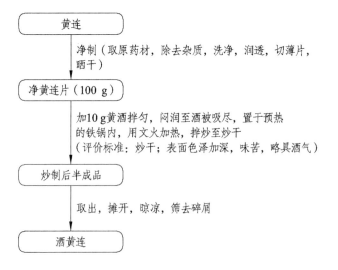

图 20-1　黄连炮制的实验流程

（二）盐炙黄柏

黄柏为芸香科植物黄皮树（*Phellodendron chinense* Schneid.）或黄檗（*Phellodendron amurense* Rupr.）的干燥树皮。味苦、性寒，归肾、膀胱经，具有清热燥湿、泻火除蒸、解毒疗疮的功能。生品苦燥，性寒而沉，泻火解毒和燥湿作用较强。盐炙可引药入肾，缓和苦燥之性，增强滋肾阴、泻相火、退虚热的作用，多用于阴虚发热、骨蒸劳热、盗汗、遗精、足膝痿软、咳嗽咯血等症。

1. 操作要求

如图 20-2 所示，取黄柏原药材，除去杂质，喷淋清水，润透，切丝，干燥。取净黄柏丝 100 g，放容器内，盐水（10 mL）拌匀，闷润，待盐水被吸尽后，置预热的铁锅内，用文火加热，不断连续翻动至炒干，取出晾凉，筛去碎屑，即得。

盐的用量：每 100 kg 黄柏丝，用食盐 2 kg。

2. 成品性状

本品为丝，深黄色，偶尔有焦斑，味苦，微咸。

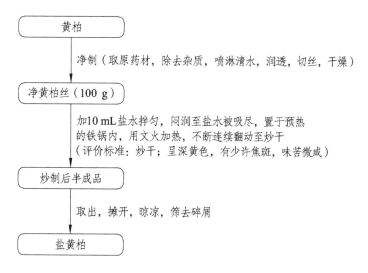

图 20-2　黄柏炮制的实验流程

（三）注意事项

（1）酒炙操作时必须按规定量加入酒，闷润应加盖，以免酒挥发；酒用量少，不易与药物拌匀时，可加适量水稀释后，再拌匀，闷润至吸尽后炒干；炒制火力不宜过大，一般用文火加热，勤加翻动，炒至尽干，颜色加深时，取出，放凉。

（2）盐炙时，溶解食盐的清水，一般以食盐的 4~5 倍量的水为宜。加水过多，不易被药材吸尽，造成过湿，不易炒干；加水过少，不能与药物拌匀。注意控制火力，不宜过大，避免盐水蒸发过快，食盐黏锅，达不到盐炙目的。

三、仪器设备、材料与试剂

1．仪器设备

调温电炉、铁锅、不锈钢铲、搪瓷方盘、量筒、烧杯、药筛、天平、瓷盘、瓷盆、红外测温计、保鲜膜、喷瓶。

2．材 料

黄酒、食用盐；黄连、黄柏。

四、技能训练内容与考查点

见表20-1。

表 20-1　中药炮制（二）[炙法（酒炙、盐炙）]技能训练内容与考查点

实训步骤	操作要点	考查内容	评分
1	酒炙黄连	考查： 1. 正确净制黄连原药材，并大小分档 2. 黄酒用量准确，同黄连药材充分拌匀，且酒应被药材吸收尽 3. 在炮制操作前，铁锅需进行预热处理 4. 投入闷润后的黄连，时时关注火力大小（文火加热），翻炒操作正确 5. 正确判断黄连的最佳炮制程度（即炒干，酒黄连表面色泽加深，味苦，略具酒气）	50
2	盐炙黄柏	考查： 1. 正确净制黄柏原药材，并大小分档 2. 正确配制相应浓度的盐水，同黄柏药材充分拌匀，且盐水被药材吸收尽。 3. 在炮制操作前，铁锅需进行预热处理 4. 投入闷润后的黄柏，时时关注火力大小（文火加热），翻炒操作正确 5. 正确判断黄柏的最佳炮制程度（即炒干，酒黄连表面色泽加深，味苦，略具酒气）	50

五、知识拓展

将净选或切制的药物，加入一定量的液体辅料，使辅料逐渐渗入药物组织内部的炮制方法称为炙法。

（一）基本操作

1. 炙法的操作方法

（1）先拌辅料后炒药。将净制或切制后的药物与一定量的液体辅料拌匀，稍闷润，待辅料被吸尽后，置炒制容器内，用文火炒干，取出晾凉。

（2）先炒药后加辅料。先将净制或切制后的药物，置炒制容器内，加热炒至一定程度，再喷洒一定量的液体辅料炒干，取出晾凉。

2. 炙法的分类及基本操作

（1）酒炙法。将净选或切制后的药物，加入一定量酒拌炒的方法称为酒炙法。
操作方法：

① 先拌酒后炒药。将净制或切制后的药物与一定量的酒拌匀，稍闷润，待酒被吸尽后，置炒制容器内，用文火炒干，取出晾凉。

② 先炒药后加酒。先将净制或切制后的药物，置炒制容器内，加热炒至一定程度，再喷洒一定量的酒炒干，取出晾凉。

酒炙法所用的酒以黄酒为主。酒的用量：一般药物每 100 kg，用黄酒 10 ~ 20 kg。

（2）醋炙法。将净选或切制后的药物，加入一定量醋拌炒的方法称为醋炙法。
操作方法：

① 先拌醋后炒药。将净制或切制后的药物，加入一定量的米醋拌匀，稍闷润，待醋被吸尽后，置炒制容器内，用文火炒至一定程度，取出摊凉或晾干，筛去碎屑。

② 先炒药后加醋。先将净选后的药物，置炒制容器内，炒至表面或炒至表面融化发亮（树脂类），或炒至表面颜色改变，有腥气溢出时，喷洒一定量米醋，炒至微干，出锅后继续翻动，摊开晾凉。

醋炙法常用的是米醋，以存放陈久者为好。醋的用量：一般为药物每 100 kg，用米醋 20 ~ 30 kg，最多不超过 50 kg。

（3）盐炙法。将净选或切制后的药物，加入一定量食盐的水溶液拌炒的方法称为盐炙法。

操作方法：

① 先拌盐水后炒。将食盐加适量清水溶化，与药物拌匀，放置闷润，待盐水被吸尽后，置炒制容器内，用文火炒至一定程度，取出晾凉。

② 先炒药后加盐水。先将药物置炒制容器内，用文火炒至一定程度，再喷淋盐水，炒干，取出晾凉。

盐的用量：通常是药物每 100 kg，用食盐 2 kg。

（4）姜炙法。将净选或切制后的药物，加入定量姜汁拌炒的方法，称为姜炙法。

操作方法：将药物与一定量的姜汁拌匀，放置闷润，使姜汁逐渐渗入药物内部，然后置炒制容器内，用文火炒至一定程度，取出晾凉。或者将药物与姜汁拌匀，待姜汁被吸尽后，进行干燥。

姜的用量：一般为每 100 kg 药物，用生姜 10 kg。若无生姜，可用干姜煎汁，用量为生姜的 1/3。

（5）蜜炙法。将净选或切制后的药物，加入一定量炼蜜拌炒的方法，称为蜜炙法。

操作方法：

① 先拌蜜后炒。先取一定量的炼蜜，加适量开水稀释，与药物拌匀，放置闷润，使蜜逐渐渗入药物组织内部，然后置锅内，用文火炒至颜色加深、不粘手时取出摊晾，凉后及时收贮。

② 先炒药后加蜜。先将药物置锅内，用文火炒至颜色加深时，再加入一定量的炼蜜，迅速翻动，使蜜与药物拌匀，炒至不粘手时，取出摊晾，凉后及时收贮。

炼蜜的用量视药物的性质而定。一般质地疏松、纤维多的药物用蜜量宜大；质地坚实，黏性较强，油分较多的药物用蜜量宜小。通常为药物每 100 kg，用炼蜜 25 kg。

（6）油炙。将洗净或切制后的药物，与一定量油脂共同加热处理的方法称为油炙法。油炙法又称酥法。

操作方法：

油炒法，先将羊脂切碎，置锅内加热，炼油去流，然后取药物与羊脂油拌匀，用文火炒至油被吸尽，药物表面呈油亮时取出，摊开晾凉。

除此之外，还有油炸、油脂涂酥烘烤等法。

3. 炙法的操作关键

（1）辅料的用量较少，不易与药物拌匀时，可先将辅料加适量水稀释后，再与药物拌润。若加水过多，则辅料不能被药材吸尽，或者过湿不易炒干，水量过少，又不易与药物拌匀。

（2）药物与辅料拌匀后，需充分闷润，待辅料完全被吸尽后，再用文火炒干，否则，达不到炮制的目的。

（3）药物在加热炒制时，火力不宜过大，一般用文火，勤加翻动，炒至近干颜色加深时，即可取出，晾凉。

4. 炙法的适用范围

（1）酒炙法。适用于活血散瘀、祛风通络的药物及动物类药物。

酒炙法的操作方法中，先拌酒后炒药的方法适用于质地坚实的根及根茎类药物，如黄连、川芎、白芍等；先炒药后加酒的方法多用于质地疏松的药物，如五灵脂。

（2）醋炙法。适用于疏肝解郁、散瘀止痛、攻下逐水的药物。

（3）盐炙法。适用于补肾固精、疗疝、利尿和泻相火的药物。

盐炙法的操作方法中，一般需盐炙的药物均可采用先拌盐水后炒药的方法；含黏被质较多的药物采用先炒药后加盐水的方法。

（4）姜炙法。适用于祛痰止咳、降逆止呕的药物。

（5）蜜炙法。适用于止咳平喘、补脾益气的药物。

（6）油炙法。如淫羊藿，用羊脂油炙后能增强温肾助用作用；如豹骨、三七、蛤蚧等，经油炸或涂酥后，质地酥脆，易于粉碎。

（二）中药炮制过程中炙法的应用分析

炙法历史悠久，早在南北朝时《雷公炮制论》就有酒炙的记载。历经隋、唐、元、明、清以后则增有醋炒、蜜炙；时曰"酒制升提，蜜炒则和"等。所以，药物炙后在性味、归经、功效、作用趋向和理化性质等方面发生诸多变化，可起到解毒、增强疗效、矫臭、矫味、使有效成分易于溶出等作用，从而最大限度地发挥药物疗效。

酒制黄连，早在医学典籍《本草纲目》中便有记载"治本脏之火，则生用之；治上焦之火，则以酒炒；治中焦之火，则以姜汁炒……"黄连生品有较强的苦寒之性，善于清心火、解毒；酒制黄连有"以热制寒"之功效，可缓和黄连生品的苦寒之性，借酒升提之性，引药上行，善清头目之火。酒黄连的药理作用有抗菌、抗病毒、镇静催眠、降血压、降血脂、增强免疫力、抗癌等。

盐制黄柏，记载最早出现在明代，是《中国药典》（2020年版）（一部）收载的黄柏炮制品种。黄柏生品性味苦寒，具有清热燥湿、泻火除蒸、解毒疗疮之效，经盐炙后缓和了黄柏的苦燥之性，增强了滋阴降火、退虚热的作用。酒黄柏的药理作用有解热、抗炎、抗氧化、免疫抑制、抗菌、滋阴、降血糖、降血脂等。

六、思考题

1. 思考酒炙、盐炙的原理及目的是什么？

2. 具挥发性的液体辅料（如黄酒）与药物拌炒，应如何加入？对药物有什么影响和作用？

3. 盐炙法所用的辅料如何制备？

4. 体会感悟，炮制中所用的文火到底是一个什么程度的火力？

七、参考资料

[1] 吴皓，胡昌江. 中药炮制学[M] .北京：人民卫生出版社，2012.

[2] 付超美. 中药炮制与药剂实验[M]. 北京：科学出版社，2008.

[3] 佘玉英. 浅谈中药炮制中常用炙法及其作用[J].中国医药指南，2011，9（01）：137-138.

[4] 郭玲燕，魏永利，吴芳，等. 酒制黄连的研究进展[J]. 中国药房，2019，30（22）：3164-3168.

[5] 阙涵韵，罗秋林，王楠，等. 盐黄柏炮制历史沿革和机制的研究进展及其质量标志物（Q-Marker）预测分析[J]. 中草药，2022，53（22）：7242-7253.

项目二十一
中药显微鉴定基本技术

一、技能训练目的与要求

1. 掌握徒手切片的操作方法及注意事项。
2. 掌握粉末标本片的制作方法及注意事项。
3. 熟悉显微镜使用方法及作图要领。

二、实验实训原理（或简介）

利用显微技术，观察药材的性状，用铅笔采用代表符号画成较简明的组织构造图，能清晰地表示出各部位轮廓、排列的位置、分布情况及比例关系，以了解该组织构造的全貌。

（一）显微镜操作方法

（1）将显微镜放置离桌缘约 10 cm 处。

（2）对光：上升聚光镜至载物台水平，打开光栏，将低倍镜转至镜筒的正下方（用转盘听到"得"一声）转动反光镜，同时从接目镜向下看，直至明亮均匀。

（3）装片：将观察的标本片从镜前方横置于载物台上。

（4）调节焦距：向外旋转粗调节手轮，使镜筒慢慢下降，注意镜头与标本的距离，自目镜向下观察直至物像清楚为止（向外物镜下降，向内物镜上升）。另外，显微镜应先在低倍镜下选择物像，移至视野中心，转动转盘使高倍镜转至镜筒正下方，应能看到欲观察之物像，用细调节手轮使之图像清晰。

（二）组织制片与绘图

采用徒手切片法制作药材的横切片或纵切片，操作简便，迅速，制成的切片能保持其细胞内含物的固有形态，便于进行各种显微化学反应。

1. 药材的预处理

（1）切块或段：先将需观察的部位，切成适当大小的块或段，一般以宽 1 cm、长 3 cm 为宜。

（2）软硬度调整：软硬适中的药材可直接进行切片；质地坚硬的药材可放在吸湿器（玻璃干燥器底部盛蒸馏水并滴数滴苯酚防霉，上部瓷板上放置药材吸湿）中闷润，或在水中浸泡或略煮，使其软化后再切片；过于柔软的材料，可将其浸入 70%～95% 乙醇中，约 20 min 变硬后再切片。

（3）支持物选择：对于细小的种子或柔软而薄的叶类药材，不便直接手持切片，可选用适宜的支持物进行切片。如细小的种子类药材可放在软木塞或橡皮片中（一侧切一窄缝，将种子嵌入其中）进行切片；叶类药材可夹持在质地松软的小通草中进行切片。

2. 切片方法

选取已软化的药材，用左手拇指和食指夹持材料，中指托住药材底部，使药材略高出食、拇二指；用右手持刀片，自左向右移动手腕，动作要轻而快，力求切片薄而完整，操作时材料的断面与刀口须常用水或50%乙醇湿润。

3. 装　片

将切好的薄片，用毛笔小心地移入盛有清水或5%乙醇的培养皿中浸泡，取载玻片滴加稀甘油或其他试液，用镊子或毛笔将切片移于其上，再滴加稀甘油，盖片镜检，也可将薄片滴加水合氯醛液加热透化，再滴加稀甘油，盖片镜检。加盖玻片时，应尽量避免产生气泡。

4. 组织绘图

绘图方法包括徒手绘图、网格绘图、描绘器绘图和投影绘图等方法。重点学习徒手绘制组织简图及详图。

（1）徒手绘图法：选择典型的显微标本片和结构，仔细观察各部位的形状、结构及比例关系，用色淡的铅笔（2H或4H），按照显微图像的比例关系画出轮廓草图，经反复对照修改后，再用色深的铅笔（HB或2B）绘出修改图。

（2）组织简图绘制法：组织简图即用代表符号画成较简明的组织构造图，能清晰地表示出各组织和某些特征排列的位置、分布情况及比例关系，以了解该器官组织构造的全貌。组织简图各部位表示符号如图21-1所示。

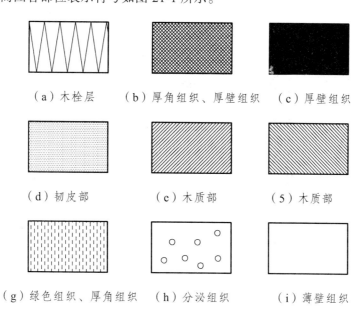

（a）木栓层　　　　（b）厚角组织、厚壁组织　　　（c）厚壁组织

（d）韧皮部　　　　（e）木质部　　　　（5）木质部

（g）绿色组织、厚角组织　　　（h）分泌组织　　　（i）薄壁组织

图21-1　组织简图各部位表示符号

5. 绘图步骤：

（1）将组织标本片置于显微镜下观察，用铅笔将图像的各部位轮廓画出。（2）按照规定的表示符号绘出各部位的重要特征（如厚壁组织、分泌组织、维管束等）；准确表示组织中各部位的范围、界限及重要特征的所在位置。（3）将各部位依次向右方引出直线，标上图注，图下注明各部分名称及放大倍数。用直尺量出画在纸上图像的长度和大小放大倍数＝用目镜测微尺量出被测物在同一方向上的长度或大小。

6. 组织详图绘制法

将显微镜下观察的组织、细胞及其内含物的真实形态、大小等特征，如实绘制到画面上的图形，称为组织详图。绘图步骤同简图绘制法，应注意薄壁组织用单线条表示，厚壁组织用双线条表示。

（三）粉末制片与绘图

适用于药材、饮片及含药材粉末的成方制剂的显微鉴别。

1. 粉末制备

药材应先干燥，磨或锉成细粉，过 4 号筛，混匀，装瓶，贴上标签。制备粉末时，取样要有代表性，如根要切取根头、根中段及根尾等部位，全部磨成粉，不得丢弃渣头；干燥温度一般不宜超过 60 ℃，以免淀粉粒糊化。

2. 制 片

用解剖针挑取粉末少许，置载玻片中央偏右的位置，滴加适宜的透明剂 1 ~ 2 滴，搅匀，待液体渗入粉末后，用左手食指与拇指夹持盖玻片的边缘，使其左侧与试液左侧接触，再用右手持小镊子或解剖针托住盖玻片的右侧，轻轻下放，使液体逐渐扩延并充满盖玻片下方。若液体未充满盖玻片，应从空隙相对的边缘滴加液体，以防产生气泡；若液体过多，用滤纸吸去溢出的液体，最后在载玻片的左端贴上样品标签，即可镜检。需用水合氯醛试液透化时，滴加试液后，手执载玻片一端或用镊子夹持，保持水平置酒精灯火焰上方 1 ~ 2 cm 处加热，微沸后，离开火焰，再滴加水合氯醛试液，放在小火上继续加热，如此反复操作至粉末呈透明状为止，放冷后滴加稀甘油 1 ~ 2 滴，封片镜检。

3. 粉末绘图

将粉末标本片置显微镜下观察后，绘出有代表性的细胞、后含物及某些组织碎片特征。绘图时，主要特征绘在画面的中央部位，次要特征绘在画面的边缘部位。单个细胞要求完整，组织碎片可绘全部或典型的一部分。

（四）表面制片法

表面制片法多用于对叶片、果实或草本植物茎表皮组织的观察，可观察到表皮细胞形态、气孔类型、毛茸特征和着生情况等。通常用镊子夹住叶片或果实等的表面，轻轻撕取其表皮层置于载玻片上的水、甘油或水合氯醛试液内（注意其上表面朝上方），加盖盖玻片，置显微镜下进行观察。

三、仪器设备、材料与试剂

1. 仪器设备

显微镜、培养皿、毛笔、刀片、镊子、解剖针、载玻片、盖玻片等。

2. 药 材

薄荷叶、牛膝根、大黄粉末。

3. 试 剂

蒸馏水、稀甘油、甘油乙酸试液、水合氯醛试液。

四、技能训练内容与考查点

见表 21-1。

表 21-1　中药显微鉴定基本技术技能训练内容与考查点

实训步骤	操作要点	考查内容	评分
1	显微镜操作方法	显微镜操作熟练，使用规范	10
2	组织制片与绘图	1. 用牛膝根进行组织制片，方法应用正确，操作熟练 2. 绘图比例正确，形态逼真，结构清楚线条及细点粗细均匀，明暗一致	30
3	粉末制片与绘图	1. 用大黄粉末进行粉末制片，方法应用正确，操作熟练 2. 绘图比例正确，形态逼真，结构清楚线条及细点粗细均匀，明暗一致	30
4	表面制片法	1. 用薄荷叶进行表面制片，方法应用正确。操作熟练 2. 绘图比例正确，形态逼真，结构清楚线条及细点粗细均匀，明暗一致	30

五、知识拓展

生物显微镜的组成：由光学部分和机械部分组成。光学部分包括目镜、物镜、聚光器、可变光栏、反射镜等；机械部分包括镜座、镜臂、镜筒、载物台、粗细调节手轮及推动器等。

注意事项：①取拿显微镜时，一手握镜臂，一手托镜座，轻取轻放。②先用低倍镜观察，看清物象后再换高倍镜。③在用高倍镜观察时，注意物镜与所观察标本的间距，以防错误操作而损坏镜头，压碎标本片。④注意保持显微镜的干燥和清洁，不得随意拆卸镜头，镜头要用擦镜纸擦拭，要防止水或药液外溢而污染镜头及其他部位。

在药材预处理时应避免影响欲观察的显微特征。如观察菊糖、黏液等特征时，不可与水接触，以免特征溶解消失；观察挥发油、树脂等特征时，则不可与高浓度乙醇或其他有机溶剂接触。

在进行未知粉末装片时，一般先用水、稀甘油或甘油乙酸装片，观察记录后再用水合氯醛冷装或透化装片，最后可滴加其他理化试剂进行显微观察。

应注意防止标本片产生气泡，干扰观察。用水或稀甘油装片时，先加少量乙醇使其润湿，可避免或减少气泡的形成，或反复将盖玻片沿一侧轻抬，亦可使多数气泡逸出；用水合氯醛试液透化处理时，加热温度不宜过高，以防水合氯醛试液沸腾，使组织中带入气泡；搅拌时产生的气泡可随时用针将其移出；菌类药材一般用蒸馏水装片，若用稀甘油装片，因其渗透性较差，粉末易成团并形成大量气泡。

绘制精确的图形要根据观察的实物，绘图主要有显微描绘法和徒手法两种，按绘图工具常分，铅笔绘图法和墨线绘图法两种，其中绘显微组织图和粉末图要用通用的代表符号。

六、思考题

1. 将通用的代表符号绘制下来。

2. 绘牛膝根横切面简图。

3. 绘大黄粉末特征图。

4. 使用显微镜要注意哪些事项？

七、参考资料

[1] 国家药典委员会. 中华人民共和国药典：一部[M]. 北京：中国医药科技出版社，2020.

[2] 毕志明. 中药显微鉴定实验与指导[M]. 北京：中国医药科技出版社，2015.

[3] 康廷国. 中药鉴定学[M]. 北京：中国中医药出版社，2016.

[4] 郑玉光，王占波，楚立. 中药学专业实验指导[M]. 北京：中国中医药出版社，2017.

项目二十二
花类中药性状鉴定（同名异物、混淆品的鉴定）

一、技能训练目的与要求

1. 掌握花类药物的鉴别方法。
2. 熟悉金银花与山银花、红花和藏（西）红花的主要区别，以及真假辨伪。

二、实验实训原理（或简介）

（一）红花与藏红花的原植物

1. 红 花

本品为菊科植物红花（*Carthamus tinctorius* L.）的干燥花。一年生或两年生草本，高 30~90 cm。叶互生，卵形或卵状披针形，先端渐尖，边缘具不规则锯齿，齿端有锐刺；几乎无柄，微抱茎。头状花序顶生，总苞片多层，最外 2~3 层叶状，边缘具不等长锐齿，内面数层卵形，上部边缘有短刺；全为管状花，两性，花冠初时黄色，渐变为橘红色。瘦果白色，倒卵形，长约 5 mm，具四棱，无冠毛。花期 5—7 月，果期 7—9 月。

2. 藏红花

本品为鸢尾科植物番红花（*Crocus sativus* L.）的干燥柱头。藏红花采自海拔 5 000 m 以上的高寒地区，又叫番红花或西红花，原产地在希腊、小亚细亚、波斯等地。多年生草本，地下鳞茎呈球状，外被褐色膜质鳞叶。叶 9~15 片，自鳞茎生出，无柄，叶片窄长线形，叶缘反卷，具细毛，基部由 4~5 片广阔鳞片包围。花顶生，花被 6 片，倒卵圆形，淡紫色，花筒长 4~6 cm，细管状；雄蕊 3 枚，花药大，基部箭形；雌蕊 3 枚，心皮合生，子房下位，花柱细长，黄色，顶端三深裂，伸出花筒外部，下垂，深红色，柱头顶端略膨大，有一开口呈漏斗状。蒴果，长形，具三钝棱。种子多数，圆球形，种皮革质。花期 11 月上旬至中旬。

（二）金银花与山银花的药材性状

1. 金银花（忍冬）

本品为忍冬科植物忍冬（*Lonicera japonica* Thunb.）的干燥花或待初开的花。呈棒状，上粗下细，略弯曲，长 2~3 cm，上部直径约 3 mm，下部直径约 1.5 mm。表面黄白色或绿白色，贮久色渐深，密被短柔毛。偶见叶状苞片。花冠绿色，先端 5 裂，裂片有毛，长约 2 mm。开放者花冠筒状，先端二唇形；雄蕊 5 个，附于筒壁，黄色；雌蕊 1

个，子房无毛。气清香，味淡、微苦。主产河南。

2. 山银花

本品为忍冬科植物灰毡毛忍冬（*Lonicera macranthoides* Hand.-Mazz.）、红腺忍冬（*Lonicera hypoglauca* Miq.）、华南忍冬（*Lonicera confusa* D C.）或黄褐毛忍冬（*Lonicera fulvotomentosa* Hsu et S. C. Cheng）的干燥花或带初开的花。长 1.6 cm ~ 3.5 cm，直径 0.5 mm ~ 2 mm。花萼筒和花冠密被灰白色毛，子房有毛。主产两广地区。

（三）显微鉴定

1. 金银花花蕾表面制片

腺毛头部倒圆锥形，顶部平坦，侧面观 10 ~ 33 细胞，排成 2 ~ 4 层，柄 1 ~ 5 细胞；另一种头部呈类圆形或扁圆形，6 ~ 20 细胞，柄 2 ~ 4 细胞。厚壁非腺毛多单细胞，表面有微细疣状突起，有的具角质螺纹；另有极多薄壁非腺毛，甚长，表面有微细疣状突起。花粉粒类球形，具 3 孔沟，表面有细密短刺及细颗粒状雕纹。

2. 金银花粉末制片

浅黄色。①花粉粒众多，球形，直径 60 ~ 70 μm，外壁具细刺状突起。②腺毛有两种，一种头部呈倒圆锥形，顶部略平坦，由 10 ~ 30 个细胞排成 2 ~ 4 层，直径 520 ~ 130 μm，另一种头部呈倒三角形，较小，直径 30 ~ 80 μm，长 25 ~ 64 μm。腺毛头部细胞含黄棕色分泌物。③非腺毛为单细胞，有两种：一种长而弯曲，壁薄，有微细疣状突起；另一种较短，壁稍厚，具壁疣，有的具单或双螺纹。④薄壁细胞中含细小草酸钙簇晶，⑤柱头顶端表皮细胞呈绒毛状。

3. 红花粉末制片

水合氯醛透化片观察：分泌细胞呈长管道状，充满黄色或红棕色分泌物。花粉粒深黄色，类球形或长球形，具 3 个萌发孔，外壁有短刺及疣状雕纹。花柱碎片深黄色，表皮细胞分化成单细胞毛，呈圆锥形，先端尖。花冠裂片表皮细胞表面观呈类长方形或长条形，垂周壁菲薄，波状弯曲。有的细胞（裂片顶端）外壁突起作短绒毛状。

4. 藏红花粉末制片

橙红色，表皮细胞表面呈长条形；柱头顶端表皮细胞绒毛状；草酸钙结晶集于薄壁细胞中，呈颗粒状；花粉粒少，表面光滑。

三、仪器设备、材料与试剂

1. 仪器设备
显微镜

2. 药 材
金银花、红花、藏（西）红花。

四、技能训练内容与考查点

见表 22-1。

表 22-1　花类中药性状鉴定[（同名异物、混淆品的鉴定）]技能训练内容与考查点

实训步骤	操作要点	考查内容	评分
1	红花与藏红花的原植物鉴别	找到植物特征上的不同	20
2	金银花与山银花的药材性状鉴别	找到药材外观特征的不同点	20
3	红花与藏红花显微鉴别	找到显微特征上的不同	30
4	金银花的显微鉴别	找到显微特征的标志性结构	30

五、知识拓展

（一）怎样识别藏红花的真假

藏红花是鸢尾科植物番红花的干燥柱头。用于活血化瘀，凉血解毒，解郁安神。特征：由多数柱头集合成松散线状，柱头三分枝，长 3 cm，暗红色，上部较宽且略扁平，顶端边缘显不整齐的齿状，内侧有一短裂隙，下段有时残留一小段黄色，花柱。质松软，无光泽，干燥后质脆，易断。气特异，微有刺激性，味微苦。此药浸入水中，水被染成黄色，无沉淀物柱头呈喇叭状，有短缝，短时间内针拨不破碎。

（二）藏红花和红花的区别

1. 名称的区别

藏红花为鸢尾科植物番红花的干燥柱头，又叫番红花或西红花，西红花的名称来源就是因为原产地是西班牙，在伊朗、沙特阿拉伯等国家也有悠久的栽培历史。西红花被引入我国西藏，采自海拔 5 000 m 以上的高寒地区，是驰名中外的藏药。红花为菊科植物红花的干燥花，主产地为我国新疆等。

2. 价格的区别

藏红花选用的是花内部的柱头，相对产量小，是论克计价的，价格昂贵。欧洲人一般用作香料。红花选用的是干燥花，相对产量大，便宜很多。

3. 价值及功效的区别

藏红花具有疏经活络、通经化瘀、散瘀开结、消肿止痛、凉血解毒的作用，长期坚持服用可提高人体的免疫功能。藏红花独特的神奇功效，被中外医学界广泛应用以预防和治疗脑血栓、脉管炎、心肌梗塞、血亏体虚、月经不调、产后瘀血、周身疼痛、跌打损伤、神经衰弱、忧思郁结、惊悸癫狂等疾病。红花能通经治血，能补能泻，能破能养，可行可导，主要作用活血通经，散瘀止痛；用于痛经、经闭、跌打损伤等。藏红花是著名的活血中药，它的储存要注意经常保持油润，因此宜将它放入密封的小瓷缸内，置于阴凉处保存。

六、思考题

1. 红花、藏红花的区别及鉴别方法有哪些？
2. 金银花与山银花的区别及鉴别方法有哪些？

七、参考资料

[1] 国家药典委员会. 中华人民共和国药典：一部[M]. 北京：中国医药科技出版社，2020.

[2] 毕志明. 中药显微鉴定实验与指导[M]. 北京：中国医药科技出版社，2015.

[3] 康廷国. 中药鉴定学[M]. 北京：中国中医药出版社，2016.

[4] 郑玉光，王占波，楚立. 中药学专业实验指导[M]. 北京：中国中医药出版社，2017.

项目二十三
药用植物愈伤组织的诱导与悬浮培养

一、技能训练目的与要求

1. 掌握药用植物愈伤组织培养基的配制及愈伤组织诱导的基本技能。
2. 掌握药用植物愈伤组织固体培养转为悬浮培养基本技能的操作。

二、实验实训原理（或简介）

愈伤组织是指原植物体的局部受到创伤刺激后，在伤口表面新生的组织。它由活的薄壁细胞组成，可起源于植物体任何器官内各种组织的活细胞。

在植物的组织培养中，从一块外植体形成典型的愈伤组织，大致要经历三个时期：启动期、分裂期和形成期。启动期指细胞准备进行分裂的时期。外源植物生长素对诱导细胞开始分裂效果很好。常用的有萘乙酸、吲哚乙酸、细胞分裂素等。通常使用细胞分裂素和生长素比例在1：1来诱导植物材料愈伤组织的形成。分裂期是指外植体细胞经过诱导以后脱分化，不断分裂、增生子细胞的过程。分化期是指在分裂的末期，细胞内开始出现一系列形态和生理上的变化，从而使愈伤组织内产生不同形态和功能的细胞。这些细胞类型有薄壁细胞、分生细胞、色素细胞、纤维细胞等。外植体的细胞经过启动、分裂和分化等一系列变化，形成了无序结构的愈伤组织。分裂期愈伤组织的特点是：细胞分裂快，结构疏松，颜色浅而透明。如果在原来的培养基上继续培养愈伤组织，由于培养基中营养不足或有毒代谢物的积累，愈伤组织停止生长，甚至老化变黑、死亡。如果要让愈伤组织继续生长增殖，必须定期地将它们分成小块接种到新鲜的培养基上，这样愈伤组织就可以长期保持旺盛的生长。

将疏松型的愈伤组织悬浮在液体培养基中并在振荡条件下培养一段时间后，可形成分散悬浮培养物。植物细胞的悬浮培养是指将植物细胞或较小的细胞团悬浮在液体培养基中进行培养，在培养过程中能够保持良好的分散状态。良好的悬浮培养物应具备以下特征：①主要由单细胞和小细胞团组成；②细胞具有旺盛的生长和分裂能力，增殖速度快；③大多数细胞在形态上应具有分生细胞的特征，它们多呈等径形，核质比大，胞质浓厚，无液胞化程度较低。

三、仪器设备、材料与试剂

1. 仪器设备

超净工作台，高压灭菌锅，旋转式摇床，水浴锅，倒置显微镜，镊子，酒精灯，三角瓶，移液器，pH计，恒温培养室，漏斗。

2. 试 剂

固体培养基，液体培养基。

3. 材 料

药用植物。

四、技能训练内容与考查点

见表 23-1。

表 23-1　药用植物愈伤组织的诱导与悬浮培养技能训练内容与考查点

实训步骤	操作要点	考查内容	评分
1	培养基及工具的灭菌	把培养基、镊子、手术剪、培养皿、空锥形瓶均放进无菌操作台中，打开紫外灯，灭菌 20 min。灭菌后关闭紫外灯并打开照明灯和通风。	10
2	切片及接种	点燃酒精灯，用 75% 的乙醇对双手进行消毒，在酒精灯附近打开空锥形瓶的塞子，用火灼烧瓶口 2 cm 处，手持锥形瓶呈 45°，持续 1 min，放于超净台中间(用于放工具)。在酒精灯附近打开镊子，于酒精灯外焰处灼烧 1 min，镊子平架于锥形瓶上。打开手术剪，于酒精灯外焰灼烧，平架于锥形瓶上。取培养基，取下培养瓶的塞子，手持培养瓶呈 45°，用火灼烧瓶口 2 cm 处。取药用植物无菌苗，手持培养瓶呈 45°，取下培养瓶的塞子，用火灼烧瓶口 2 cm 处，用手术剪把无菌苗的茎剪断，用镊子把剪下的无菌苗夹起，置于打开塞子的培养基的上空，用手术剪剪成小片放于琼脂培养基的表面，注意让切片均匀接触培养基。最后立即将烧过的棉塞封住瓶口，盖上牛皮纸。注意每两次转移之间都要用酒精灯灼烧镊子，防止带菌	50
3	愈伤组织的诱导	将接种好的外植体再置于 25 ℃的培养箱中，光照条件下培养，观察愈伤组织的形成。一般情况下，一周左右即可观察到愈伤组织的生成	20
4	愈伤组织的悬浮培养	取固体培养基的愈伤组织，用镊子把愈伤组织转移到液体培养基中，于 110 r/min，25 ℃暗条件下培养	20

五、知识拓展

随着分子生物学和细胞生物学理论的发展，细胞的多能性、全能性和再生已经逐渐从一个自然现象发展为再生医学和植物细胞工程的理论基础。在动物领域，体细胞可以在多个转录因子的诱导下重编程，成为具有自我更新、高度增殖和多向分化潜能的干细胞，进而发育形成新的器官和组织；在植物领域，离体培养的植物组织和细胞也可以在植物激素的诱导下再生出新的器官或一棵完整的植株。高等植物的器官起源于茎端分生组织、根端分生组织和侧生分生组织。存在于分生组织的干细胞既可以通过细胞分裂维持自身细胞群的大小，同时又可以进一步分化成为各种不同组织或者器官的细胞，从而构成机体各种复杂的组织器官。因此，它们是高等植物组织器官产生的来源，是植物发育无限性的细胞学基础。由于分生组织干细胞受到来源于周围已分化成组织形成的微环境信号的调控，它们只能分化各种器官而不能形成完整植株，因此被认为是具有多能性的植物干细胞。除植株的分生组织干细胞能够表现植物细胞的多能性而分化产生器官外，在胁迫、创伤或激素处理等离体培养条件下也能诱导产生新的植物组织或器官，实现植物细胞多能性的离体诱导。

六、参考资料

[1] 国家药典委员会. 中华人民共和国药典：一部[M]. 北京：中国医药科技出版社，2020.

[2] 郑玉光，王占波，楚立. 中药学专业实验指导[M]. 北京：中国中医药出版社，2017.

项目二十四
天然产物提取（黄柏中盐酸小檗碱的提取、分离与鉴定）

一、技能训练目的与要求

1. 掌握渗漉法的操作。
2. 掌握盐酸小檗碱的理化性质，及从黄柏中提取、分离、精制盐酸小檗碱的原理。
3. 掌握助滤剂的使用。
4. 掌握生物碱类化合物的薄层层析条件的要求。

二、实验实训原理（或简介）

黄柏为芸香科植物黄皮树（*Phellodendron chinense* Schneid）及黄檗（*Phellodendron amurense* Rupr.）的干燥树皮，前者习称"川黄柏"，后者习称"关黄柏"。黄柏中含多种生物碱，主含小檗碱（Berberine）。

小檗碱（结构如下）为季铵碱，其游离型在水中溶解度较大，其盐酸盐在水中溶解度较小。利用小檗碱的溶解性及黄柏中含黏液质的特点，首先用石灰乳沉淀黏液质，用碱水提出小檗碱，再加盐酸使其转化为盐酸小檗碱沉淀析出。

盐酸小檗碱为小檗碱的盐酸盐，为黄色结晶，含 2 分子结晶水。现代研究表明，盐酸小檗碱不仅具有抗菌作用，还具有降血糖、抗心律失常、抗癌等多种新用途。

具体操作步骤如下：

1. 渗漉法盐酸小檗碱的提取

取黄柏粗粉 50 g，加入适量石灰乳（下层的乳状物），拌湿（握之成团，触之即散），层层装入渗漉桶（用塑料瓶自制）中，加入水浸渍，渗漉，收集渗漉液约 500 mL，加入总体积 5% 的 NaCl，静置过夜。

2. 盐酸小檗碱的精制

将析出的下层沉淀物抽滤（不易抽滤，可加硅藻土助滤），弃去滤液，取沉淀，溶于 20 倍量的沸水中，趁热抽滤，滤液加浓盐酸调 pH 至 2 左右，放置，结晶，抽滤，得晶体（盐酸小檗碱粗品）。

注：加助滤剂的原因是颗粒细小，容易引起过滤介质的孔隙堵塞，减小过滤介质孔径，增大滤饼阻力，导致过滤难以进行。同时，有些颗粒容易变形（可压缩性大），所形成的滤饼容易被压缩而导致过滤阻力急剧增大，所以，为了降低过滤阻力，增加过滤速率或得到澄清滤液而加入助滤剂。

3. 薄层色谱

取以上盐酸小檗碱粗品，加甲醇制成每 1 mL 含 0.5 mg 的溶液，作为供试品溶液。

（1）层析板：硅胶 G 薄层板。

（2）展开剂：环己烷-乙酸乙酯-异丙醇-甲醇-水-三乙胺（3：3.5：1：1.5：0.5：1）为展开剂。

点样量：在距薄层板底边、侧边各约 0.5 cm 处，用毛细管在线上点样 1 μL（图 24-1）。应使样品点圆、小，点与点之间有足够的间隙，避免点样点过大，影响分离。

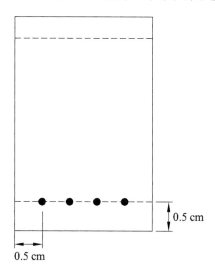

图 24-1　点样

（3）展开：置于用浓氨试液[在比槽层析缸中的一槽，加入浓氨水（若层析缸是单槽则用小烧杯中放置浓氨水）]预饱和 20 min 的展开缸内，展开，取出，晾干。

（4）检视：置紫外光灯（365 nm）下检视。

（5）结果：观察主荧光斑点的颜色，计算 R_f 值，以及其他荧光点的颜色及深浅、R_f 值。

三、仪器设备、材料与试剂

1. 仪器设备

滤纸、棉花、渗漉桶（用塑料瓶自制）、1 000 mL 烧杯等、pH 试纸。

2. 试　剂

氧化钙（石灰）、NaCl、浓盐酸、环己烷、乙酸乙酯、异丙醇、甲醇、三乙胺。

3. 材　料

黄柏（粗粉）。

四、技能训练内容与考查点

见表 24-1。

表 24-1　天然产物提取（黄柏中盐酸小檗碱的提取、分离与鉴定）技能训练内容与考查点

实训步骤	操作要点	考查内容	评分
1	渗漉法小檗碱的提取	1. 石灰乳的使用要求：正确使用石灰乳（不能使用上层的石灰乳溶液，而要用下层的石灰乳） 2. 黄柏药材用石灰水拌湿的干湿度掌握 3. 渗漉桶及样品装入渗漉桶的操作正确	20
2	小檗碱沉淀物的过滤	1. 布氏漏斗的安装正确 2. 滤纸的大小与布氏漏斗匹配 3. 正确加入助滤剂，助滤	20
3	盐酸小檗碱的制备	1. 热过滤操作正确 2. 重结晶操作熟练	20
4	TLC 分析	1. 点样、展开、显色操作正确 2. 展开剂中正确加氨水、层析缸中正确使用氨水饱和 3. 斑点圆整，无拖尾等现象	40

五、知识拓展

小檗碱，又名黄连素，为季铵型异喹啉生物碱，主要分布于小檗科（Berberidaceae）、毛茛科（Ranunculaceae）、芸香科（Ranunculaceae）、罂粟科（Papaveraceae）等植物之中，如日本小檗（*Berberis thunbergii*）、黄连（*Coptis chinensis*）、黄皮树（*Phellodendron chinense*）。由于受资源、价格等因素的限制，黄连、黄柏等中药材并不是工业上用于提取盐酸小檗碱的植物原料。在工业上，大多使用三颗针作为提取盐酸小檗碱的原料。

提取盐酸小檗碱的三颗针原料为小檗属多种植物的根及茎。采用的提取工艺为酸水法，根据硫酸小檗碱的水溶性大，而盐酸小檗碱的水溶性小的原理来提取。即用 0.5% 左右硫酸溶液浸泡 24 h 后，收集 8~10 倍量浸泡液，用浓 HCl 调节 pH 至 1.5 左右，再加食盐，放置过夜，过滤可得。虽然本法工艺简单，但由于本法植物资源消耗大、提取率低，而且提取过程需使用强酸及大量的食盐，在提取的产品中还含有一定量的杂质，如其他同类型的生物碱、黏液质、未除尽的食盐（炽灼残渣含量高）等，致使产品的含量不高，质量欠佳，达不到当前版《中国药典》对盐酸小檗碱的质量标准要求。所以，本方法在生产上现已基本不用，而是采用全合成的方法来生产盐酸小檗碱。

（1）1969 年，Kametani 完成了小檗碱的首次全合成。但此反应路线的总产率非常低，小于 8%。

（2）1973 年，广西南宁制药厂，1974 年杭州第一制药厂，1975 年东北制药厂相继研发出盐酸小檗碱的工艺路线并投产，但这些工艺仍存在较多的不足。

（3）2014 年，Gatland 等发明了一条盐酸黄连素新的合成路线。该条合成路线共 7 步（反应方程式见下），总产率约 50%，路线短，产率高；但该路线的反应原料不易得、钯催化剂价格昂贵。

（4）2015 年，Anand 等利用 Ag(Ⅰ)催化的方法合成盐酸黄连素。该合成路线只有 4 步，总收率高达 32%（反应方程式见下）。该反应路线短，每一步产率中等以上，操作简单；但反应原料也不易获得，同时也存在使用钯催化剂的情况，成本较高。

（5）2016 年，Tong 等报道了一种新颖的方法用来高效地合成小檗碱（反应方程式见下）。

（6）2016 年，陈等报道了一种盐酸黄连素的合成新路线。此条路线共 9 步，总产率 13%（反应方程式见下）。此路线的优点在于避免使用氰化钠，也没有催化加氢操作；但总产率偏低。

（7）2017 年，陈等又报道了一种汇聚式合成路线合成盐酸黄连素（反应方程式见下）。该路线具有路线短、收率高、反应条件温和等特点，为合成盐酸黄连素提供了一种新思路新途径，具有潜在的工业应用价值。

（8）2018 年，Clift 等报道了一个简洁、高效的合成方法。该法总产率为 54%，仅需进行 4 步反应操作即可（反应方程式见下）。该策略的关键步骤是分子内傅-克烷基化反应（Friedel-Crafts Alkylation），该反应在氧化后建立了这一类天然产物的异喹啉鎓核心。

（9）生物合成：随着生物学的发展，采用生物合成方法来合成小檗碱成为研究的热点，因为此方法具有环境友好、生产容易放大以及合成效率高等化学合成法不具有的优点。例如，当前鉴定了涉及小檗碱的几个合成酶基因，如 CAS-1[(*S*)-canadine synthase gene]、(*S*)-THBO[(*S*)-tetrahydroberberine oxidase]和 (*S*)-NCS [(*S*)-norcoclaurine synthase]。其中，CAS-1 基因鉴定为黄连 *Coptis chinensis* 的小檗碱合成酶基因。CAS 基因可催化四氢非洲防己碱 (*S*)-tetrahydrocolumbamine [(*S*)-THC] 生成四氢小檗碱 (*S*)-tetrahydroberberine [(*S*)-THB]。另外，研究还认为 CAS 基因的主要功能是生成特异的小檗碱结构中的亚甲基二氧基桥（methylenedioxy bridge）结构。

六、思考题

1. 盐酸小檗碱提取、分离、纯化的原理是什么？

2. 为什么在盐酸小檗碱的 TLC 鉴别中，要在展开剂中加氨水或乙二胺等碱液，以及在层板缸中要加氨水，使氨蒸气将层板缸饱和？

3. 在何种过滤情况下，需要加入助滤剂？

七、参考资料

[1] 郭力，康文艺. 中药化学实验[M]. 北京：中国医药科技出版社，2018.

[2] 邢宇，刘鑫，林园，等. 小檗碱药理作用及其临床应用研究进展[J]. 中国药理学与毒理学杂志，2017，31（06）：491-502.

[3] PAL S D, SHIVANI M. Berberine and its derivatives: a patent review（2009-2012）[J]. Expert Opinion on Therapeutic Patents, 2013, 23（02）: 215-231.

[4] 韩宁娟，方欢乐，牛睿，等. 盐酸小檗碱提取方法研究进展[J]. 生物化工，2018，4（02）：135-137.

[5] 刘雪松. 黄连素全合成综述[J]. 化学工程与技术，2020，10（4）：306-313.

[6] HE Y, HOU P, FAN G, et al. Isolation and characterization of a novel (*S*)-canadine synthase gene from *Coptis chinensis*[J]. Electronic Journal of Biotechnology, 2015, 18: 376-380.

项目二十五
水蒸气蒸馏（牡丹皮中丹皮酚的含量测定）

一、技能训练目的与要求

1. 掌握水蒸气蒸馏法的操作。
2. 掌握紫外-可见分光光度计的操作。
3. 掌握朗伯-比耳定律。
4. 掌握采用吸收系数测定含量的计算方法。

二、实验实训原理（或简介）

水蒸气蒸馏法是一种常用的提取方法，主要用于提取植物挥发油，适用于具有挥发性、能随水蒸气蒸馏而不被破坏，且难溶或不溶于水的成分的提取。本法的提取原理为道尔顿分压定律，具体原理如下。

根据道尔顿分压定律可得出：相互不溶也不起化学反应的液体混合物的蒸气总压，等于该温度下各组分饱和蒸气压（即分压）之和。即若 p 为水（A）和提取物（B）两种不相混溶液体混合物的蒸气总压，p_A 为水的蒸气分压，而 p_B 为与水不相混溶的提取物的分压，则

$$p = p_A + p_B$$

外界大气压与混合物溶液的分压之和相等时，混合物溶液开始沸腾。也就是说，在常压（1个大气压）下，用水蒸气蒸馏，混合溶液沸腾时，水的蒸气压小于1个大气压，B物质的蒸气压也小于1个大气压。

根据理想气体状态方程 $pV = nRT$，可得出

$$\frac{n_A}{n_B} = \frac{P_A}{P_B}$$

由于 $n_A = W_A/M_A$，$n_B = W_B/M_B$

式中　W_A，W_B——A、B物质在混合蒸气中的质量；

　　　M_A，M_B——A、B物质的分子量。

因此，可得

$$\frac{W_A/M_A}{W_B/M_B} = \frac{p_A}{p_B} \quad \rightarrow \quad \frac{W_A}{W_B} = \frac{p_A}{p_B} \times \frac{M_A}{M_B}$$

例如：1-辛醇和水的混合物用水蒸气蒸馏时，该混合物的沸点为99.4 ℃，查数据手册可得纯水在99.4 ℃时的蒸气压为744 mmHg，因为 p 必须等于1个大气压（760 mmHg），因此，1-辛醇的蒸气压在混合蒸气中的蒸气压就为16 mmHg，故按上式可得

$$\frac{水的质量}{1-辛醇的质量} = \frac{744}{16} \times \frac{18}{139} \approx \frac{1}{0.166}$$

1 g 水能够带出 0.166 g 的 1-辛醇。

但是，上述关系只适用于与水不相互溶或难溶的有机物的水蒸气蒸馏，而实际上有很多化合物在水中或多或少都有一定的溶解度，因此，得出的值只是近似值，实际得到的量比理论计算量要少得多。而且，如果被分离提纯的物质在 100 ℃以下的蒸气压为 1～5 mmHg，则其在馏出液中的含量仅约占 1%，甚至更低，这就不能用水蒸气蒸馏法来提取该化合物，而需要用其他的方法来提取。

由于水蒸气蒸馏法只适用于与水不相混溶的，且在 100 ℃水沸腾时蒸气压不能太小的挥发性成分的提取，但所有的化合物在水中多少都有一定的溶解度，尤其是分子量小的成分，因为它们在水中的溶解度不低，所以当前许多采用水蒸气蒸馏来提取挥发性成分或挥发油的效果并不理想，得到的蒸馏液中的挥发性成分或挥发油的含量很低。即馏出液中的挥发油不能分层，或用有机溶剂萃取，其萃取量也不高，因此，当前有一些新的提取方法或技术应运而生，如溶剂（用低极性溶剂，如石油醚）提取法、CO_2 超临界液体萃取法、超声法、微波法等。

牡丹皮为毛茛科植物牡丹（*Paeonia suffruticosa* Andr.）的干燥根皮，其中含有容易被水蒸气蒸馏出来的挥发性芳香成分——丹皮酚。丹皮酚因其结构中含有芳香苯环结构（结构见下），因此，具有紫外吸收，故本训练项目采用水蒸气蒸馏法将丹皮酚蒸出，再通过紫外-可见分光光度仪测定其吸收度。从而再通过吸收系数法，计算出药材中丹皮酚的含量。

在丹皮酚的含量测定上，由于紫外-可见分光光度法具有简单、方便，不需要精密高档仪器，所以，成为《中国药典》（2000 年版）之前，牡丹皮中的丹皮酚含量测定的法定方法。但由于通过水蒸气蒸馏提取的挥发性成分肯定还含有一些其他成分，即药材中具有挥发性的成分不只有丹皮酚一种，而且这些挥发性成分在丹皮酚的测定波长 274 nm下，也肯定有吸收，因此，本法会造成一定的测定误差。为排除测定误差，当前中国药典收载的法定方法为高效液相色谱法。除此之外，还有薄层扫描法、胶束电动毛细管色谱法、气相色谱法、毛细管电泳法等方法的应用报道。

实验操作如下：

1. 丹皮的粉碎、过筛

取牡丹皮药材（饮片），用粉碎机粉碎，用 2 号筛过筛，得粗粉。

2. 称 量

为避免直接称量样品入三颈瓶，会将样品黏附在瓶口或瓶壁，造成测定误差，因此，采用滤纸包样品的方式称样。先称滤纸重量，然后，将样品置于滤纸上，称量。精密称取样品 0.2 g，将滤纸折叠包好，塞入三颈瓶中。加入适量的水浸泡润湿样品。

3. 水蒸气蒸馏

装置如图 25-1 所示。

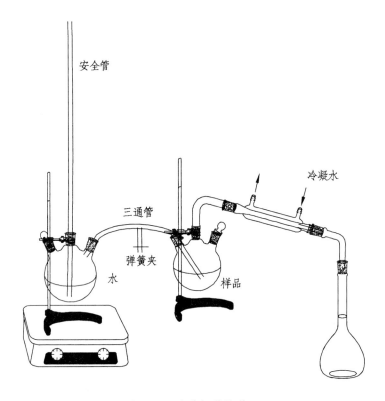

图 25-1　水蒸气蒸馏装置

具体操作如下：

（1）在水蒸气发生瓶内，加入 1/3 ~ 1/2 的自来水，加入沸石，加热至沸腾，产生水蒸气。

（2）在瓶上还要加装一根长度超过 1 m 的安全玻璃管，插入至液面下，以缓冲爆沸时水蒸气压力的瞬时升高。

（3）产生的水蒸气通过胶管通入装有样品的三颈瓶。其通气的胶管中间应安装一个玻璃三通，其下端接一截胶管，胶管上安一个弹簧夹，其目的是收集通过胶管的水蒸气遇冷后形成的水，通过它随时可将其放走，防止胶管中积聚过多的冷凝水而堵塞胶管。

（4）水蒸气通入样品瓶中的蒸气管要插入液体内，使水蒸气通入液体，从而加热液体，并产生蒸气而将样品中的挥发性成分带出，然后在冷凝管中凝结成水，用 500 mL 容量瓶接收、收集。如果样品瓶的温度低，蒸气量小，则可在样品三颈瓶下用酒精灯或电热套加热。接收馏出液至 450 mL 左右时，停止蒸馏与收集馏出液。用蒸馏水定容至刻度，摇匀。

4. 紫外分光光度法测定含量

照分光光度法，在 274 nm 波长处，对蒸馏液测定吸收度，按丹皮酚（$C_9H_{10}O_3$）的吸收系数（$E_{1\%}^{1\,cm}$）为 862 计算，即得。

本品按干燥品计算，含丹皮酚（$C_9H_{10}O_3$）不得少于 1.20%。

5. 计　算

根据朗伯-比耳定律：

$$A = Ecl$$

式中　A——吸收度；

　　　E——吸收系数；

　　　l——吸收池的长度，cm。

从而计算出浓度 C（单位为 g/100 mL）。然后，根据稀释的倍数与样品重量，即可计算出样品中丹皮酚的含量。

三、仪器设备、材料与试剂

1. 仪器设备

打孔器、胶塞、玻璃管、胶管、弹簧夹、自制的水蒸气蒸馏装置、500 mL 容量瓶、电热套、紫外-可见分光光度计。

2. 材　料

牡丹皮药材。

四、技能训练内容与考查点

见表 25-1。

表 25-1　水蒸气蒸馏（牡丹皮中丹皮酚的含量测定）技能训练内容与考查点

实训步骤	操作要点	考查内容	评分
1	称量	1. 电子分析天平的使用操作 2. 样品用滤纸包的操作 3. 样品称量操作	10
2	玻工操作	1. 掌握酒精喷灯的使用 2. 玻璃管的切割、弯曲等	10
3	水蒸气蒸馏装置安装	1. 装置安装正确 2. 在蒸气瓶中，加入沸石的时间是加热之前 3. 正确安装安全管 4. 正确使用打孔器。胶塞打孔操作正确	20
4	水蒸气蒸馏过程	1. 过程安全。馏出液收集正常 2. 容量瓶正确定容	20
5	含量测定	1. 紫外分光光度计使用操作熟练 2. 正确测定结果	20
6	计算	1. 应用朗伯-比耳定律熟练 2. 正确计算样品含量	20

五、知识拓展

丹皮酚（Paeonol）是从牡丹皮、徐长卿等植物中提取的一种天然酚类成分，具有广泛的药理活性，如抗炎、皮肤病、神经痛、过敏、风湿关节炎、感冒、发烧等。但是它的水溶性差、口服生物利用度低、稳定性差及在室温下有较大的挥发性等缺陷，阻碍了本品在药物上的应用。因此，当前对它有许多相关的结构修饰衍生物研究，试图改善本化合物的缺点，以及发现新的药理作用。故本书对它的全合成及结构衍生化研究进展做简单介绍。

1. 丹皮酚的全合成

从结构上进行逆合成分析，丹皮酚的合成由两步反应构成，即以间苯二酚为原料起始物，第一步进行乙酰化反应，生成 2, 4-二羟基苯乙酮，然后，进行甲醚化，最终生成丹皮酚。反应式如下：

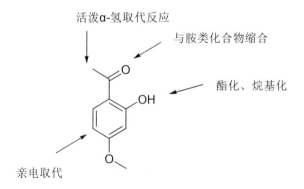

（1）对于乙酰化反应，一般采用的酰化试剂是冰乙酸 + $ZnCl_2$（催化剂）。

（2）对于甲醚化反应：最早采用硫酸二甲酯作为烷基化试剂，但硫酸二甲酯（因为硫酸根离子是极易离去的基团，因此，硫酸二甲酯是极强的亲电试剂，能与 DNA、RNA、酶、蛋白质上的富电基，如羟基、胺基等发生亲电加成反应，使其具有强致癌毒性）为致癌物，毒性大，因此，当前采用了一些新方法，如采用四丁基碘化铵为相转移催化剂，用碘甲烷为甲基化试剂。

2. 丹皮酚的结构修饰

丹皮酚结构中的修饰位点集中于羰基、羟基与苯环芳氢，如下所示：

（1）羰基位修饰衍生物

如与胺类化合物成腙、成肟、成希夫碱等。

（2）乙酰基位 α-氢修饰衍生物

丹皮酚乙酰基位 α-氢受乙酰基影响较为活泼，亦为丹皮酚衍生修饰的有效位点。即在碱性条件下，夺去 α-氢，生成碳负离子，从而与缺电试剂发生亲核取代反应。

（3）羟基位修饰衍生物

主要是以酯化反应或 O-烷基化反应为主。

（4）苯环 3，5-位修饰衍生物

在反应活性上，5-位的活性高于 3-位，因空间位阻小，如卤代、硝化、偶氮基取代等。

六、思考题

1. 采用紫外-可见分光光度法测定牡丹皮中的丹皮酚的含量的原理是什么？本法与现版药典采用的 HPLC 法有何不同？

2. 水蒸气蒸馏的原理是什么？

3. 丹皮酚的合成工艺由哪两步组成？

4. 丹皮酚的结构修饰位点有哪些？你能各举几个相关的结构修饰反应吗？

七、参考资料

[1] 国家药典委员会. 中国药典：一部[M]. 北京：中国医药科技出版社，2020.

[2] 张兆旺，孙秀梅. 水蒸气蒸馏提取挥发油类物质的原理[J]. 山东中医药大学学报，1998，22（01）：68-69.

[3] 何树华，秦宗会，徐建华. 基础化学实验[M]. 成都：西南交通大学出版社，2017.

[4] ADKI K M, KULKARNI Y A. Chemistry, pharmacokinetics, pharmacology and recent novel drug delivery systems of paeonol[J]. Life Sciences, 2020, 250: 117544.

[5] 康建军，陈莉敏，林友文. 相转移催化合成丹皮酚[J]. 海峡药学，2010，22（03）：195-196.

[6] 杨进明，陈根强，田月娥，等. 丹皮酚类化合物及其生物活性研究进展[J]. 化学通报，2021，84（08）：776-786.

项目二十六
大孔吸附树脂制备川射干总异黄酮有效部位

一、技能训练目的与要求

1. 掌握大孔吸附树脂的筛选、上样、洗脱操作。
2. 掌握大孔吸附树脂的分离原理。
3. 掌握紫外-可见分光光度计的使用。
4. 掌握异黄酮的结构以及它们的理化性质。

二、实验实训原理（或简介）

川射干为鸢尾科鸢尾属植物鸢尾（*Iris tectorum* Maxim.）的干燥根茎，为四川道地药材。性味苦、寒，具有清热解毒，消痰利咽之功效，用于咽喉肿痛，痰咳气喘。

从 1972 年日本学者首先报道川射干化学成分以来，川射干及亲缘关系较近的射干属射干的化学成分研究不断增加，且延伸到鸢尾属的其他一些种，但对川射干的研究少于对射干的研究。研究表明，鸢尾科的鸢尾属和射干属是已知的异黄酮类成分种类的最主要来源，且川射干中的异黄酮含量高于射干及其他多种鸢尾属植物的药用根茎。

川射干中含有多种类型的化学成分，其中，以异黄酮类化合物为本属鸢尾属植物的特征性化学成分，主要有射干苷（tectoridin）、鸢尾苷元（tectorigenin）、鸢尾甲黄素 A（iristectorigenin A）等（结构见下）。其药理活性主要有抗氧化作用、雌激素活性、抗皮肤过敏作用、细胞毒活性、抗菌活性等。因此，川射干总异黄酮提取物具有重要的应用与开发价值。

射干苷（tectoridin）　　鸢尾甲苷A（Iristectorin A）　　鸢尾新苷B（Iristectorin B）

鸢尾苷元（Tectorigenin）　　次野鸢尾黄素（Irisflorentin）　　鸢尾甲黄素A（iristectorigenin A）

当前对中药有效部位的提取与分离最普遍的方法就是大孔吸附树脂法。大孔吸附树脂主要以苯乙烯、α-甲基苯乙烯、甲基丙烯酸甲酯、丙腈等为原料加入一定量致孔剂二乙烯苯聚合而成。多为球状颗粒,直径一般在 0.3~1.25 mm。通常分为非极性、弱极性和中极性三种类型。

由于大孔树脂的孔径与比表面积都比较大,在树脂内部具有三维空间立体孔结构,因此为一种具有"双重色谱分离机制"的色谱材料,由于其具有三维立体孔结构,大分子化合物,如蛋白质、多糖等成分不能进入孔结构,不能被吸附,首先被洗脱除去,因此,具有分子筛作用。另外,由于大孔吸附树脂具有三维孔结构,小分子化合物能进入小孔,与小孔上的基团通过范德华力、氢键等作用而被吸附,而且小分子化合物还与孔结构有一定的结构匹配选择性,因此,树脂对小分子化合物有选择性的吸附作用。对于吸附了小分子天然产物的大孔吸附树脂,又可通过不同浓度的乙醇溶液,可选择性地将不同类型(不同极性)的化合物洗脱,从而达到提取、分离、纯化天然产物的目的。

本项目拟通过大孔吸附树脂来富集分离川射干异黄酮,然后依次用不同浓度的乙醇溶液进行洗脱,达到将苷与苷元有效分离,得到异黄酮苷元与异黄酮苷有效部位,为下一步开发具有多种药理活性的川射干总异黄酮苷元制剂奠定基础。

(一)含量测定方法(紫外-可见分光光度法)的建立

川射干中含量最高的异黄酮苷元为鸢尾苷元,而且异黄酮苷含量最高的射干苷的苷元也为鸢尾苷元。同时,鸢尾苷元具有抗氧化、抗炎、雌激素样活性等多种药理活性,因此,选择鸢尾苷元为川射干异黄酮含量测定的对照品成分。

1. 最大吸收波长的确定:

鸢尾苷元甲醇溶液,200~500 nm 扫描,在 266 nm 处有最大吸收,所以实验中采用 266 nm 为测定波长。

2. 标准曲线的制备

精密称定鸢尾苷元 9.8 mg(60 ℃,< 0.08 MPa,干燥 24 h),甲醇溶解并定容至 50 mL 量瓶中,摇匀;再精密吸取 5 mL 至 25 mL 量瓶中,甲醇定容至刻度,摇匀;再精密量取 1、2、3、4、5、6 mL,分别移入 25 mL 量瓶中,甲醇定容至刻度,摇匀,在 266 nm 下测定吸收度,计算得异黄酮含量测定的标准曲线回归方程。

(二)树脂型号的筛选

采用不少于三种型号的大孔吸附树脂,进行静态吸附与解吸附的研究,从中筛选出最佳的树脂型号。

精密称取已处理好的三种树脂各 1 g,分别置于具塞锥形瓶中,加入川射干总异黄酮水溶液,置振荡器中室温振荡吸附 24 h,测定吸附后溶液的总异黄酮含量。用纯水少量多次洗涤树脂后,精密加入 95%乙醇 25 mL,置振荡器中室温振荡解吸 24 h 后,测定 95%乙醇解吸液的总异黄酮含量,按下式计算其吸附率 Q 与解吸率 D。

$$Q = (C_0 - C_1)V_1/W \times 100\%$$
$$D = C_2 V_2 (C_0 - C_1)V_1 \times 100\%$$

式中　C_0——初始浓度，mg/mL；

　　　C_1——吸附平衡浓度，mg/mL；

　　　V_1——药液体积，mL；

　　　W——树脂重量，mg；

　　　C_2——解吸液浓度，mg/mL；

　　　V_2——解吸液体积，mL。

（三）上柱吸附

1. 树脂处理

大孔吸附树脂是由苯乙烯、丙烯酸酯等单烯类单体和作为交联剂的二乙烯苯等双乙烯类单体聚合而成。在聚合过程中加入不带双键，不参与共聚，又能与单体共混的致孔剂，形成一定的孔径。为了控制大孔吸附树脂的粒径大小又加入分散剂，所以在大孔吸附树脂中含有未聚合的单体、致孔剂、分散剂以及其他物质，使用前必须对其进行预处理。树脂处理的步骤为：

95%乙醇洗，浸泡过夜，水洗置换→4% NaOH 溶液洗，浸泡过夜，水洗置换→4% HCl 溶液洗，浸泡过夜，水洗置换。上述操作至少重复 3 次。树脂处理合格的最终评判标准为：95%乙醇洗脱液与三份水混溶后不产生白色乳浊状物。

2. 装 柱

首先，为避免装柱时产生气泡，因此，采用 95%乙醇溶液为装柱。等树脂沉降至预设的柱高度时，用 50%乙醇溶液替换，最后逐渐降低乙醇浓度，最后用水替换，成为仅含水的树脂柱。

3. 上 样

采用水提液上柱，控制柱流速，一般控制在较慢的流速，以利于吸附。待柱流出液中的异黄酮含量超过 2 mg/ mL 时，吸附饱和，停止上样。随后，用水洗至流出液颜色变浅时即止。

（四）洗 脱

用 10%、30%、50%、95%乙醇洗脱，每个浓度的洗脱液体积为 5 倍柱体积。

（五）有效部位的制备

采用硅胶 TLC 法，对各不同浓度的洗脱部位进行色谱分析。从而判断异黄酮苷元与异黄酮苷的分布部位。

30%乙醇洗脱部位为异黄酮苷部位，50%乙醇洗脱部位为异黄酮苷元部位。

各有效部位用旋转蒸发仪浓缩。浓缩成稠膏后，转移入烘箱，低温干燥。或用真空减压干燥法干燥，得提取物。

（六）有效部位的含量测定

对 30%乙醇洗脱部位和 50%乙醇洗脱部位提取物进行含量测定。其中，50%乙醇有效部位中含总异黄酮苷元以鸢尾苷元（tectorigenin）计，不得少于50.0%。

三、仪器设备、材料与试剂

1. 仪器设备

硅胶 GF254 薄层层析硅胶（10～40 μm，青岛海洋化工厂），三种大孔吸附树脂

2. 材　料

（如 AB-8 大孔吸附树脂、D140 大孔吸附树脂、D101 大孔吸附树脂），紫外-可见分光光度仪，电子天平，旋转蒸发仪，水浴恒温振荡器，真空干燥箱等；川射干药材、鸢尾苷元对照品为自制，纯度大于98.0%（HPLC 归一化法）。

四、技能训练内容与考查点

见表 26-1。

表 26-1　大孔吸附树脂制备川射干总异黄酮有效部位技能训练内容与考查点

实训步骤	操作要点	考查内容	评分
1	含量测定方法（紫外-可见分光光度法）的建立	1. 操作熟练、准确 2. 标准曲线的标准偏差符合要求。线性回归好	20
2	树脂型号的筛选	1. 采用不少于三种型号的大孔树脂 2. 通过静态吸附与解吸附实验，筛选出最佳的树脂	20
3	上柱吸附	1. 大孔吸附柱的正确装柱 2. 川射干水煮液的制备，药材与加水量的比例，煎煮液浓度适宜 3. 进行流出液的异黄酮含量监测	10
4	洗脱	1. 洗脱液的浓度配制准确 2. 洗脱液的乙醇浓度使用正确，即从低浓度到高浓度	10
5	有效部位的制备	1. TLC 操作熟练、准确 2. 有效部位的制备正确。仪器设备与温度设定正确 3. 苷与苷元的分离效果好	20
6	50%川射干异黄酮苷元有效部位的含量测定	1. 测定方法与操作准确、熟练。 2. 计算正确。 3. 有效部位中的异黄酮含量达 50%以上，即 50%乙醇有效部位中含总异黄酮苷元以鸢尾苷元（tectorigenin）计，不少于50.0%。	20

五、知识拓展

中药 "多组分、多靶点"作用机制，即多种成分的协同作用，从整体的角度治疗复杂疾病而发挥其独特的治疗优势，是中医药越来越受到世界各国重视与认可的原因之一。而为阐明中药"多组分、多靶点"的作用机制与药效物质基础，出现了相当多的研究方法，下面简单介绍几种。

（一）传统的化学方法

采用化学成分分离、活性筛选、作用机制等研究方法，研究中药或中药复方的药效物质基础。这种方法的耗时长，大多数从中药中分离的化合物活性不强，新药研发的成功率低，完全属于现代药学研究的 "化学结构—作用靶点—作用机制"思维模式。因此，越来越多的学者不认可此方法，认为此研究方法不符合中医药的"整体性、系统性"特点。

（二）中药质量标志物的研究

中药质量标志物（Quality Marker，Q-marker）主要依据中药属性、制造过程及配伍理论等特点提出，是中药及中药复方质量评价的指标性成分。当前的 Q-marker 研究是在中医药理论指导下，运用现代分离分析技术，先确定中药化学成分，再结合药效评价和中药血清药物化学研究来确定中药中的 Q-marker。近年来，关于 Q-marker 的发现，集中在对血清药物化学和药动学研究方向。

1. 中药血清药物化学研究

例如，通过超高压液相色谱-行波离子迁移飞行时间质谱仪（UPLC-TWIMS-QTOF/MS）对复方丹蛭片中的化学成分进行分析。随后，对大鼠口服复方丹蛭片后的透过血脑屏障的原型成分及代谢产物进行鉴定。结果显示，在脑脊液中可检测到 7 个黄酮类、9 个丹参酮类、7 个苯酞内酯类和源于地龙的 6 个呋喃磺酸类成分、源于君药黄芪中的毛蕊异黄酮7-O-β-D-葡萄糖苷、源于臣药丹参中的丹参酮 II$_A$、源于佐药地龙中的 5-乙基-2-己基呋喃-3-磺酸，以及源于使药川芎中的川芎内酯 I。因此，可将这些成分作为复方丹蛭片临床上治疗缺血性脑卒中的质量标志物。

2. 药动学研究

例如，Gao 等建立了一种灵敏度高、选择性好的 UPLC-MS/MS 方法，并将其应用于雷公藤苷片的定量和药动学研究。药动学研究结果表明，雷公藤次苷的峰浓度和曲线下峰面积显示剂量依赖性和时间依赖性。但对于雷公藤吉碱来说，没有发生体内蓄积的现象，其血浆浓度显示低暴露。因此，其很难成为雷公藤苷片的药动学标志物。从而得出结论，雷公藤苷片的质量、临床安全性和疗效应通过雷公藤次苷的含量来评价。

（三）网络药理学

网络药理学（Network Pharmacology）是在系统生物学与计算机技术高速发展的基础上发展起来的，在"疾病—基因—靶点—药物"相互作用网络的基础上，通过网络分析，系统综合地观察药物对疾病网络的干预与影响，揭示多分子药物协同作用于人体的

150

奥秘。这与中医学从整体的角度去诊治疾病的理论，中药及其复方的多成分、多途径、多靶点协同作用的原理殊途同归，为跨越中西医间的鸿沟架起了桥梁，为中医药的现代化和国际化指明了方向。

例如近期，赵静等对能有效治疗新型冠状病毒肺炎的清肺排毒汤进行网络药理学的研究。研究发现：清肺排毒汤里的中药大多数归肺经，其790个潜在靶标中的232个与新型冠状病毒（SARS-CoV-2）的受体血管紧张素转化酶Ⅱ（ACE2）是共表达的；靶标包含7个两两相互作用的核糖体蛋白；重要靶标富集在病毒感染和肺部损伤两大类疾病通路上，且与HIV病毒的6个蛋白具有密切的相互作用；重要靶标调控内分泌系统、免疫系统、信号转导、翻译等生物学过程的一系列信号通路。从而得出结论：清肺排毒汤通过多成分、多靶标对机体起到整体调控作用。其首要作用部位是肺，其次是脾；通过调控若干与ACE2共表达的蛋白以及与疾病发生发展密切相关的一系列信号通路，起到平衡免疫、消除炎症的作用；靶向病毒复制必需的蛋白——核糖体蛋白而抑制病毒mRNA翻译，并抑制与病毒蛋白相互作用的蛋白而起到抗病毒作用。

六、思考题

1. 异黄酮的结构特点是什么？其紫外光谱有何特征？
2. 大孔吸附树脂的分离原理是什么？
3. 对制备得的川射干异黄酮苷元有效部位，你有何产品开发思路？

七、参考资料

[1] MORITA N, SHIMOKORIYAMA M, SHIMIZU M, et al. Studies on medcinal resources. XXXII. The components of rhizome of iris tectorum maximowiez(Iridacea)[J]. Chemcical Pharmaceutical Bulletin, 1972, 20: 730-733。

[2] 杨勇勋，董小萍，陈胡兰，等. 川射干总异黄酮苷元有效部位的制备工艺研究[J]. 亚太传统医药，2012，8（09）：49-52.

[3] 何伟，李伟. 大孔树脂在中药成分分离中的应用[J]. 南京中医药大学学报，2005，21（02）：134-136.

[4] 赵静，田赛赛，杨健，等. 清肺排毒汤治疗新型冠状病毒肺炎机制的网络药理学探讨[J]. 中草药，2020，51（04）：829-835.

[5] 刘志华，孙晓波. 网络药理学：中医药现代化的新机遇[J]. 药学学报，2012，47（06）：696-703.

[6] 叶霄，李睿旻，曾华武，等. 基于整体观中药质量标志物的发现及研究进展[J]. 中草药，2019，50（19）：4529-4537.

[7] 郝海平，郑超湳，王广基. 多组分、多靶点中药整体药代动力学研究的思考与探索[J]. 药学学报，2009，44（03）：270-275.

项目二十七
大蜜丸生产（大山楂丸的制备）

一、技能训练目的与要求

1. 掌握中药粉碎与过筛操作。
2. 掌握炼蜜操作。
3. 掌握合坨的操作。
4. 掌握丸条与制丸的操作。
5. 掌握丸剂的生产工艺及其设备。

二、实验实训原理（或简介）

大山楂丸是我国中医药经典名方，最早见于元代朱震亨所著的《丹溪心法》。由山楂、六神曲（炒）、麦芽（炒）三味中药研磨成细末后炼蜜为丸或水泛为丸。《中国药典》（1977年版）开始收载本品，其后的历版药典也作收载。

处方：

山楂　1 000 g

六神曲（麸炒）150 g

炒麦芽　150 g

以上三味，粉碎成细粉，过筛，混匀；另取蔗糖600 g，加水270 mL与炼蜜600 g，混合，炼至相对密度1.38（70 ℃）时，过滤，与上述粉末混匀，制成大蜜丸。具体操作如下：

1. 粉碎、过筛

将山楂、六神曲（炒）、炒麦芽三味按处方混合，用万能粉碎机粉碎。粉碎后的药粉用5号筛筛分，得细粉，备用。

2. 炼　蜜

用锅或铜锅直火加热，文火炼；大量生产时，用蒸汽夹层锅，通蒸汽炼制。待蜂蜜融化后，用四层纱布过滤，除去蜂蜡与杂质。然后，加处方入蔗糖、水，继续炼制，炼成中蜜，即相对密度达1.38（70 ℃）。

炼蜜的目的有多个，如除去蜂蜡与杂质、破坏酶、杀死微生物、增强黏性等。

3. 合　坨

采用槽形混合机合坨。在槽形混合机中，加入药粉、植物油润滑剂，及炼制好的炼蜜，开动混合机，混合成坨。

4．制丸条、制丸

将和好的药坨软材放置一晚，使药粉与炼蜜混合滋润，并产生一定的黏性后，即可制丸条。用丸条机制丸条，用制丸机制丸。

将制好的丸在台秤上称重，然后根据丸重调整丸条的粗细，使制得的丸重在规定的重量差异限度范围内。

5．滚　圆

最后，用滚圆机将丸子滚圆，用蜡纸包好，置阴凉干燥处保存。

三、仪器设备、材料与试剂

1．仪器设备

粉碎机、5 号筛、槽形混合机、丸条机、制丸机、滚圆机。

2．材　料

山楂、六神曲（炒）、麦芽（炒）、蜂蜜、植物油。

四、技能训练内容与考查点

见表 27-1。

表 27-1　大蜜丸生产（大山楂丸的制备）技能训练内容与考查点

实训步骤	操作要点	考查内容	评分
1	粉碎、过筛	1．投料的药材要为中药饮片。六神曲要炒制 2．采用混合粉碎法粉碎 3．用 5 号筛过筛，得细粉	20
2	炼蜜	1．炼蜜的火候掌握好 2．相对密度达标	20
3	合坨	制得的软材油润、混合均匀，颜色一致	20
4	制丸条、制丸、滚圆	操作熟练，重量差异控制好	20
5	质量	1．本品为棕红色或褐色的大蜜丸，味酸、甜 2．重量差异符合规定	20

五、知识拓展

从现代酶学的观点来看，对六神曲与麦芽进行炒制，会对它们二者之中的酶，如淀粉酶、转化糖酶等，以及六神曲中所含有的微生物等造成变性失活，或者杀灭，因此，会降低了它们的消食导滞作用。但在大山楂丸的制剂中，却要求用它们的炒制品。另外，在中医临床用药上，常将焦山楂、焦神曲、焦麦芽三药合用，俗称焦三仙，用于消食导滞。因此，本书对传统中药学上的炮制理论——"焦香醒脾"学说的研究进展进行简要的介绍。

1. 消食成分的研究

现代研究有观点认为，炒六神曲与炒麦芽中的消食成分不是它们之中的酶类成分，而是它们所含的维生素 B 族成分，尤其是其中的维生素 B_1。因为维生素 B_1 即使在酸性溶液中加热至 120 ℃时，它的损失也很小。

2. 山楂是否炒制的研究

对大山楂丸中的原料药山楂的炮制来说，历版药典均记载大山楂丸中的山楂为生品入药，而不是炒焦的焦山楂，因此，从中医临床用药习惯，有学者认为，若用于消食化积，应将山楂炒后入药。因为山楂经炒后，酸性降低，缓和了对胃的刺激，并能产生焦香味，从而增强消食健脾的作用。从现代的药效物质研究来看，也支持将山楂作为消食药时，应用炒制品的传统应用，即山楂炮制的时间越长，温度越高，其被破坏的总黄酮就越多，从而减弱了山楂的活血化瘀作用，增强了山楂的消食作用。

3. 中药炒焦产生的新物质成分与美拉德反应（Maillard Reaction）有关

美拉德反应又称为"非酶棕色化反应"，是法国化学家 L.C.Maillard 在 1912 年提出的，广泛存在于食品工业的一种非酶褐变。它是羰基化合物（还原糖类）和氨基化合物（氨基酸和蛋白质）间的反应，其经过缩合、重排、Strecker 反应、环合、脱氢、逆羟醛缩合（Retro-Aldol）反应、重排、异构化、进一步缩合等最终形成棕色甚至是黑色的大分子物质，即类黑素（Melanoidin）或拟黑素，并伴有焦香气味产生（炒焦的火候评价指标之一，具有焦香气）。其产生的类黑素具有促进消化、抗氧化、抗癌、抗自由基等作用。

为证实山楂等中药在炒焦前后是否发生了美拉德反应，有研究者采用高效液相色谱法，检测发现了槟榔、山楂、麦芽、神曲在炒焦前不含 5-羟甲基糠醛，而炒焦后产生了含量较高的 5-羟甲基糠醛，从而证实了 5-羟甲基糠醛是这几味中药炒焦的共性成分。同时，也间接证明了美拉德反应对中药炒焦后功效的改变起到重要作用，其反应产物类黑素成分可能是构成中药炒焦功效变化物质基础的重要组分，因为类黑素成分具有促进消化、抗氧化、抗癌、抗自由基等多种功能。

4. "焦三仙"炒焦增强消食导滞的"焦香气味"的物质基础研究

（1）通过有机酸的含量、淀粉酶活力（采用 DNS 法），以及蛋白酶活力（采用 Folin 酚法）的测定，证实"焦三仙"功效成分不只是有机酸、消化酶类，可能有新物质产生。

（2）采用 HPLC 测定"焦三仙"中的美拉德反应标志物 5-羟甲基糠醛（5-HMF）的含量，证实"焦三仙"中含有较高含量的 5-HMF，从而推断它们均发生了美拉德反应，产生了以 5-HMF 为代表的一系列美拉德反应的风味产物——焦香气味。

（3）采用顶空固相微萃取（HS-SPME）结合气质联用（GC-MS）的方法分析"焦三仙"炮制前后气味变化，筛选出了焦香气味的共性成分 6 个，其中的 3-甲基-丁醛、2-甲基-丁醛、糠醛、5-羟甲基糠醛已有关于健脾活性的报道，因此，推测焦香气味共性成分可能具有"焦香醒脾"的作用，协同药物其他成分达到增强消食导滞的功效。

（4）焦三仙炒焦后产生的焦香物质（包括焦香气味物质在内的美拉德反应产物）有促进消化的作用，其与其他化学成分（如有机酸等）协同作用，即通过促进胃肠平滑肌收缩、促进消化液分泌、中枢神经刺激及"脑-肠关联"机制等，增强"消食导滞"的功效。

5. 山楂炒焦增强"消食导滞"的作用机制研究

采用基于"脑-肠-菌"轴和干细胞因子(Stem Cell Factor, SCF)-受体酪氨酸激酶(C-Kit)信号通路研究山楂炒焦增强"消食导滞"的作用机制。通过研究，发现：生山楂和焦山楂对于食积症的治疗具有显著作用，这可能与其调控"脑-肠-菌"轴和"SCF/C-Kit 信号通路"相关。焦山楂焦香气味主要通过调控"脑-肠"轴，改善食积症。焦山楂口服联合焦山楂焦香气味治疗效果显著，为中医理论"焦香醒脾"提供了理论依据。

六、思考题

1. 中药大蜜丸（9 g/丸）的重量差异是多少？
2. 为什么要对蜂蜜进行炼制？
3. 你对大山楂丸中的山楂是采用生山楂还是焦山楂投料的观点是什么？
4. 为什么要对药材进行粉碎？本制剂中药材粉碎方法是什么？

七、参考资料

[1] 蔡惠羽，王晓林，姜英子. 经典名方大山楂丸质量标准的改进和提升研究[J]. 延边大学医学学报，2022，45（01）：31-34.

[2] 林强，张大力，张元. 制药工程专业基础实验[M]. 北京：化学工业出版社，2011.

[3] 国家药典委员会. 中国药典：一部[M]. 北京：中国医药科技出版社，2020.

[4] 曹连民. 大山楂丸中山楂以炒用为宜[J]. 中药材，1995，18（06）：287.

[5] 辛瑞芬. 炒三仙与焦三仙在消食健胃方面的不同作用[J]. 山东中医杂志，1994，13（11）：508-509.

[6] 刘玉杰，仲瑞雪，杨添钧，等. 中药炒焦物质基础及其质量评价研究思考与实践[J]. 中国中药杂志，2014，39（02）：338-342.

[7] 徐瑶. "焦三仙"炒焦增强消食导滞的"焦香气味"物质及其协同增效作用机理研究[D]. 成都：西南交通大学，2018.

[8] 王云. 基于"脑-肠-菌"轴和 SCF/C-Kit 信号通路研究山楂炒焦增强"消食导滞"作用机制[D]. 成都：西南交通大学，2020.

项目二十八
中药资源野外调查

一、技能训练目的与要求

1. 掌握中药资源样方调查方法。
2. 能正确使用中国植物志等资料对样方中的植物进行识别。
3. 掌握植物腊叶标本的制作方法。

二、实验实训原理（或简介）

四川省凉山彝族自治州生物资源种类丰富，据第三次中药资源调查数据，凉山州拥有药物植物种数为 3 795 种，隶属于 211 科，其中中草药 2 448 种，占植物种的 64.5%。其中不乏特有种属植物以及川产道地药材，如续断、川牛膝、党参、半夏、天南星等。这些资源为学生们提供了一个提高植物识别能力、强化中药学理论、理论联系实际的好机会与好素材。

1. 样 地
在校园内，或在州内某县选取 1 个样地（1 km×1 km）进行中草药资源调查。

2. 样 方
在样地内选取 5 个样方，选取位置有：十字型（东西南北中）、锯齿型和一字型（图28-1）。

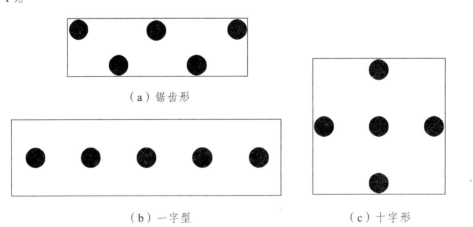

（a）锯齿形

（b）一字型

（c）十字形

图 28-1 等距法设置样方套

在每个样方内设置 6 个样方套（图 28-2）：
（1）在样地内选取 10 m×10 m 的 1 个样方，调查乔木类植物的种类与数量。
（2）在样方内选取 5 m×5 m 的 1 个样方，调查灌木类植物的种类与数量。

（3）在样方内选取 2 m×2 m 的 4 个样方，调查草本类植物的种类与数量。

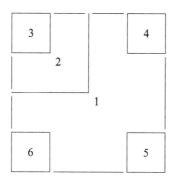

图 28-2　样方套

3. 记录地理位置和生态环境信息

每套样方的地理位置和生态环境信息，记录在调查表中，见表 28-1。

表 28-1　中药资源普查样地及样方套信息记录表

样地信息	代表区域编号			代表区域名称		
	样地编号			导航编号		
	样地名称					
	行政区划名			小地名		
	调查人员			调查时间		
	生境照片			工作照片		
样方套信息	样方套编号	第 1 套	第 2 套	第 3 套	第 4 套	第 5 套
	植被类型					
	土地利用类型					
	经度					
	纬度					
	海拔/m					
	坡度					
	坡向					
	坡位					
群落照片	样方 1（乔木）					
	样方 2（灌木）					
	样方 3（草本）					
	样方 4（草本）					
	样方 5（草本）					
	样方 6（草本）					

4. 记录样方内药用植物信息

植物生活型包括4种一级类群，14种二级类群：木本植物（乔木、灌木、竹类、藤本植物、附生木本植物、寄生植物）、半木本植物（半灌木和小半灌木）、草本植物（多年生草本、一年生草本、寄生草本、腐生草本、水生草本）、叶状体植物（苔藓及地衣、藻菌植物）。所属调查样方如表28-2所示。

表28-2 样方内调查药用植物数量信息记录表

代表区域编号：_____ 样地顺序号：_____

种中文名	药材名	样方套编号	样方内植物株数						采集号
			1	2	3	4	5	6	

5. 标本的采集要求

（1）在普查和重点品种的调查中都要进行标本的采集。

（2）所采的标本要包含根、茎、叶、花、果实和种子等器官。

（3）在采集标本时，要认真进行现场采集记录，包括采集人、采集号、采集日期、地点、生境以及标本变干后可能失去的特征描述；还需对整株植物进行拍照，采集影像数据。

（4）每份标本最终都要求鉴定到种或亚种。

（5）对珍稀濒危植物，应注意加以保护，可采集一个很小的标本并配以照片，或仅拍摄照片。

（6）要特别注意每个采集号只能含有一个分类单元的标本，如有疑问，必须加以注明，并尽可能分成不同的采集号。

（7）标本采集后的理想做法是在野外立即进行干燥，或将标本放在折叠纸中压制。

6. 编 号

应对每份标本进行编号，同一个采集号不得重复使用。资源普查的标本签见表28-3、表28-4。编号时应使用铅笔，记录同一采集号的标本份数。标签写好后应尽快挂在每份标本上。

表28-3 标本签正面

中药资源普查	
采集号：	
名　称：	

表 28-4　标本签反面

采集人：	
采集日期：　　　年　　月　　　日	
采集地点：	

7. 数据记录要求

记录要完整，并有条理地进行，最好在采集过程中就做好，不要事后靠回忆记录。任何采集记录至少要包括的内容有：采集地、生境、海拔、植物 描述、采集人、采集号和采集日期。普查需记录表见表 28-5。

表 28-5　中药资源普查标本采集记录表

采集号：			采集日期：　　　年　　　月　　　日		
采集人：					
采集地点：　　　省　　　　　市（州）　　　　　县　　　　　　乡					
经度：　　　　　　纬度：　　　　　　　海拔：　　　　m					
植被类型：　　　　　生活型：　草本　　灌木　　乔木　　藤本					
光生态类型：　　　　　　　温度生态类型：					
水分生态类型：　　　　　　土壤生态类型：					
资源类型：野生　　栽培　　逸生　　出现多度：　多　　一般　　少　　偶见					
标本类型（份数）：　腊叶标本（　　）　液浸材料（　　）　遗传材料（　　）　活体植株（　　）　果实/种子（　　）　花粉（　　）　药材（　　）					
株高：　　m　　　胸高：　　　直径：　　　cm					
根：　　　　茎（树皮）：　　　　叶：					
花：　　　果实：　　　种子：					
科名：　　　　　　植物名：					
别名：　　　　　　拉丁学名：					
药材名：　　　　　入药部位：					
功效：					
植物生境照片：　　　植物群落照片：					
植物个体照片：　　　入药部位照片：					
标本照片：　　　是否完成鉴定：　　　鉴定人：					
利用现状：					
受威胁状况：					
备注：					

8. 腊叶标本的制作要求

（1）标本整理

在标本干燥过程中，换纸的同时对标本进行整理。其要求如下：

① 将标本折叠、弯曲或修剪至与台纸相应的大小，如果弯曲后的茎容易弹出，则可将之夹在开缝纸条里再压好；茎或小枝要斜剪，使之露出内部的结构，如茎中空或含髓；粗茎和根可以纵向切开。

② 若叶片太密，可剪去若干叶片，但要保留叶柄以表明叶子的着生位置；大叶片可从主脉一侧剪去，并折叠起来，也可剪成几部分；尽可能避免叶片重叠，至少应有一片叶反转过来以便观察其背面，最好幼叶和老叶各有一片；革质叶的干燥需很长时间，如果叶片重叠在一起，可在中间夹一条干燥纸。

③ 花的正、反面都应朝上显示，如果是筒状花应将花冠纵向切开，额外采集的花可散开放在干燥纸中干燥。

④ 若有额外的果实，可把一些纵向切开，另一些横向切开；若个体过大，则可切成片后分开干燥。

（2）标本干燥要求

标本干燥的方法采用吸水纸或报纸，直接在野外压制的方法制备。每个标本用一定厚度的吸水纸夹包，重叠放置，最后放入标本夹中用捆扎带捆紧。为提高干燥的速度，可每隔一定数量的标本，放一张瓦楞纸板来促进通风、散湿。放好标本后，用带子捆绑压紧，或在标本夹上放重物，压紧。

第一天后，要及时换纸，以免霉变、标本变黑。以后换纸的时间可延长，一般需换纸 3 次以上。

利用每次换纸的机会，对标本进行整理。

（3）标本要求

标本要有正面的叶子，也要有少许反面的叶子。标本尺寸小于台纸大小。

标本的颜色应光洁、自然，无霉变、变黑等现象。

（4）标本上台

将标本放于台纸上，用线从根部向顶部，一截一截地绑扎固定，在固定时，注意将植物叶疏密、正反地调整至最佳位置后再进行固定。

9. 植物鉴定

利用中国植物志、地方植物志、图鉴等对植物进行鉴定。

三、仪器设备、材料与试剂

GPS、相机（或手机）、卷尺、小锄头、手套、样品袋、吸水纸、标本夹、台纸、棉线、缝衣针、记录表等。

四、技能训练内容与考查点

见表 28-6。

表 28-6　中药资源野外调查技能训练内容与考查点

实训步骤	操作要点	考查内容	评分
1	样地选取	能正确使用 GPS，正确读取经纬度、海拔等数据	10
2	样方及样方套的选取	1. 在样地内正确设计与划定样方套 2. 对样方套内的乔木、灌木、草本植物正确识别	20
3	腊叶标本制作	1. 标本的采集、压制、整理、上台能熟练操作 2. 标本颜色正常，无霉变、变黑等现象 3. 标本带有花、果实、孢子等繁殖器官 4. 标本在台纸上的大小、疏密、叶的正反、固定结实等符合要求 5. 标本上挂有标本标签，台纸的右下方贴有采集与鉴定标签记录表	50
4	记录表填写	1. 记录表填写及时 2. 记录表填写正确	20
5	植物鉴定	1. 对采集的植物鉴定至种（亚种），并能描述其特征 2. 能对采集的品种进行正确鉴定，种数达 10 种以上 3. 能对凉山道地药材的原植物进行准确识别与鉴定	20

五、知识拓展

我国最早成书的中药学专著是《神农本草经》（简称《本经》），其成书年代为东汉时期，是秦汉时期众多医学家搜集、总结、整理当时药物学经验成果的专著，是对中国中医药的第一次系统总结。该书对后世中药学的发展影响极大，历史上有代表性的本草学专著，如《本草经集注》《新修本草》《证类本草》《本草纲目》等都是源于《本经》而发展起来的。

对于西南地区民族药的研究，最早的是兰茂（明代）所著的《滇南本草》。

《滇南本草》是第一部记述西南地区药物的地方本草专著，全书共 3 卷，载药 458 种。《滇南本草》书中所载许多药物都是《本草纲目》未载之药，对我国中医药学的完善做出很大的贡献，尤其对云南本土医药研究具有宝贵价值。许多常见的中医药，都是始载于《滇南草本》，如仙鹤草、灯盏花、川牛膝、川草乌、川贝母等。《滇南本草》中还记载了不少来源于彝族药的药材，如滇重楼、滇黄精、滇龙胆、云黄连、金荞麦等。

清代赵学敏所著的《本草纲目拾遗》，载药 921 种，其中新增 716 种（《本草纲目》中未收载的品种），绝大部分是民间药，如冬虫夏草、鸦胆子、太子参等，这对我国民族药的发展起到了很好的促进作用。

新中国成立以来，我国在中药（包括民族药）的研究上取得了很大的进展，如通过对我国中药资源的三次大规模调查（现在的为第四次），编写出版了全国性的中药志及一大批药用植物志、药用动物志及地区性的中药志。在此，本书对凉山中草药的地方志情况进行梳理与总结。

1. 《西昌中草药》

本书是在继 1971 年春，西昌地区中草药新医疗法展览的基础上，对西昌地区 10 个县市的中草药资源和民间单验方进行为时半年多的实地调查和采访后，编写而成的。本书分上、下两册出版，共收载了西昌地区生长、出产的常用中草药 1 021 种，其中植物药 969 种，动物药 45 种，矿物药 7 种。单验方 1 013 方，其中兽用方 284 方。除少数药物外，均有绘图资料以便识别。

2. 《杜鹃制剂防治慢性气管炎资料汇编》

20 世纪 70 年代，药学工作者响应国家"攻克慢性气管炎"的号召，根据民间用药经验，开展了"杜鹃防治慢性气管炎"的调查研究。在四川省凉山彝族自治州发现的杜鹃品种有凉山杜鹃、腋花杜鹃、爆杖花及映山红等，其中凉山杜鹃（*Rhododendron liangshanicum* L. S. Chen mss.）叶具有止咳、平喘作用，毒性小。

凉山杜鹃（*R. liangshanicum* L. S. Chen mss.）（未发表名），金阳彝语"索马知日"，其"叶背具鳞片，鳞片相距等于其直径的 0.5～1.5 倍，其间散生深褐色大鳞片"为其特点，在 20 世纪 70 年代被鉴定为 1 新种，但鉴定者后来发现该植物还有变异，需进一步研究鉴定，因此，该种一直未发表。故为解决本种植物基原不清与重名的问题，本书还对本种植物的基原进行了研究，鉴定本种为杜鹃花科杜鹃属红棕杜鹃（原变种）Rhododendron rubiginosum Franch. var. rubiginosum 植物。经过近 30 年的研究，本种杜鹃叶现已被开发成凉山唯一的一个国药准字号药品制剂"金鹃咳喘停合剂"，具有止咳、平喘疗效确切，以及毒性小的优点。

3. 《凉山彝族自治州中草药资源普查名录》

本书为内部资料，是基于全国第三次中草药普查所得成果编撰而成的一部专著，编写完成于 1981 年 10 月。

本名录由四川省中药研究所、凉山州药检所共同整理编写，计收载 3 795 种植物，隶属于 211 科，其中中草药 2 448 种，占植物种的 64.5%。该名录按植物名称、别名、拉丁名、产地、药用部位及功效编排，是目前为止对凉山州各县市中草药资源分布、开发及利用最全面的一部参考书。

4. 《彝医植物药》及其续集

本书两册均由李耕冬、贺廷超编著。该书的特点是记载有彝族药名与彝医用药经验，因此，具有较高的参考价值。其中，《彝医植物药》收载药物 106 味，涉及药用植物 53 科 151 种，附有植物图 116 幅。每味药物项下有彝族药名、原植物名、彝医用药经验和按四个部分。

"彝医用药经验"是根据实际调查所获的第一手资料和彝文古籍中的记载整理而成。

"按"是将彝医药与古今（汉）本草对照、比较，并论述彝汉用药的异同，从而突出了彝医特色。

续集的编写体例基本与《彝医植物药》相同，收载彝医植物药 115 个，分属 54 科 135 种。

5. 《彝医动物药》

本书由贺廷超、李耕冬编著。共收集彝医动物药 224 种。每种分药名、原动物、药材、彝医用药经验等项叙述。该书还得到成都中医药大学（原成都中医学院）中药学大家凌一揆教授作序与赞誉。本书作者在阐述各个药物时，尽量同本草学有关记述进行对比，发现其功效、用途、用法等，认识并不相同。这些具有民族风格和乡土特色的用药知识与经验，对于丰富并发展我国传统医药学，无疑是富有启发性和研究价值的。

6. 《常用彝药及医疗技术》

该书收集整理了毕摩经书中散载彝族医药部分，属于非医学书籍中的医药内容，一部分内容来源于口传。包括常用植物药 22 味、常用动物药 11 味，及医疗技术 6 个。本书为彝汉两种文字编辑出版，其中，植物药部分不仅给出了植物原相片，以避免误用，而且还记载了彝医用药经验。

7. 《药用植物全生命周期图鉴——凉山本草》

该书系统梳理了 200 种凉山常见药用植物，除了介绍每个品种的名称、拼音名、彝药名、英文名、别名、基原、原植物形态、性状、炮制、性味与归经、功能与主治、用法与用量等常用信息外，该书还用照片记录的方式对这 200 种药用植物的全生命过程做了系统展示，涉及药材幼苗、成年植株、花、果实、种子全生命周期中典型形态。本书对普及凉山常见药用植物知识、辨识和开展凉山地区药用植物研究具有重要意义。

本书具有两个特点，一是首次用照片记录的方式系统地展示了 200 味药用植物全生命过程，包括幼苗、成年植株、花、果实、种子等典型生长期及饮片的原色照片。二是首次用彩色照片配彝文的方式介绍了凉山地区的药用植物。

六、思考题

1. 请介绍样地、样方及样方套的设计方法。
2. 植物标本的制作方法有哪些？
3. 请举 3 种以上的凉山道地药材，并对它们的原植物及药材特征进行简单描述。

七、参考资料

[1] 黄璐琦，王永炎. 全国中药资源普查技术规范[M]. 上海：上海科学技术出版社，

2015.

[2] 四川省凉山彝族自治州科委,四川省凉山彝族自治州卫生局. 杜鹃制剂防治慢性气管炎资料汇编[G]. 西昌:四川省凉山彝族自治州科委,四川省凉山彝族自治州卫生局,1977.

[3] 李耕科, 贺廷超. 彝医植物药[M]. 成都:四川民族出版社, 1990.

[4] 李耕冬, 贺廷超. 彝医植物药 续集[M]. 成都:四川民族出版社, 1992.

[5] 贺廷超, 李耕冬. 彝医动物药[M]. 成都:四川民族出版社, 1986.

[6] 沙学忠. 常用彝药及医疗技术[M]. 昆明:云南民族出版社, 2016.

[7] 罗伦才, 郭兰萍, 童妍, 等. 药用植物全生命周期图鉴——凉山本草[M]. 上海:上海科学技术出版社, 2022.

[8] 杨勇勋, 晏永明, 陶明, 等. 红棕杜鹃（原变种）叶的化学成分研究[J]. 中国中药杂志, 2013, 38（06）: 839-843.

下 篇

实验动物及药理篇

项目二十九

兔球虫体外抑制（菊科植物抑制兔球虫卵囊孢子化）

一、技能训练目的与要求

1. 掌握兔球虫的接种、分离、保存方法。
2. 掌握体外抑制兔球虫卵囊孢子化的实验操作。
3. 掌握显微镜操作。
4. 掌握兔球虫卵囊孢子化的计数方法。

二、实验实训原理（或简介）

兔球虫病是家兔养殖业中一种常见的单细胞原虫病，由艾美耳属（*Eimeria*）的多种球虫寄生于幼兔肝脏或肠上皮细胞内引起。该病以家兔腹泻、精神萎靡不振、严重的肝肾生理损伤以及体重降低等为特征。严重的兔球虫病会引起家兔的高致死率导致养殖业产生重大经济损失。由于现在还无抗兔球虫的疫苗（或开发的疫苗还未得到大规模的应用），因此，当前对于兔球虫病的防治，普遍采用的是化学合成类抗兔球虫药物拌饲，长期给药的方式，但是这些药物的长期使用极易导致耐药虫株的出现，以及药物在家兔体内的残留而带来的食品安全问题。因此，养殖业及临床上急需寻找低毒、无耐药性的抗兔球虫药物。

从目前的抗兔球虫药物筛选来看，从中药及其的次生代谢产物中去寻找开发抗兔球虫药物是一条有效的途径，因为，当前有较多的研究都揭示多个单味中药或其复方，以及它们的药效成分都对球虫有一定的抑制作用，如从菊科鳢肠属（*Eclipta alba*）植物的甲醇提取物的乙酸乙酯萃取部位[含香豆素醚类（coumestans）化合物蟛蜞菊内酯（wedelolactone）和去甲基蟛蜞菊内酯（demethylwedelolactone）]在 0.012%的浓度下，具有有效的抑制球虫 *Eimeria tenella* 的卵囊孢子化的作用。

菊科植物被认为是进化最高等的有花植物，而且从中药及民族药的应用来看，许多菊科植物都具有驱杀寄生虫的作用，如鹤虱（菊科天名精植物种子）、青蒿、山道年等。因此，本项目拟对菊科植物的粗提物进行体外抗兔球虫的药效筛选，为抗兔球虫药物的研发奠定基础，以及为同学们掌握抗兔球虫的药物筛选方法提供实践机会。

1. 菊科植物浸膏的制备

在校园内采集某一菊科植物：取 1 kg 新鲜植物，通风处阴干或晒干。将其剪碎为0.5 cm 左右长度的颗粒，置于容器中，加入适量石油醚，浸泡 24 h 后，用 4 层纱布过滤；取滤渣再次进行浸取，如此进行 3 次，合并 3 次萃取液。按相同的提取方法操作，得乙酸乙酯部位及正丁醇部位。

每个提取液分次用旋转蒸发仪，将溶剂旋干。用少量95%乙醇将浸膏从烧瓶中洗出，置于蒸发皿中，待其有机溶剂自然挥干，得浸膏。

2. 供试品溶液的配制

分析天平上分别精密称取各提取部位 0.5 g，分别加入等量 0.5%羧甲基纤维素钠助溶，加入蒸馏水，按照顺序配制为含供试品 1.0%、2.0%、4.0%、6.0%、8.0%浓度梯度的供试液。各取 1 mL 于培养的离心管中，再各加入 1 mL 重铬酸钾溶液（对于量较少的样品，则相应地减少测试量，但浓度不变，进行实验）。

3. 阳性对照与空白对照液的制备

阳性对照供试液的制备：取 0.5 mL 氨水与 9.5 mL 蒸馏水混合，置于离心管中作为阳性对照。

0.5%羧甲基纤维素钠溶液置于培养的离心管中为空白对照。

4. 兔球虫的转染

约 1 个月龄的幼兔先喂草饲养 3～5 d，收集粪便用少量蒸馏水过滤，离心，确定其体内无球虫并保证幼兔在健康的状态下，取保藏的兔球虫卵囊离心（3 000 r/min，2～3 次）至去除重铬酸钾，用少量蒸馏水稀释至每 1 mL 中含有 10 000 个球虫卵囊；然后用灌胃的方法对幼兔进行感染（1 mL 卵囊液），2～3 d 后处死动物或死亡后（期间收集粪便检查感染情况，而且喂食只喂青草、白菜叶等，即不喂具有治疗药效的植物），剖开尸体取出消化道内容物于 100 mL 小烧杯中（期间也可以收集幼兔排出体外的粪便来富集兔球虫卵囊）。

5. 兔球虫的分离

用 5 倍体积的蒸馏水于研钵中，将粪便研至充分溶解，取双层纱布过滤后保留滤液静置，用胶头滴管取少量上层清液于载玻片下显微观察（10×10 倍、10×40 倍），确保视野中有 3 个以上球虫（10×10 倍下），将滤液分装至 15 mL 离心管中，每只 14 mL，于离心机内以 3 000 r/min 分离 10 min，去除上层清液保留沉淀，加饱和食盐水至 10.5 mL 并混匀，于离心机内以 2 000 r/min 分离 10 min，收集上层漂浮物 2 mL，并用 5 倍体积蒸馏水稀释，分装至离心管中，以 3 000 r/min 分离 10 min，收集沉淀，对其进行镜检，调整至视野中有 20～50 个球虫时即为受试虫液。

6. 体外试验

取供试液、阳性对照与空白对照各 1 mL，分别加入 1 mL 球虫溶液与 1 mL 2.5%的重铬酸钾溶液混匀，置于恒温培养箱中设定 27 ℃培养，每隔 4 h 至少吹气一次。

7. 计　数

自开始培养时起，分别在第 24 h、第 48 h、第 72 h 时对各支培养管进行显微计数。计数办法：取少量培养物于载玻片上，盖上盖玻片，于 10×10 倍显微镜下，随机计数 100 个兔球虫中卵囊和孢子化的个数，取 3 次计数的平均值（或采用计数板来计数）。

孢子化率计算公式如下：

$$孢子化率 = （100个球虫卵囊中已孢子化卵囊个数/100）× 100\%$$

三、仪器设备、材料与试剂

1. 仪器设备

旋转蒸发仪、台式低速离心机、电子天平、旋转蒸发器、电磁炉、移液器、生物显微镜、灌胃器、自制开口器。

2. 试 剂

石油醚、乙酸乙酯、正丁醇、羧甲基纤维素钠、重铬酸钾。

3. 材 料

菊科植物全草。

四、技能训练内容与考查点

见表29-1。

表29-1 兔球虫体外抑制（菊科植物抑制兔球虫卵囊孢子化）技能训练内容与考查点

实训步骤	操作要点	考查内容	评分
1	药物提取	1. 溶剂提取法中的浸渍法操作 2. 旋转蒸发仪的操作	20
2	兔球虫的感染	兔灌胃法操作	20
3	兔球虫的分离	1. 食盐漂浮法操作 2. 兔球虫的观察	30
4	体外抑制实验	兔球虫卵囊孢子化的观察与计数	20
5	活性评价	通过计数的数据，能正确判断哪个部位的活性最强	10

五、知识拓展

由于目前还没有防治兔球虫病的疫苗，因此，对兔球虫病的防治主要是采取对兔的精细管理，以及在饲料或饮水中添加预防性的药物。然而，这种方法面对的是药物的耐药性，以及在兔肉中残留而带来的食品安全性问题。因此，对兔球虫疫苗的研发尤显重要与紧急。在此，本书对兔球虫疫苗的研发情况进行介绍。

目前，兔球虫的疫苗研发主要是以下四种：

1. 强毒活疫苗

强毒活疫苗是采用自然分离的强毒虫株配合一些稳定剂而制成的疫苗。用它去感染兔子，从而使兔子获得免疫力，但这种疫苗致病性、毒力强，容易致病，因此，应用较少。

2. 弱毒活疫苗

弱毒活疫苗是通过鸡胚传代、早熟选育、物理化学处理等手段，使兔球虫的毒力降低，得到弱毒力球虫（疫苗）。与强毒疫苗相比，这一类疫苗的致病性较小，具有抗球虫的高效力和安全性。目前已有被开发为商品的虫苗，如使用早熟选育致弱的球虫疫苗 paracox（含有柔嫩、巨型、堆型艾美耳球虫等 7 种早熟株）和 livecox（含有堆型和巨型艾美耳球虫的早熟株）等。

3. 基因工程苗

基因工程疫苗是应用分子生物学技术研制的疫苗。球虫的基因工程苗主要是 DNA 重组疫苗。与强毒和弱毒疫苗相比，基因工程疫苗具有贮藏方便、安全性高的优点，因此成为疫苗研制的一种新方向。

4. 灭活疫苗

目前，国内外尚未研究成功灭活疫苗，其原因可能是导致宿主产生保护性免疫的抗原仅存在于有代谢活性的虫体中。

六、思考题

1. 食盐漂浮法分离兔球虫的原理是什么？
2. 计数板计数的方法。
3. 如何判断兔球虫卵囊是孢子化还是卵囊死亡？

七、参考资料

[1] 杨勇勋，颜瑜，郝桂英，等. 具有显著抑制兔球虫卵囊孢子化的钩苞大丁草提取物、液体制剂的制备与应用：CN110664857B[P]. 2021-12-10.

[2] MICHELS M G, BERTOLINI L C, ESTEVES A F, et al. Anticoccidial effects of coumestans from *Eclipta alba* for sustainable control of Eimeria tenella parasitosis in poultry production[J]. Vet Parasitol, 2011, 177(1-2): 55-60.

[3] 张正黎，廖党金. 球虫疫苗研究进展[J]. 中国兽医寄生虫病，2008，16（04）：35-40.

[4] 孙智锋，周宗清. 用活疫苗防制球虫病[J]. 国外畜牧学（猪与禽），1994（03）：43-45.

项目三十
体外凝血（8-甲氧基补骨脂素的凝血四项测定）

一、技能训练目的与要求

1. 掌握凝血四项的测定操作。
2. 掌握兔心脏取血或耳缘静脉取血的操作。
3. 掌握凝血四项的结果分析。

二、实验实训原理（或简介）

血液从血管或者心腔溢出，叫作出血。非正常出血在人类与动物之中十分常见，因此，止血药在临床上有着广泛的应用，且需求量大，因此，对止血药物的研发具有重要的意义。

医学研究表明，人体的血液系统具有凝血与抗凝血、纤溶与抗纤溶两大系统，当系统平衡遭到破坏时，机体将会出现相关疾病。凝血为多系统参与的复杂过程，内源性、外源性凝血途径及纤溶系统均参与该过程。血管收缩性能、血小板、血液黏稠度、凝血因子及纤溶等因素均影响止血过程。而止血药或促凝血药是能促进血液凝固而使出血停止的药物，其临床应用广泛，同时有着重要的临床价值。

当前，大多数的止血药理机制研究主要通过检测血小板数、凝血四项等方法，来探索其对凝血系统、纤溶系统、血小板功能等产生的影响。

本项目采用实验室自制的 8-甲基补骨脂素，它的结构如下：

本化合物是一个香豆素类成分，它是从菊科植物钩苞大丁草中分离纯化得到的。它在本植物中的含量很高，具有很高的工业开发价值。鉴于钩苞大丁草在西昌地区的民族应用中有止血的功效记载，因此，前期项目组采用凝血四项方法[凝血酶原时间（PT）、凝血酶时间（TT）、活化部分凝血酶活酶时间（APTT）、纤维蛋白原时间（FIB）]，对本植物及从中分离的化合物进行了止血作用活性筛选，从中筛选出了具有有效止血作用的 8-甲氧基补骨脂素化合物。具体操作步骤如下：

1. 采血方法

使用 5 mL 注射器采集健康兔子心血，置于含 1/10 体积 0.109 mol/L 枸橼酸钠抗凝液采血管中（2 mL 健康血液/每支），轻轻颠倒混匀并分组标记保存。

2. 空白对照溶液的配制

精确称取羧甲基纤维素钠 0.5 mg，量取蒸馏水 100 mL，将羧甲基纤维素钠均匀撒在水面上配成 0.5%羧甲基纤维素钠溶液。

3. 阳性对照组配置

精密称取 1 mg 云南白药粉，溶于 1.0 mL 0.5%羧甲基纤维素钠溶液中，配制成 1 mg/mL 云南白药的阳性对照供试品溶液。

4. 凝血四项指标的测定与记录

将各组收集的血液经 4 000 r/min 离心 10 min，收集上清液（血浆，黄色），2 ~ 8 ℃ 条件下保存，并在 2 h 内用半自动凝血分析仪测定 APTT、PT、TT、FIB。并记录相关试验数据。具体试验步骤参照凝血四项检测试剂盒说明书。

5. 数据处理

采用 SPSS24 统计软件，选择单因素 ANOVA 分析方法，进行数据分析。在实验数据分析结果中，$P < 0.01$ 表示极其显著，$0.01 < P < 0.05$ 表示显著，$P > 0.05$ 表示不显著。

三、仪器设备、材料与试剂

1. 仪器设备

高速离心机、半自动凝血分析仪。

2. 试 剂

8-甲氧基补骨脂素（实验室自制）、羧甲基纤维素钠、凝血管、自制超纯水（过滤纯净水）、凝血四项检测试剂盒（上海太阳生物技术公司）、阿司匹林。

四、技能训练内容与考查点

见表 30-1。

表 30-1　体外凝血（8-甲氧基补骨脂素的凝血四项测定）技能训练内容与考查点

实训步骤	操作要点	考查内容	评分
1	供试品溶液、空白溶液、对照品溶液的配制	分析天平的操作 1. 溶液配制操作 2. 羧甲基纤维素钠溶液的配制	20
2	血清的制备	1. 兔心脏取血操作 2. 高速离心机操作	20
3	凝血四项测定	1. 凝血四项测定仪的操作 2. 凝血四项的测定操作	30
4	活性评价	1. SPSS 软件的使用 2. 测定数据的方差处理 3. 通过计数的数据，能正确解读凝血四项数值的意义	30

五、知识拓展

目前，在临床上普遍使用的口服抗凝血药是一个香豆素成分华法林（Warfarin），化学命名为 3-（苄基丙酮）4-羟基香豆素。主要临床用途是作为抗凝血剂治疗血栓等疾病。该药在人体外并无抗凝作用，是因为它在体内才可以抑制维生素 K 参与的凝血因子Ⅱ、Ⅶ、Ⅸ、Ⅹ在肝脏的合成，而对血液中已有的凝血因子Ⅱ、Ⅶ、Ⅸ、Ⅹ并无抵抗作用。

华法林是一种维生素 K 拮抗剂，通过在体内抑制维生素 K-环氧化物还原酶而起到抗凝效果：通过抑制肝脏维生素 K 环氧化物还原酶，使无活性的氧化型维生素 K（KO）无法转化为有活性的还原型维生素 K（KH$_2$），阻断维生素 K 的循环利用，干扰维生素 K 依赖性凝血因子Ⅱ、Ⅶ、Ⅸ、Ⅹ及抗凝蛋白 C、抗凝蛋白 S 的合成，阻碍凝血因子氨基末端谷氨酸残基的 γ 羧化作用，使凝血因子停留在无活性的前体阶段而达到抗凝目的。

由于华法林的抗凝作用机制并不是直接作用于凝血酶，因此，当前新的抗凝药的研发主要集中于针对凝血酶和凝血 X 因子的抗凝药物开发。因为：①凝血酶是引起凝血过程的最终共同通路的关键酶。②抑制凝血酶的药物尚有抑制血小板聚集的作用。③肝素和低分子肝素仅对游离凝血酶有抑制作用，而直接凝血酶抑制药对与纤维蛋白结合的凝血酶及游离凝血酶均有抑制作用。④针对凝血 X 因子是因为凝血 X 因子是内源性凝血系统和外源性凝血系统的交汇点。

本实验的药物 8-甲氧基补骨脂素也是一个香豆素类成分，但其作用却与华法林相反，因此，推测它的作用靶点或作用机制与华法林有所不同，或许是因 8-甲氧基与华法林都是结构类似的香豆素类成分，所以它们的作用靶点相同，但因它们具有相似的结构与性质，是生物电子等排体，因此与相同的作用靶点作用后，产生了拮抗的活性，而不是相似的活性。

凝血过程是一系列血浆凝血因子相继酶解激活的过程，一般分为内源性凝血途径，外源性凝血途径和凝血共同途径。目前，临床上有用 PT、APTT、TT、FIB 测定来反映体内凝血系统的状况，因此，本书在此对它们的解读进行介绍。

（1）PT 是外源性凝血系统较为敏感和常用的筛选试验，反映血浆中凝血因子Ⅱ、Ⅴ、Ⅷ、Ⅹ和Ⅰ的总体活性。PT 升高，说明药物具有抗凝血作用；PT 降低，则说明药物具有止血（凝血）作用。

（2）APTT 是内源性凝血系统较为敏感和常用的筛选试验，能反映血浆凝血因子Ⅷ、Ⅸ、Ⅺ、Ⅻ的水平。APTT 升高，说明药物具有抗凝血作用；APTT 降低，则说明药物具有止血（凝血）作用。

（3）TT 测定主要反映凝血共同途径纤维蛋白原转变为纤维蛋白的过程中，是否存在纤维蛋白原异常，及是否发生纤溶和是否存在抗凝物质的情况。TT 延长往往是由于弥散性血管内凝血纤溶亢进期、低（无）纤维蛋白原血症、血中纤维蛋白（原）降解产物增高等。如果是 TT 缩短，通常无特殊的临床意义。

（4）纤维蛋白原（FIB）是一种相对分子质量为 34×10^3 的糖蛋白，它主要在肝脏合成，是凝血酶作用的底物，在凝血酶水解下形成肽 A 和肽 B，最后形成不溶性的纤维蛋白以达到止血作用。另外，FIB 也是一种急性时相反应蛋白，除作为凝血因子Ⅰ直接参与凝血过程外，还具有其他多种功能，与血小板膜糖蛋白膜Ⅱb／Ⅲa 结合，介导血小板聚集反应而影响血流黏滞度，最终形成血栓，故 FIB 水平升高是血栓形成及心血管疾病的重要危险因子。

六、思考题

1. 解读凝血四项数值升高或降低的意义。

2. 除兔心脏取血法之外，还有何取血方法？如果是对小鼠取血，应采用哪（几）种方法？

3. 在临床上使用的具有抗凝血作用的香豆素类化合物是哪个？并请说一下自己的观点，为何本香豆素类化合物 8-甲氧基补骨脂素具有止血作用？

七、参考资料

[1] 朱德昊. 浅谈华法林的抗凝作用[J]. 临床医药文献电子杂志，2016，3（40）：8091-8092.

[2] 郑必龙，刘俊. 华法林抗凝血作用及影响因素分析[J]. 安徽医药，2013，17（11）：1975-1977.

[3] 黄震华. 抗凝治疗新进展[J]. 中国新药与临床杂志，2012，31（02）：64-68.

[4] 张英杰，王会君，侯荣伟，等. 凝血四项的临床应用[J]. 检验医学与临床，2013，10（04）：450-452.

项目三十一
动物来源酶的分离纯化及部分酶学性质的研究

一、技能训练目的与要求

1. 掌握盐析沉淀法、离子交换层析及凝胶过滤层析等分离纯化方法的原理和操作过程。
2. 熟悉动物来源酶的分离纯化及部分酶学性质研究的一般流程。

二、实验实训原理（或简介）

动物来源酶的分离纯化的方法与一般蛋白质的分离纯化方法相似，根据不同蛋白质带电性质、溶解度以及分子量大小等差异，常用中性盐盐析法、电泳法和色谱法等方法分离纯化。有时需要多种方法配合使用，才能得到高纯度的酶蛋白。获得高纯度的酶是进行酶学性质研究的基础。

三、仪器设备、材料与试剂

1. 仪 器

紫外分光光度计，蛋白核酸定量仪，冷冻干燥机，超纯水仪，pH 计，精密电子天平，高速冷冻离心机，AKTA Prime Plus 蛋白质纯化系统，垂直板电泳槽和电泳仪等。

2. 试 剂

离子交换层析标准品，十二烷基硫酸钠-聚丙烯酰胺凝胶电泳（Sodium Dodecyl Sulfate-Polyacrylamide Gelelectrophoresis，SDS-PAGE），蛋白质标准品，凝胶层析分子质量标准品，甲叉双丙烯酰胺，丙烯酰胺等。

3. 实验材料

动物组织等。

四、技能训练内容与考查点

见表 31-1。

表 31-1 动物来源酶的分离纯化及部分酶学性质的研究技能训练内容与考查点

实训步骤	操作要点	考查内容	评分
1. 酶的分离纯化			
（1）粗酶液的制备	将新鲜的动物组织除去结缔组织和脂肪，称取一定的质量，按照一定的质量体积比加入预冷的提取缓冲液，匀浆后放于 4 ℃冰箱中静置抽提，然后高速冷冻离心，收集上清液即为粗酶液[1]	提取条件的优化	20
（2）初酶液的制备	向粗酶液中加入硫酸铵粉末至一定的饱和度，4 ℃冰箱中静置盐析，离心，弃沉淀收集上清液，再向其中加入硫酸铵粉末至一定的饱和度，4 ℃静置盐析，高速冷冻离心，收集沉淀，沉淀用缓冲液溶解，一般 4 ℃透析即为初酶液[2]	中性盐盐析范围的选择	10
（3）离子交换层析分离	用缓冲液平衡好离子交换层析柱后，取初酶液 10 mL 上柱，用 0～1 mol/L 的 NaCl 溶液（含缓冲液）进行线性梯度洗脱，流速 0.5 mL/min，一般每管收集 5 mL；测定各管酶活力和蛋白质含量，收集活性较高的各管酶液，于 4 ℃冰箱中保存备用[3]。	离子交换树脂的种类和型号的选择；洗脱条件的探究	10
（4）凝胶过滤层析分离	用缓冲液平衡凝胶过滤层析柱后，取上面收集的活力较高的酶液 3 mL 上柱，用缓冲液洗脱，流速 0.3 mL/min，每管收集 3 mL；测定各管酶活力和蛋白质含量；收集活性较高的酶液，4 ℃超纯水透析脱盐，冷冻干燥后于 –20 ℃冰箱保存备用[3]	凝胶过滤柱规格和型号的选择	10
（5）酶活力的测定以及蛋白质含量的测定	酶活力测定一般参考已有文献报道的酶活力测定方法；蛋白质含量的测定一般用 Bradford 染料法与紫外分光光度法进行蛋白质含量的测定[4]	紫外分光光度计的正确使用	10
（6）酶纯度的鉴定与分子质量测定	酶纯度的鉴定一般采用 SDS-PAGE，上样量一般为 10 μL。一般采用 SDS-PAGE 测定酶的亚基分子质量，凝胶过滤层析测定酶的全分子质量[4]	SDS-PAGE 的制备	10
2. 部分酶学性质测定			
（1）酶的最适反应温度和热稳定性测定	①在一定的 pH 条件下，测定酶在不同反应温度下的酶活力，以酶活力最高值为100%，计算相对酶活力，以研究酶的最适反应温度 ②将酶液分别置于不同温度下保温不同时间后，测定酶活力，以酶液不保温时的酶活力为100%，计算相对酶活力，以研究酶的热稳定性[1]	酶处理条件以及实验对照的选择	5

实训步骤	操作要点	考查内容	评分
（2）酶的最适反应 pH 和 pH 稳定性测定	①配制不同 pH 的缓冲液，测定酶在不同 pH 反应体系中酶活力，以酶活力最高值为 100%，计算相对酶活力，以研究酶的最适反应 pH ②将酶液与不同 pH 的缓冲液等体积混合，4 ℃放置相同时间后，测定酶活力，以酶活力最高值为 100%，计算其在不同 pH 条件下的相对酶活力，研究酶的 pH 稳定性[1]	酶处理条件以及实验对照的选择	5
3. 酶米氏常数（K_m）的测定	酶 K_m 的测定采用双倒数法（Lineweaver-Burk 法），在最适反应条件下，分别测定酶对不同浓度底物的 K_m 值[5]。	酶处理条件以及实验对照的选择	5
4. 不同化合物对酶活性的影响	将酶液分别与等体积不同浓度的化合物混合后，在 4 ℃条件下作用一定的时间后测定其酶活力，以不加化合物时的酶活力 100%，计算酶的相对酶活力[6]	酶处理条件以及实验对照的选择	5
5. 不同有机溶剂对酶活性的影响	分别将酶液与等体积不同体积分数的有机溶剂混合，在 4 ℃条件下作用一定的时间后测定酶活力，以不加有机物时的酶活力为 100%，计算酶的相对酶活力[6]	酶处理条件以及实验对照的选择	5
6. 部分金属离子对酶活性的影响	将不同金属离子配成母液，用时稀释成所需要的浓度即可，将酶液分别与等体积不同浓度的各种金属离子溶液混合，一般在 4 ℃条件下作用一定的时间后测定酶活力，以不加金属离子时的酶活力为 100%，计算酶的相对酶活力[7]	酶处理条件以及实验对照的选择	5

五、知识拓展

生物细胞产生的酶有两类：一类由细胞内产生后分泌到细胞外进行作用的酶，称为细胞外酶。这类酶大都是水解酶，如酶法生产葡萄糖所用的两种淀粉酶，就是由枯草杆菌和根霉发酵过程中分泌的。这类酶一般含量较高，容易得到。另一类酶在细胞内产生后并不分泌到细胞外，而在细胞内起催化作用，称为细胞内酶，如柠檬酸、肌苷酸、味精的发酵生产所进行的一系列化学反应，就是在多种酶催化下在细胞内进行的。这类酶在细胞内往往与细胞结构结合，有一定的分布区域，催化的反应具有一定的顺序性，使许多反应能有条不紊地进行。

酶的来源多为生物细胞。生物细胞内产生的总的酶量虽然是很高的，但每一种酶的含量却很低，如胰脏中期消化作用的水解酶种类很多，但各种酶的含量却差别很大。

因此，在提取某一种酶时，首先应当根据需要，选择含此酶最丰富的材料，如胰脏是提取胰蛋白酶、胰凝乳蛋白酶、淀粉酶和脂酶的好材料。由于在生物组织中，除了我们需要的某一种酶之外，往往还有许多其他酶和一般蛋白质以及其他杂质，因此制取某酶制剂时，必须经过分离纯化的手续。

酶是具有催化活性的蛋白质，蛋白质很容易变性，所以在酶的提纯过程中应避免用强酸、强碱，保持在较低的温度下操作。在提纯的过程中通过测定酶的催化活性可以比较容易地跟踪酶在分离提纯过程中的去向。酶的催化活性又可以作为选择分离纯化方法和操作条件的指标，在整个酶的分离纯化过程中的每一步骤，始终要测定酶的总活力和比活力，这样才能知道经过某一步骤回收到多少酶，纯度提高了多少，从而决定这一步骤的取舍。

酶的分离纯化一般包括三个基本步骤：抽提、纯化、结晶或制剂。首先将所需的酶从原料中引入溶液，此时不可避免地夹带着一些杂质，然后再将此酶从溶液中选择性地分离出来，或者从此溶液中选择性地除去杂质，然后制成纯化的酶制剂。

获得高纯度的酶是进行酶学性质研究的基础。酶学性质的研究主要包括温度、pH、底物浓度、金属离子、化合物以及有机溶剂等对酶活性的影响。酶学性质的研究为酶结构与功能研究的奠定了基础。

六、思考题

（1）提取制备动物来源酶的过程中，应特别注意哪些主要环节和影响因素？
（2）简述盐析沉淀法、离子交换层析及凝胶过滤层析分离纯化酶的原理？
（3）在利用离子交换层析分离纯化酶过程中，洗脱条件如何选择？

七、参考资料

[1] 邱慧，郭小路，易燚波，等. 鸭肝过氧化氢酶的分离纯化及部分性质研究[J]. 西南大学学报：自然科学版，2008，30（4）：163-168.

[2] 李前勇，唐云明，吕风林，等. 猪铜蓝蛋白的分离纯化及对垂体细胞分泌生长激素的影响[J]. 中国兽医学报，2009（6）：746-751.

[3] 王丹，傅婷，万骥，等. 牛肝谷氨酸脱氢酶的分离纯化及部分酶学性质[J]. 食品科学，2015，36（13）：178-183.

[4] 李建武. 生物化学实验原理和方法[M]. 北京：北京大学出版社，1994.

[5] 王镜岩. 生物化学（上册）[M]. 北京：高等教育出版社，2002.

[6] 孙芳，胡瑞斌，任美凤，等. 鸭心苹果酸脱氢酶的分离纯化及酶学性质[J]. 食品科学，2013（23）：239-244.

[7] 张丽丽，阙瑞琦，徐榕敏，等. 鸭肝碱性磷酸酶的分离纯化及其部分性质研究[J]. 西南大学学报：自然科学版，2007，29（10）：109-113.

项目三十二
动物细胞培养

一、技能训练目的与要求

熟练掌握动物细胞系培养以及动物原代细胞培养的原理和操作过程。

二、实验实训原理（或简介）

动物细胞培养（animal cell culture）指从动物机体中取出相关的组织，使用胰蛋白酶或胶原蛋白酶消化的方法将它分散成单个细胞，然后放在适宜的培养基中，让这些细胞生长和增殖。

三、仪器设备、材料与试剂

1. 仪　器

分析天平，移液枪，离心机，高压蒸汽灭菌锅，培养皿，超净工作台，CO_2培养箱等；

2. 试　剂

DMEM低糖培养基，M199培养基，胰蛋白酶和100×青链霉素双抗预混液，胎牛血清（FBS），PBS溶液。

3. 材　料

HEK293细胞，适宜的动物组织。15 mL及50 mL离心管，细胞培养所用培养皿及6孔板，一次性塑料吸管，细胞滤网，M199培养基，细胞培养用CELLBIND®48孔板等。

四、技能训练内容与考查点

见表32-1。

表 32-1　动物细胞培养技能训练内容与考查点

实训步骤	操作要点	考查内容	评分
1. 动物细胞系的复苏与培养 参考文献[1-2]的方法，以HEK293细胞为例，具体过程如下：			

178

实训步骤	操作要点	考查内容	评分
（1）细胞复苏	取液氮中保存的一管 HEK293 细胞，迅速在 37 ℃水浴中溶解，用移液枪将其转移至 15 mL 离心管中，再加入适量的 DMEM 低糖培养基，用吸管吹打混匀，然后 1 800g 离心 3 min，离心后弃上清，加入一定量的 DMEM 低糖培养基重悬沉淀的细胞，操作 3 次，最后将细胞沉淀重悬于 10 mL DMEM 低糖培养基[含 10%胎牛血清（FBS）和 1%青链霉素双抗混合液]中，用吸管吹打混匀，然后倒入 10 cm 无菌培养皿中，于培养箱（5% CO$_2$，37 ℃）中培养	细胞复苏"快融"的原则	20
（2）细胞传代	待细胞密度达到 80%以上时，吸去培养基，向无菌培养皿中加入 3 mL 0.25%胰蛋白酶消化细胞，将消化后的细胞收集到 15 mL 离心管中，再加入适量的 DMEM 低糖培养基，用吸管吹打混匀，1 800g 离心 3 min，离心后弃上清，加入一定量的 DMEM 低糖培养基重悬沉淀的细胞，用吸管吹打混匀，视情况丢掉部分细胞，同（1）中的方法一样，重复操作 3 次，最后将沉淀的细胞重悬于 DMEM 低糖培养基（含 5% FBS 和 1%青链霉素双抗混合液）中，用吸管吹打混匀，后转移至 6 cm 无菌培养皿或者 6 孔板中，于培养箱（5% CO$_2$，37 ℃）中培养	细胞密度的镜检、消化时间的确定	20
2. 动物原代细胞培养参考文献[3-4]的方法，具体过程如下：			
（1）取动物组织	无菌条件下快速取动物组织，收集放在预冷的 M199 培养基中；用灭菌 1×PBS 溶液充分吹洗所收集的动物组织 3～5 次，然后用一次性无菌吸管将动物组织转入无菌的 2 mL 离心管中	取动物组织准确快速的操作	20
（2）消化	用灭菌的剪刀将收集的动物组织剪碎，剪得越碎越好，将剪碎的动物组织转入已经在 37 ℃水浴锅预热的 10 mL 的胰蛋白酶溶液中，37 ℃消化 30 min（注意每 5 min 将动物组织重新悬浮在消化液中）。	消化时间把握的准确性	20
（3）终止消化、洗涤细胞	加入 1 mL 胎牛血清（FBS）溶液终止动物组织的消化反应，之后 1 800 r/min 离心 5 min；弃去上清液，加入已经在 37 ℃条件下预热的 M199 培养基重悬沉淀，用一次性无菌吸管轻微吹打混匀，1 800 r/min 离心 5 min，操作 2 次以洗涤动物细胞		
（4）收获细胞、分细胞	重新用预热的 M199 培养基重悬细胞沉淀后，加入细胞滤网中，收集滤网过滤后的液体，然后配制成含 15% FBS 的动物细胞悬液，用无菌的一次性吸管吹打混匀，按照每孔 300 μL 的体积至 CELLBIND®48 孔板中，在培养箱（37 ℃，5% CO$_2$）中培养 24 h	细胞的过滤操作的准确性、分细胞操作的准确性	20

五、知识拓展

动物细胞培养是用无菌操作的方法从动物体分离得到细胞，将它们置于模拟动物体内生理条件的人工环境中，在体外进行培养并使其继续生长的过程。人们借助该技术可以观察细胞的生长、繁殖、细胞分化以及细胞衰老等生命现象。动物细胞培养的培养物可以是单个细胞，也可以是细胞群。

根据离体培养细胞在培养皿中是否贴壁生长，分为贴壁型和悬浮型[5](图 32-1)。

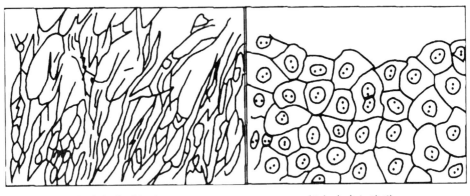

（a）成纤维型细胞　　　　　　　　　　（b）上皮细胞型

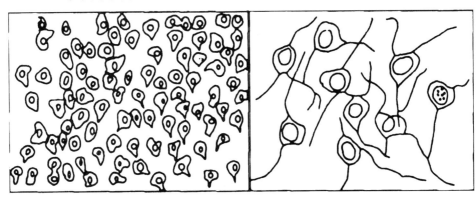

（c）游走细胞型　　　　　　　　　　（d）多形细胞型

图 32-1　离体培养细胞的分类

1. 成纤维型细胞（fibroblast）

与体内成纤维细胞形态相似，胞体梭型或不规则三角形，中央有圆形核，胞质向外伸出 2~3 个长短不同的突起。细胞在生长时呈放射状、漩涡或火焰状走行。如心肌、平滑肌、成骨细胞等常呈现此形态。

2. 上皮型细胞（epithlium cell type）

形态上类似上皮细胞的多种培养细胞，细胞呈现扁平不规则多角形，中央有圆核，细胞相互依存性强，彼此连接成单层膜。生长时呈膜状移动，边缘细胞很少脱离细胞群而单独活动。起源于内、外胚层的细胞如皮肤表皮细胞及其衍生物，消化管上皮，肺泡上皮等都是这类型。

3. 游走型细胞（wandering cell type）

细胞在支持物上散着生长，不连接成片，胞质伸出伪足或突起呈活跃的游走或变形运动，速度快不规则，密度大，连接成片，呈多角形，不易与其他类型的细胞区别。

4. 多形型细胞（polymorphic cell type）

无规律的形态，如神经细胞难以确定其规律及稳定的形态，可同归于此类。

六、思考题

（1）动物细胞培养操作过程中的注意事项有哪些?
（2）动物原代细胞培养操作过程中的注意事项有哪些?
（3）动物原代细胞培养操作过程中的消化时间如何确定?

七、参考资料

[1] 张卓然. 培养细胞学与细胞培养技术[M]. 上海：上海科学技术出版社，2004.

[2] 李晶玮. HEK293细胞的培养[J]. 现代妇女：医学前沿，2014（11）：2.

[3] 王捷. 动物细胞培养技术与应用[M]. 北京：化学工业出版社，2004.

[4] 刘禹，兰海楠，李维，等. 大鼠原代肝脏细胞的分离培养及其膜受体鉴定[J]. 中国畜牧兽医，2013，40（10）：144-147.

[5] 兰蓉. 细胞培养技术[M]. 2版. 北京：化学工业出版社，2017.

项目三十三
动物基因的克隆

一、技能训练目的与要求

1. 掌握动物基因克隆的原理及方法。
2. 熟练掌握 PCR 的技术及使用琼脂糖凝胶电泳的方法进行产物检测。
3. 掌握目的 DNA 与载体的连接及蓝白斑筛选的原理。

二、实验实训原理（或简介）

在动物基因克隆中，PCR 技术是指：按碱基配对与半保留复制原理，类似 DNA 的天然复制过程，其特异性依赖于与靶序列两端互补的寡核苷酸引物。PCR 由模板 DNA 的变性、模板 DNA 与引物的退火（复性）、引物的延伸三个步骤构成的。琼脂糖凝胶电泳是常用的用于分离、鉴定 DNA 的方法，以琼脂凝胶作为支持物，利用 DNA 分子在泳动时的电荷效应和分子筛效应，达到分离混合物的目的。DNA 分子的体外连接是在一定条件下，由 DNA 连接酶催化两个双链 DNA 片段组邻的 5 '-端磷酸与 3 '-端羟基之间形成磷酸酯键的生物化学过程。DNA 分子的连接是在酶切反应获得同种酶互补序列基础上进行的，DNA 限制性内切酶是生物体内能识别并切割特异的双链 DNA 序列的一种内切核酸酶。由于这种切割作用是在 DNA 分子内部进行的，故名限制性内切酶。

三、仪器设备、材料与试剂

1. 仪 器

分析天平，磁力搅拌器，移液枪，离心机，离心管，高压蒸汽灭菌锅，恒温培养箱，培养皿，超净工作台，恒温摇床，超低温冰箱，PCR 仪，电泳槽，电泳仪等。

2. 试 剂

RNA 提取试剂 RNAzol，PCR 高保真聚合酶（KOD）和连接酶，限制性内切酶，dNTP，反转录酶 MMLV，DNA 胶回收试剂盒，质粒提取试剂盒，SMARTer RACE cDNA Amplification Kit 等。

3. 材 料

动物组织，真核表达载体 pcDNA3.1（ + ），菌种 DH5α，pTA2 载体等。

四、技能训练内容与考查点

见表 33-1。

表 33-1　动物基因的克隆技能训练内容与考查点

实训步骤	操作要点	考查内容	评分
1. 动物组织总RNA的提取	总 RNA 的提取过程参考文献[1]的方法,以家鸡血清素Ⅰ型受体基因克隆为例,具体过程如下: (1)取动物组织 60 mg,加 600 μL RNAzol,用匀浆器进行匀浆处理,冰上放置 10 min (2)加 240 μL DEPC-H_2O,涡旋约 15 s,出现白色沉淀,室温静置 15 min,12 000g 离心 15 min (3)取 600 μL 上清液,然后加入一新 EP 管中,加入 3 μL 4-溴茴香醚(4-bromoanisole,BAN),剧烈涡旋 15 s,出现白色浑浊,室温静置 5 min 后,12 000g 离心 15 min (4)小心快速取 500 μL 上清加入一新的 EP 管,在上清液中加入等体积的 500 μL 异丙醇,颠倒混匀后,后在冰上放置 20 min (5)12 000g 离心 15 min,弃掉上清。然后加入 1 mL 75%乙醇溶液洗涤沉淀,4 000g 离心 3 min,重复一次 (6)12 000g 离心 15 min,弃掉上清。然后加入 1 mL 75%乙醇溶液洗涤沉淀,4 000g 离心 3 min,重复一次。晾干后将 RNA 溶解于 DEPC-H_2O 中待用	熟悉动物组织总 RNA 提取的一般流程	10
2. 反转录	(1)配制反应液 A,体系如表 33-2 所示 参考文献[2]的方法,将配制的反应液 A 加入 PCR 仪中,PCR 反应条件:70 ℃反应 10 min,然后在冰上静置 2 min (2)配制反应液 B,体系配制按表 33-3 所示 参考文献[2]的方法,将反应液 B 混匀后加入到反应后的反应液中,混匀后放入 PCR 仪中,PCR 的反应条件:①42 ℃反应 90 min;②70 ℃反应 15 min。反应完成后用 MilliQ-H2O 稀 5 倍,作为 cDNA 模板,－20 ℃保存备用	反应体系的正确配制,PCR 仪的正确使用	20
3. 5',3'-RACE cDNA 模板制备	按照 SMARTer RACE cDNA Amplification Kit(Clontech 公司)的说明书建立 5',3'-RACE 使用的 cDNA 模板。将动物组织的总 RNA 分别进行 5',3'-RACE 实验 (1)配制反应液 A,体系如表 33-4 所示 参考文献[2]的方法,将反应液 A 混匀后,放入 PCR 仪中,PCR 反应条件:①72 ℃反应 4 min;②42 ℃反应 2 min。最后加入 0.5 μL SMARTerII oligo (2)配制反应液 B,体系如表 33-5 所示	熟练运用试剂盒说明制备动物组织的 5' 或 3'-RACE cDNA 库	10

实训步骤	操作要点	考查内容	评分
3. 5',3'-RACE cDNA 模板制备	参考文献[2]的方法,将反应液 A 与反应液 B 混合混匀后,放入 PCR 仪中,PCR 反应条件:①42 ℃反应 90 min;②70 ℃反应 15 min。最后向反应液中加入 100 μL MilliQ-H₂O 稀释建成动物组织的 5'或 3'-RACE cDNA 库		
4. 动物基因 cDNA 全长的 PCR 扩增	以动物组织 RNA 反转录生成的 cDNA 为模板,根据 GenBank 数据库中预测动物基因的序列,分别设计它们特异性的引物,进行 PCR 扩增。PCR 反应体系配制如表 33-6 所示 配制完后充分混匀,置于 PCR 仪中,反应条件参考文献[2]的方法,PCR 的反应条件:①94 ℃预变性 2 min;②98 ℃变性 10 s;③60 ℃退火 30 s;④68 ℃延伸 50 s;⑤重复步②~④,共进行 35 个扩增循环;⑥72 ℃充分延伸 10 min。后放置于 4 ℃保存 待 PCR 反应结束后,用琼脂糖凝胶电泳检测 PCR 产物,若与预测的目的条带大小一致,则实验所得的 PCR 反应产物可进行下一步的酶切反应	熟练运用软件设计动物基因特异性的引物,熟练利用琼脂糖凝胶电泳检测 PCR 产物	20
5. 构建动物基因真核表达载体	按照 DNA 胶回收试剂盒的说明书,先将 PCR 产物进行纯化,目的是除去 PCR 反应液中影响限制性内切酶活性的离子。DNA 片段纯化后,将目的基因片段和 pcDNA3.1(+)真核表达载体质粒用相同限制性内切酶,进行酶切反应 酶切后进行连接,连接反应体系如表 33-7 所示 反应液配制好,充分混匀,瞬时离心,置于 4 ℃冰箱中过夜连接 连接后的产物可以直接用于转化,转化的具体过程参考文献[2]的方法,具体过程如下:①取 DH5a 感受态细胞,置于冰浴中融化约 5 min,溶解后用手指轻弹管壁 2~3 次以重悬细胞;②取适量的连接产物加入到感受态细胞中,用枪头轻微吹打几次混匀后置于冰上放置 30 min;③45 ℃水浴中热激 30 s,注意不可晃动,后立即放入冰浴中静置 2 min;④在超净工作台中,加入预冷的 900 μL SOC 培养基,颠倒几次混匀,于摇床(37 ℃,200 r/min)上摇约 1 h,4 000g 离心 2 min,吸弃 800 μL 上清,剩下约 200 μL 上清用来重新溶解沉淀,后均匀涂布于 LB 培养基(含氨苄青霉素、IPTG、X-gal)上;⑤37 ℃恒温箱中倒置培养过夜,14 h 左右就会出现转化克隆	熟练掌握酶切连接后产物的转化操作	10

实训步骤	操作要点	考查内容	评分
6.动物基因阳性克隆筛选	在转化的平板上找出白色单菌落,用灭菌牙签蘸取单菌落点在标记好的保种平板上,之后将牙签放入已经配置好菌落 PCR 反应液中搅拌。菌落 PCR 反应液配制如表 33-8 所示 配制好反应液后充分混匀,菌落 PCR 反应在 PCR 仪中进行,反应条件参考文献[2]的方法,PCR 反应条件:①98 ℃ 预变性 2 min;②98 ℃ 变性 30 s;③58 ℃ 退火 30 s;④72 ℃ 延伸 90 s;⑤重复步骤②~④,共进行 25 个扩增循环;⑥72 ℃ 充分延伸 5 min。后置于 4 ℃保存 待反应完成后,每管反应液中加入 2 μL 6×DNA loading buffer,混匀后取其中的 4 μL 进行琼脂糖凝胶电泳检测	能熟练掌握琼脂糖凝胶电泳检测菌落 PCR 产物的方法	10
7.动物基因重组质粒提取与测序	(1)质粒提取:选择电泳检测与目的条带大小一致的阳性克隆,在保种板上挑取相应序号菌落,放入 LB 液体培养基(含0.3%的氨苄青霉素)中,37 ℃、200 r/min 摇床上培养过夜,收集菌液。质粒提取按照质粒提取试剂盒说明书进行 (2)测序:质粒提取后,送至基因测序司测序。基因序列依据至少 2~3 个不同质粒测序结果确定	能熟练利用试剂盒提取质粒,能熟练利用软件拼接基因序列	20

表 33-2　反转录反应液 A 的配制

总体系	5 μL
RNA	2 μg
Olig-dT(0.5 μg/μL)	1 μL
DEPC-H₂O	补足 5 μL

表 33-3　反转录反应液 B 的配制

总体系	5 μL
5×Buffer	2 μL
10 mmol/L dNTP	0.5 μL
M-MLV	0.5 μL
DEPC-H₂O	2 μL

表 33-4　5',3'-RACE cDNA 模板制备反应液 A

总体系	2 μL
RNA	1 μg
5'或 3'-CDS-primerA	0.5 μL
DEPC-H₂O	补足 2 μL

表 33-5 5',3'-RACE cDNA 模板制备反应液 B

总体系	2.5 μL
5 × Buffer	1 μL
dNTP	0.5 μL
DTT	0.5 μL
SMARTScribeRtase	0.5 μL

表 33-6 PCR 反应体系的配制

总体系	10 μL
2 × KOD Buffer	5 μL
dNTP（2 mmol/Leach）	2 μL
cDNA 模板	2 μL
Forward Primer（20 μmol/L）	0.1 μL
Reverse Primer（20 μmol/L）	0.1 μL
KOD-FX 聚合酶	0.2 μL
MilliQ-H$_2$O	补足 10 μL

表 33-7 连接反应体系的配制

总体系	5 μL
2 × Ligation Buffer	2.5 μL
目的条带	1.5 μL
pcDNA3.1(+)	0.5 μL
T$_4$ ligase	0.5 μL

表 33-8 菌落 PCR 反应液的配制

总体系（每管量）	10 μL
10 × Buffer	1 μL
dNTP（2.5 mmol/L each）	0.2 μL
模板	单菌落
pcU1 Primer（20 μmol/L）	0.1 μL
pcL1 Primer（20 μmol/L）	0.1 μL
Eazy-Taq DNA 聚合酶	0.1 μL
MilliQ-H$_2$O	补足 10 μL

五、知识拓展

基因克隆的基本步骤如下：

1. 目的 DNA 片段的获得

DNA 克隆的第一步是获得包含目的基因在内的一群 DNA 分子，这些 DNA 分子或来自目的生物基因组 DNA 或来自目的细胞 mRNA 逆转录合成的双链 cDNA 分子。

由于基因组 DNA 较大，不利于克隆，因此有必要将其处理成适合克隆的 DNA 小片段，常用的方法有机械切割和核酸限制性内切酶消化等。若是基因序列已知而且比较小，就可用人工化学直接合成。如果基因的两端部分序列已知，根据已知序列设计引物，从基因组 DNA 或 cDNA 中通过 PCR 技术可以获得目的基因。

2. 载体的选择

基因克隆常用的载体有：质粒载体、噬菌体载体、柯斯质粒载体、单链 DNA 噬菌体载体、噬粒载体及酵母人工染色体等。从总体上讲，根据载体的使用目的，载体可以分为克隆载体、表达载体、测序载体、穿梭载体等。

3. 体外重组

体外重组即体外将目的片段和载体分子连接的过程。大多数核酸限制性内切酶能够切割 DNA 分子形成有黏性末端，用同一种酶或同尾酶切割适当载体的多克隆位点便可获得相同的黏性末端，黏性末端彼此退火，通过 T4 DNA 连接酶的作用便可形成重组体，此为黏末端连接。

当目的 DNA 片段为平端，可以直接与带有平端载体相连，此为平末端连接，但连接效率比黏端相连差些。有时为了不同的克隆目的，如将平端 DNA 分子插入到带有黏末端的表达载体实现表达时，则要将平端 DNA 分子通过一些修饰，如同聚物加尾，加衔接物或人工接头，PCR 法引入酶切位点等，可以获得相应的黏性末端，然后进行连接，此为修饰黏性末端连接。

4. 导入受体细胞

载体 DNA 分子上具有能被原核宿主细胞识别的复制起始位点，因此可以在原核细胞如大肠杆菌中复制，重组载体中的目的基因随同载体一起被扩增，最终获得大量同一的重组 DNA 分子。

5. 重组子的筛选

从不同的重组 DNA 分子获得的转化子中鉴定出含有目的基因的转化子，即阳性克隆的过程就是筛选。发展起来的成熟筛选方法如下：

（1）插入失活法：外源 DNA 片段插入到位于筛选标记基因（抗生素基因或 β-半乳糖苷酶基因）的多克隆位点后，会造成标记基因失活，表现出转化子相应的抗生素抗性消失或转化子颜色改变，通过这些可以初步鉴定出转化子是重组子或非重组子。常用的是 β-半乳糖苷酶显色法即蓝白筛选法（白色菌落是重组质粒）。

（2）PCR 筛选和限制酶酶切法：提取转化子中的重组 DNA 分子作模板，根据目的基因已知的两端序列设计特异引物，通过 PCR 技术筛选阳性克隆。PCR 法筛选出的阳性克隆，用限制性内切酶酶切法进一步鉴定插入片段的大小。

（3）核酸分子杂交法：制备目的基因特异的核酸探针，通过核酸分子杂交法从众多的转化子中筛选目的克隆。目的基因特异的核酸探针可以是已获得的部分目的基因片段，或目的基因表达蛋白的部分序列反推得到的一群寡聚核苷酸，或其他物种的同源基因。

（4）免疫学筛选法：获得目的基因表达的蛋白抗体，就可以采用免疫学筛选法获得目的基因克隆。这些抗体既可是从生物本身纯化出目的基因表达蛋白抗体，也可是从目的基因部分 ORF（开放阅读框）片段克隆在表达载体中获得表达蛋白的抗休。

六、思考题

1. PCR 技术的基本原理是什么？
2. 影响核酸分子泳动率的因素有哪些？
3. 在酶切连接产物的转化操作过程中应该注意哪些？

七、参考资料

[1] 卜贵鲜. 家鸡神经肽 B、神经肽 W 和神经肽 B/W 受体的克隆、功能鉴定、组织分布及其对垂体激素分泌的影响[D]. 成都：四川大学，2016.

[2] 崔琳. 家鸡尾加压素 2 受体（UTS2Rs）基因的克隆、基因结构、组织分布及功能分析[D]. 成都：四川大学，2017.

项目三十四
实验动物基本操作

一、技能训练目的与要求

1. 掌握实验动物性别辨认与编号，抓取，去毛。
2. 掌握实验动物各种给药方式。
3. 掌握实验动物各部位的取血方法。
4. 掌握实验动物的处死方式。
5. 掌握实验用药组给药剂量的确定。

二、实验实训原理（或简介）

（一）实验设计的基本原则

药理学和中药药理学研究的目的是通过动物实验来认识药物作用的特点和规律，为开发新药和评价药物提供科学依据。由于实验动物普遍存在个体差异，要取得精确可靠的实验结果必须进行科学的实验设计，必须遵循以下基本原则。

"对照"是比较的基础，没有对照就没有比较、没有鉴别，实验设计中必须有严格的对照。对照应符合"齐同可比"的原则，对照组与实验组或治疗组的区别在于，除不给试药外，其余条件均相同。对照组包括空白对照、模型或手术对照和阳性对照等。

（1）空白对照。采用与实验相同操作条件的对照，为溶剂或赋形剂组，用于观察溶剂或赋形剂对实验对象的反应和指标变化。其目的，一是观察实验药物是否有效的比对标准；二是排除假阳性结果，如给药实验中的溶媒、注射以及观察抚摸等都可以对动物发生影响。

（2）假处理对照。同空白组，采用与实验相同操作条件的对照，为假手术组。经同样的麻醉、注射假手术、分离等，但不用药或不进行关键处理，其他条件尽可能同实验组一致，用于观察假手术处理时对实验对象的反应和指标变化等影响。其目的，一是判断病理模型制造是否成功，实验药物是否有效的比对标准；二是排除假阳性结果。

（3）阳性对照。常用于药物研究。采用药典上记载的或临床公认有效的药物作为阳性药，设置对照组。其目的，一是比较实验药物与目前临床使用药物间的药物效应强度；二是考察实验方法及技术的可靠性；三是排除假阳性结果。

（4）（实验）模型对照。根据药效学研究的目的，制造相应的动物病理模型，并给予溶剂或赋形剂，用于观察具有病理变化的实验对象的反应和指标变化，作为实验药物是否有效的比对标准。

1. 随机原则

"随机"指每个实验对象在接受处理（用药、化验、分组、抽样等）时，都有相等的机会，随机而定。随机是减小实验差异的最基本方法，通过随机的方法，将客观存在的各种差异对实验结果的影响降低到最小。药理学实验中，虽然可以通过各种方法控制实验条件，但仍然不可避免由于各种差异造成的影响，特别是在动物实验中，动物间的个体差异是无法排除的客观存在，可通过随机的方法，分配到各实验组中，使这种差异不至于影响实验结果。随机可减轻主观因素的干扰，减少或避免偏性误差，是实验设计中的重要原则之一。常见的随机抽样的方案有以下几种：

（1）单纯随机。所有个体动物完全按随机原则（随机数字表或抽签）抽样分配。本法虽然做到绝对随机，但在例数不多时，往往难以保证各组中性别、年龄、病情轻重等的构成比基本一致，在药理实验中较少应用。

（2）均衡随机。又称分层随机。首先将易于控制且对实验影响较大的因素作为分层指标，人为地使各组在这些指标上达到均衡一致；再按随机原则将各个体分配到各组，使各组在性别、年龄、病情轻重等的构成比上基本一致。该法在药理学实验中常用，如先将同一批次动物（种属年龄相同）按性别分为两大组，雌雄动物总数应当相同（雌雄各半）；每大组动物再分别按体重分笼，先从体重轻的笼中逐一抓取动物，按循环分组法分别放入各组的笼中，待该体重动物分配完毕后，从体重次轻的笼中继续抓取动物分组，直至体重最重的笼中动物分配完毕。这种方法在药理实验中较多应用。

2. 重复原则

实验的条件，如动物品系、实验模型和方法、观察指标、药物剂量、剂型、使用的试剂、仪器甚至是实验人员操作技术熟练程度以及判断标准等，应确保稳定、规范，控制一致，多次实验能获得近似的结果。如数据不能重复，则实验结果将无应用价值。若因人为的因素造成新药的漏筛，将是极大的损失。重复是保证实验结果可靠的重要措施之一，包括重现性和重复数。

（1）重现性。在药理学实验中，重现性表现为两方面含义。一是指在不同空间与时间条件下，按同样的实验方法和条件，可获得同样的实验结果，只有可重现的结果才是科学可靠的，不能重现的结果可能是偶然现象，没有科学价值；二是指，实验动物不同种属的重复，实验单做一种动物是不够的，应当重复做几种动物，这不仅可以比较不同动物的差别，而且可以在不同动物实验中发现新问题，提供使用不同指标的线索，保证实验结果的可靠性。

（2）重复数。重复数是指动物在实验中要有足够的次数或例数。在实验中要求有一定的重复数，目的是消除个体差异和实验误差，提高实验结果的可靠性。一般来说，小动物（如小鼠、大鼠）：每组 10 ~ 30 例，计量资料每组 10 例，计数资料每组 30 例；中动物（兔、豚鼠）：每组 6 ~ 20 例，计量资料每组 6 例，计数资料每组 20 例；大动物（犬、猫、羊、猴）每组 5 ~ 10 例，计量资料每组 5 例，计数资料每组 10 例。

3. 实验用药组给药剂量的确定

在药理学实验中，选择适当的剂量是保证实验成功的重要环节。在观察一个药物的作用时，应该给动物多大的剂量是实验开始时应确定的一个重要问题。剂量太小，作用不明显；剂量太大，又可能引起动物中毒死亡。如有用 $1/2LD_{50}$ 腹腔注射某药物后动物活动减少，认为该药有镇静作用；实际上 1/2LD₅₀ 的剂量已接近中毒量，这时动物活动减少，不能认为是镇静的作用。实验中药物剂量的确定常用的方法有 3 种：一是通过预实验确定使用剂量；二是根据以往的经验或文献资料确定使用剂量；三是通过动物与人之间、动物与动物之间的剂量换算确定使用剂量。

（1）根据预实验结果确定剂量

预实验是正式实验前的重要步骤，根据预试验探索给药剂量。首先用小鼠做急性毒性实验，求出最大耐受量（LD_1）；然后按等效剂量的直接折算法计算出实验中所用动物的最大耐受量；取其 1/3 ~ 1/5 作为较安全的试用量。对于非致死性毒性反应较明显的药物，可先采用较小的剂量（如 LD_1 的 1/50）作预试，以策安全。试用后如未出现药效，也无任何不良反应，可将药物剂量递增。每次增幅由 100% 递减至 30% 左右，直至出现明显药效或产生明显不良反应。

（2）根据经验和文献资料确定剂量

查阅文献（学报、文摘、手册、专著等）查到同一目的、给相同种类动物用药的记录，可直接照试，查不到的可以采取以下方法确定剂量。

① 先用小鼠粗略地探索中毒剂量或致死剂量，然后用小于中毒量的剂量，或取致死量的若干分之一为应用剂量，一般为 1/10 ~ 1/5。通过预试来确定。

② 植物药粗制剂的剂量多按生药折算。

③ 化学药品可参考化学结构相似的已知药物，特别是其结构和作用都相似的药物剂量。

④ 确定剂量后，如第一次实验的作用不明显，动物也没有中毒的表现（如体重下降、精神不振、活动减少或其他症状），可以加大剂量再次实验。如出现中毒现象，作用也明显，则应降低剂量再次实验。一般情况下，在适宜的剂量范围内，药物的作用常随剂量的加大而增强。所以，有条件时最好同时用几个剂量做实验，以便迅速获得有关药物作用的较完整的资料。如实验结果出现剂量与作用强度之间毫无规律时，则更应慎重分析。

⑤ 用大动物进行实验时，开始的剂量可采用给鼠类剂量的 1/15 ~ 1/2，以后可根据动物的反应调整剂量。

⑥ 确定动物给药剂量时，要考虑给药动物的年龄大小和体质强弱。一般确定的给药剂量是用于成年动物，幼小动物应减小剂量。

⑦ 确定动物给药剂量时，要考虑给药途径不同，所用剂量也不同。如口服量为 100 时，灌肠量应为 100 ~ 200，皮下注射量为 30 ~ 50，肌肉注射量为 25 ~ 30，静脉注射量为 25。

（3）不同种属动物间的剂量换算

人与动物对同一药物的耐受性相差很大，一般说来，动物的耐受性要比人大，也就是单位体重的用药量动物比人要大。若按体重把人的用量换算给动物则剂量太小，做实验常得出无效的结论，或按动物体重换算给人则剂量太大。因此，必须将人的用药量换算成动物的用药量。一般可按下列比例换算：人用药量为 1，小鼠、大鼠为 25 ~ 50，兔、豚鼠为 15 ~ 20，犬猫为 5 ~ 10。

也可按以下方法进行人与不同种类动物之间药物剂量的换算。

① 经验法：动物剂量直接按体重换算为人用剂量是不允许的，可用狗或猴安全剂量的 1/20 ~ 1/10 试用于人。

② 体重换算法

动物 A 单位体重药物剂量（g/kg）×动物 A 转换因子 = 动物 B 单位体重药物剂量（g/kg）×动物 B 转换因子

不同动物剂量换算的转换因子见表 34-1。

表 34-1　不同动物剂量换算的转换因子

动　物　种　类	转换因子粗略值
小鼠	3
大鼠	6
豚鼠	5
家兔	12

③ 体表面积换算法：根据不同种属动物体内的血药浓度和药物作用与动物体表面积成平行关系，按体表面积折算剂量比按体重更为准确（表 34-2、表 34-3）。体表面积不易直接测定，一般可根据体重和动物体型按下式近似地计算：

$$A = R \times W^{\frac{3}{2}}$$

式中：A——动物体表面积，m^2；

　　　W——体重，kg；

　　　R——是动物体型系数。

表 34-2　不同动物的体型系数

	小鼠	大鼠	豚鼠	兔
R	0.06	0.09	0.099	0.093

表 34-3　按动物体表面积比率换算等效剂量法

	小鼠（20 g）	大鼠（200 g）	豚鼠	兔
小鼠（20 g）	1.0	7.0	12.25	27.8
大鼠（200 g）	0.14	1.0	1.74	3.9
豚鼠（400 g）	0.08	0.57	1.0	2.2
兔（1.5 g）	0.04	0.25	0.44	1.0
人（70.0 kg）	0.0026	0.018	0.031	0.07

（二）性别辨认

鼠类：雄性小鼠和大鼠的性器官与肛门距离较远，其间有被毛，阴囊明显可见。雌性小鼠和大鼠的性器官与肛门距离较近，其间无被毛，腹部乳头明显可见。

（三）实验动物的标记

在动物实验时，常常需要编号分组，在动物身上做不同的标记加以区别。标记的方法很多，常用的编号标记方法有染色法、挂牌法和烙印法。狗、兔等大动物可用特殊的铝质号码牌固定在耳上。大、小鼠和白色家兔常用 3%～5% 黄色苦味酸溶液涂于皮毛上标号（图34-1）（1 号—左前腿，2 号—左腰部，3 号—左后腿，4 号—头部，5 号—正中，6 号—尾根部，7 号—右前腿，8 号—右腰部，9 号—右后腿，10 号 不标记）。

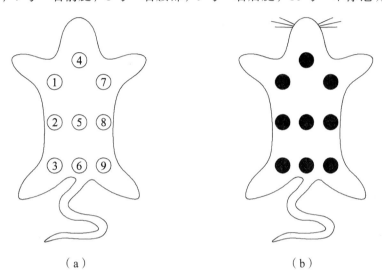

（a）   （b）

图 34-1　实验动物染色法编号

（四）中医药理实验中常用动物的选择

实验动物种类繁多，在进行实验时，应根据课题的需要和动物特性加以选择，使研究目的与动物种属、特性、个体差异相吻合，才能保证研究工作顺利进行。尽量选用与人的代谢、解剖、生物、理化以及其他各方面功能相似的实验动物。因为，医学领域研究的根本目的是要解决人类疾病的预防和治疗的问题，利用实验动物与人类某些相近似的特征，通过实验观察对人类疾病的过程进行推断和探索。因此，尽量选择那些功能、代谢、结构和人类相似的实验动物做实验。

1. 大白鼠

大白鼠属哺乳纲啮齿目鼠科。大白鼠繁殖力与抵抗力均较强，妊娠期短，饲养管理方便，价廉，能大批应用（统计），所以是生物和医学实验中常用的一类动物，多用于肿瘤学、免疫学、移植、化疗、毒理学、畸胎学、微生物学、生物测定、实验外科、生化、遗传、生理学、药理学、行为等研究。在针灸实验中，可用来测定针灸与高级神经活动的关系，针灸与内分泌功能的关系，制造某些病理模型等。但大鼠无胆囊，能合成维生素 C，有人认为声扰性高血压用野生大鼠容易形成，而普通大鼠则不易形成。大白鼠的品种较多，国际上公认的近交系有 130 余种，现摘要介绍如下。

（1）Wistar 品种系大鼠中最老的品种，该种性情温顺，环境适应性强，广泛应用，一般用于检定。因有大量遗传变异，现逐渐少用。

（2）SD（Sprque - Dawley）品种由 Wistar 培植而来，目前有纯种和近交系两种，该种体形较大，性情温顺，发育优良，用于营养试验和一般检定，是用得最多的一种。

（3）Fischer344（F 344）体形较小，性情温顺，畸形自然发生率和乳腺肿瘤的自发率较低，多用于癌症试验。

（4）Leuis 白色纯种，是易发脑病变的大鼠。

（5）SHR Wistar 大鼠培育的原发性高血压的动物模型，到一定年龄会产生原发性高血压。出生 5 周龄时，其收缩压即在 150 mmHg，成年时达 170～180 mmHg，这种动物与人心肌梗死的大脑病变的症状很相似，是研究人的原发性高血压的发病机制、防治措施和高血压治疗药物筛选的良好工具。

2. 小白鼠

小白鼠的品种品系较多，目前国际上公认的近交系有 250 种，广泛地应用于各种实验。适应性强，生长迅速。耳皮较薄，耳缘静脉明显易于注射。

（1）A 系致癌系，主要特征如下：

①种鼠乳腺癌发病率高达 60%～80%。②5.8%自发原发性肺腺癌，与性别无关。③肾脏病变多。④致癌敏感性高(肺癌)，肺组织对化学致癌物甲基胆蒽（Mothylchlan-threne）敏感。⑤X 射线照射的感受率高。补体 5（C5）缺损，干扰素产量低。一般用于；肿瘤、免疫、肺癌等研究。

（2）AKP 系致癌系，系 A 系杂交培育的高发率白血病株小鼠，主要特征为：

①白细胞增多症，5～6 个月后的小白鼠即可发现，但经常在 8～9 个月以后有 80%～90%白细胞增多症，很少见到淋巴细胞而经常见到髓性白细胞，最常见到者为白细胞母细胞的增多。②肾上腺类脂质（类固醇）浓度低，补体 5（C5）缺损，干扰素产量高。③对某些白血病因子敏感。对百日咳、组胺易感因子敏感。

（3）NEBBCF 96，主要特征为：①具有自身免疫性溶血性贫血。②有抗体，抗体和肾脏病变，补体未测出。③有髓外造血现象和狼疮性肾炎。④平均寿命 270～280 d。

（4）昆明系，抗病能力强，能耐受饲养条件稍差的环境，繁殖率高。是一般实验最常用者。

3. 选择动物实验的一般规则

医学研究中，首先要根据研究目的和实验要求选择实验动物，其次再考虑是否容易获得、是否经济、饲养条件等因素。一般用于研究的实验动物应具备个体间的均一性，某些遗传性能的稳定性和较易于获得这三个基本要求。具体选择时要注意以下几方面：

（1）年龄、体重：幼龄动物一般较成年动物敏感，在实验研究中应根据实验目的来选择适龄的动物。一般实验均用成年动物来进行实验。老龄动物代谢活动及各种功能低下，反应迟钝，除了用作老年医学研究外，其他专业很少应用。同一实验所选动物年龄尽可能一致，体重应大致相近，一般不应相差 10%。

（2）性别：许多实验证明，不同性别动物对同一药物的感受性有差异。在实验研究中如无特殊要求，一般宜选用雌雄各半做实验。

（3）生理状态与健康情况：动物的不同生理状态如怀孕、授乳时对外界刺激的反应常有改变，在一般研究中应从实验组中鉴别剔除，必须选用健康动物进行实验。

（4）实验季节和昼夜过程：不同实验季节和昼夜不同时间，动物机体反应性也有一定改变。如动物对辐射效应有明显的季节和昼夜变化。实验动物的体温、血糖、基础代谢率、内分泌激素的分泌等，均发生昼夜性变化，在实验动物选择中也应予注意。

（5）实验的重复与肯定：由于不同种动物有不同的功能和代谢特点，所以在肯定一个实验结果时，最好采取两种以上动物进行比较观察，尤其动物实验结果要外推到人的实验更应慎重。所选的实验动物中一种为啮齿类动物，另一种应为非啮齿类动物。常用的序列是小鼠、大鼠、狗（或猴）。

三、仪器设备、材料与试剂

昆明小鼠/大鼠。

四、技能训练内容与考查

见表 34-4。

表 34-4　实验动物基本操作技能训练内容与考查

实训步骤	操作要点	考查内容	评分
1. 实验动物的基本操作	（1）动物抓取与固定	大白鼠牙齿锐利，需提防被它咬伤，抓取时可戴上手套，右手轻轻将鼠尾捏住向后拉，左手抓住鼠两耳及头颈部皮肤固定于手掌中，再用右手进行操作。如需要长时间固定，也可用毛巾将鼠卷住或用硬纸制的圆锥筒来固定	10
	（2）动物剪毛	给动物手术、针灸、给药或采集体液时，常需将有关部位的被毛除去。除毛可采用剪毛法、拔毛法、剃毛法或脱毛法。剪毛法就是用理发剪刀依次将被毛剪去。先粗略剪去一层，然后再紧贴皮肤细剪。不要捏起毛剪，以免将皮肤剪破	5
	（3）动物剃毛	剃毛法和脱毛法常用于慢性实验动物的无菌手术，观察局部血液循环或其他生理变化和病理变化（如测量腧穴的电学特异性和皮肤痛阈等）。先剪去粗毛，用温肥皂水将被毛充分浸润，然后用刮胡刀顺被毛方向将毛剃去	5
	（4）动物脱毛	脱毛法是采用化学脱毛剂将被毛脱去。小动物常用脱毛剂配方如下：硫化钠 3 份、肥皂粉 1 份、淀粉 7 份，加水混合调成糊状软膏。粗毛剪去后，用棉球或纱巾沾上脱毛剂涂在被毛上，经 2～3 min 后，用温水冲洗脱去的被毛，揩干水，涂上油脂。用此法脱毛后皮肤很少充血或发炎	5

实训步骤	操作要点	考查内容	评分
2. 给药技能	（1）经口给药法	口服法：小白鼠左手握住小白鼠颈背部皮肤，以同一手的无名指或小指将尾巴紧压在掌下，使腹部朝上，右手持灌胃管（1～2 mL 注射器上连接玻璃灌胃管或注射针头磨钝，制成灌胃管）。先从小白鼠口角插入口腔内，然后用灌胃管压其头部，使口腔与食管成一直线，再将灌胃管沿上壁轻轻进入食管，当灌胃管继续轻轻进入时，稍感有抵抗，此位置（体重 20 g 的小白鼠，灌胃管插入 1/2）相当于食管通过膈肌的部位。一般在此位注药即可。如此使动物安静，呼吸无异常，可将药液注入。如遇有阻力，应抽出灌胃管再试插之。如插入气管注药后动物立即死亡。注药后轻轻拉出灌胃管。一次投药量为 0.1～0.33 mL/10 g 体重。操作时不宜粗暴，以防损伤食管及膈肌	5
	（2）灌胃给药	给予液体药物时，助手以左手从动物的背部把后腿伸开，并把腰部和后腿一起固定，右手的拇指和食指夹住两前腿固定。术者右手持豚鼠用灌胃管沿动物的上颌壁滑行插入食管，进而插入胃内灌药	5
	（3）注射给药法	①皮下注射 a. 小白鼠：通常在背部皮下注射，将皮肤拉起，注射针刺入皮下。把尖轻轻向左右摆动，容易摆动则表明已刺入皮下，然后注射药。拔针时，以手指捏住针刺部位，可防止药液外漏。熟练者可把小白鼠放在金属网上，一只手拉住尾部，小白鼠以其习性向前方移动，在此状态下，易将注射针刺入背部皮下，注射药物，大批注射时可用此法。注射药量为 0.1～0.3 mL/10 g 体重 b. 大白鼠：注射于背部或大腿部的皮下。拉起注射部位的皮肤，注射针刺入皮下。一次注射药量为体重每 100 g 注射 1 mL 以下剂量 c. 豚鼠：注射部位选用大腿内侧面、背部、肩部等皮下脂肪少的部位，通常在大腿内侧面注射。助手把豚鼠固定在台上，术者一边把注射侧的后肢握住使之不动，一边充分捏住皮肤，以 45° 角将注射针刺入皮下。确定针在皮下后注射。注射完毕后以指压刺入部位少许时间，并轻揉之 ②皮内注射 先将动物注射部位剪毛，酒精消毒。然后以左手的拇指和食指把皮肤按住，在两指中间，注射针沿皮肤表浅层插入，注射药液。如果注射成功，则注药处出现一白色小皮丘。大白鼠和豚鼠注射部位一般选用背部或腹壁皮肤，猴的注射部位选用上眼睑皮肤 ③肌肉注射 选择动物肌肉发达部位注射，固定动物勿使活动，右手持注射器，使注射器与肌肉成 60° 角，一次刺入肌肉中，如无回血，则可注药。注射完毕后，用手轻轻按摩注射部位，帮助药液吸收。用 5～7 号针头注射，小白鼠每次不超过 0.1 mL	15

实训步骤	操作要点	考查内容	评分
2. 给药技能	（3）注射给药法	④静脉注射 小白鼠和大白鼠：一般多用尾静脉，注射前先将小白鼠装入固定筒内或铁丝罩内或扣在重烧杯内，使其尾巴露出，尾部用45～50 ℃温水浸泡半分钟或用75%酒精棉球擦拭，使血管扩张，并使表皮角质软化，以拇指和食指捏住尾根部的左右侧，使血管更加扩张，尾部静脉显得更清楚，以无名指和小指夹着尾端部，以中指从下面收起尾巴，使尾巴固定，用4号针头选其左右两侧静脉注入。如针确在血管内，则药液进入无阻，否则隆起发现于皮上，可拔出针再移向前插入。注射完毕后，把尾巴向注射部位内侧折曲而止血。需反复静脉内注射时，尽可能从尾部开始，按次序向尾根部移动注射。一次注射量为 0.05～0.1 mL/10 g 体重。大白鼠尚可切开皮肤，注射于股静脉或外颈静脉，但需麻醉进行 ⑤椎动脉注射 在兔剑突上 6 cm 处自胸骨左缘向外作横切口 4～5 cm，分切断胸小肌、胸大肌，找出锁骨下静脉双线结扎，于两线间剪断静脉。分离出锁骨下动脉，沿其走向，分离出内乳动脉、椎动脉、颈深支、肌皮支，除椎动脉外，分别结扎锁骨下动脉分支及其近心端。于椎动脉上方结扎锁骨下动脉远心端，在结扎前，选择适当位置(靠近肌皮支处为宜）剪一小口，插一腰穿刺针直至椎动脉分支前，结扎、固定、给药。狗和猫椎动脉注射不必开胸。在颈下部切口找出右颈总动脉，向下追踪到锁骨下动脉。结扎其上覆盖的颈外静脉，在其向内转弯处向下分离，可见发自锁骨下动脉的右侧椎动脉向上经肌层，进入椎体腔内，插管给药 ⑥腹腔注射 小白鼠：左手握紧动物，将腹部朝上，右手将注射器的针头刺入皮肤。其部位是距离下腹部腹白线稍向左或右的位置。针头到达皮下后，再向前进针3～5 mm，接着使注射针与皮肤面呈 45°角刺入腹肌，针尖通过腹肌后，抵抗消失。在此处保持针尖不动的状态下，以一定速度轻轻注入药液。如注射针一下子刺入腹腔内深部或摆动针头，可能刺伤内脏或注射液从穿刺部位漏出。为避免刺破内脏，可将动物头部放低，使脏器移向横膈处。小白鼠的一次注射量为 0.1～0.2 mL/10 g 体重。大白鼠腹腔注射与小白鼠相同。注射量为 1～2 mL/100 g 体重	

实训步骤	操作要点	考查内容	评分
3. 取血技能	（1）颈静脉或颈动脉取血	将麻醉动物背部固定，剪去一侧颈部外侧毛，做一般颈静脉或颈动脉分离手术。分离颈静脉或颈动脉使其暴露清楚后，即可用注射针沿颈静脉或颈动脉平行方向刺入，抽取所需血量。此实验取 8 mL 左右。也可把颈静脉或颈动脉或两者用镊子挑起来，用剪刀切断，以注射器（不带针头）吸取流出来的血液，或用试管取血。切断动脉时，要注意血液喷溅	2.5
	（2）股静脉或股动脉取血	麻醉动物背部固定，切开左或右腹股沟的皮肤，做股静脉或股动脉暴露分离手术。将注射针平行于血管刺入静脉或动脉内，徐徐抽动针栓即可取血。如连续多次股静脉取血，则取血部位要选择尽量靠心端	2.5
	（3）心脏取血	动物仰卧于固定板上，用剪刀把心前区部位被毛剪去，并用碘酒酒精消毒此处皮肤，在左侧第 3～4 肋间，用左手食指触摸到心搏动，右手取连接有 4～5 号针头的注射器，选择心搏最强处穿刺，当针穿刺入心脏时，血液由于心脏跳动的力量自动进入注射器。或切开胸部之后，将注射针刺入心脏抽吸血液	5
	（4）尾尖取血	多应用硫喷妥钠（50 mg/kg）麻醉后，将尾尖剪掉 1～2 mm（小白鼠）或 5～10 mm（大白鼠），然后自尾根部向尖端按摩，血自尾尖流出。为了采取较多的血，亦可先将鼠尾泡于 50 ℃热水中，揩干后剪去尾尖。大鼠用此法可采 3 mL 血。采血后，用橡胶布扎尾尖进行压迫止血，亦可用电烧灼器烧灼止血	2.5
	（5）眶动脉和眶静脉取血	先将动物倒持压迫眼球，使突出充血后，以止血钳迅速取眼球后，眼眶内很快流出血液，将血滴入预先加有抗凝剂的玻璃器皿内，直至不流为止。一般可取出动物体重的 4%～5%血液量。用毕动物死亡，只适于一次性使用	2.5
	（6）眼眶后静脉丛取血	用玻璃制取血管，长为 7～10 cm，其一端为内径 1～1.5 mm 的毛细管，另端渐扩大成喇叭形，毛细管段长约 1 cm 即可，将其尖端折断，折断端是锋利的。预先将玻璃管浸入 1%肝素溶液，取出干燥。左手抓住鼠两耳之间的头部皮肤，使头固定，并轻轻向下压迫颈部两侧，引起头部静脉血液回流困难，使眼球充分外突（示眼眶后静脉丛充血），右手将毛细玻璃管尖端插入眼睑与眼球之间以后，轻轻向眼底方向移动。在彼处旋转取血管，以切开静脉丛。把取血管保持水平位，稍加吸引，血液即流入玻璃管中。用结核菌素注射器及 5 号针头代替取血管亦可。针尖磨成 45°角斜口，将针尖刺入下眼睑与眼球之间，引向眼底方向。抽血时注意轻拉针栓，以免产生负压，压迫静脉丛，难抽出血。取血完毕后，立即将取血管或针头拔出，同时左手放松即可使出血停止。小白鼠、大白鼠、豚鼠、兔皆可自眼眶后静脉丛取血。根据实验需要，可在数分钟后在同一穿刺孔重复取血	5

实训步骤	操作要点	考查内容	评分
3. 取血技能	（7）断头取血	用剪刀剪掉鼠头，立即将鼠颈向下，提起动物，并对准已准备好的盛血器（内放抗凝剂），则鼠血从颈部很快滴入容器内。小鼠可采血 0.8～1 mL，大鼠 5～10 mL	2.5
	（8）腹主动脉采血	先将动物麻醉，仰卧固定在手术架上，从腹正中线皮肤切开腹腔，使腹主动脉清楚暴露。用注射器吸出血液，防止溶血。或用无齿镊子剥离结缔组织，夹住动脉近心端，用尖头手术剪刀剪断动脉，使血液喷入盛器	2.5
4. 动物的处死技能	（1）麻醉处死	吸入麻醉法：应用乙醚吸入麻醉的方法处死，小白鼠和大白鼠在 20～30 s 陷入麻醉状态，3～5 min 死亡。注射麻醉法：应用戊巴比妥钠注射麻醉处死	10
	（2）二氧化碳吸入法	在减压干燥器上，安装长短不同的两根管子，将大白鼠或小白鼠放入减压干燥器内盖上盖，从长管送入二氧化碳气体，短管开放以排出容器中的气体。也可将干冰预先放入容器中。器内动物在 30 s～3 min 内死去	5
	（3）空气栓塞法	空气栓塞法用注射器将空气急速注入静脉，可使动物致死	5
	（4）放血法处死	心脏取血法：用粗针头一次采取大量心脏血液，可使动物致死。大量放血法：鼠可采用眼眶动脉、静脉大量放血致死	5

五、知识拓展

1. 麻醉注意事项

（1）静脉注射必须缓慢，同时观察肌肉紧张性、角膜反射和对皮肤夹捏的反应，当这些活动明显减弱或消失时，立即停止注射。配制的药液浓度要适中，不可过高，以免麻醉过急；但也不能过低，以减少注入溶液的体积。

（2）麻醉时需注意保温。麻醉期间，动物的体温调节机能往往受到抑制，出现体温下降，可影响实验的准确性。此时常需采取保温措施。保温的方法有实验桌内装灯、电褥、台灯照射等。无论用哪种方法加温都应根据动物的肛门体温而定。常用实验动物的正常体温：猫为（38.6±1.09）℃，兔为（38.4±1.0）℃，大鼠为（39.3±0.5）℃。

（3）在寒冷冬季，麻醉剂在注射前应加热至动物体温水平。

2. 采血注意事项

（1）采血场所有充足的光线，室温夏季保持在 25～28 ℃，冬季在 15～20 ℃为宜。

（2）采血用具、采血部位一般需要进行消毒。

（3）采血用的注射器和试管必须保持清洁干燥。

（4）若需抗凝全血，在注射器或试管内需预先加入抗凝剂。

六、思考题

已知某中药对成人（50 kg）每日 15 g 有效，现拟用大鼠来观察其作用，试按不同动物剂量换算的转换因子，计算 200 g 的大鼠每日服药剂量。

七、参考资料

[1] 赵勤. 药理学及中药药理实验指导[M]. 陕西：陕西科学技术出版社，2014.
[2] 刘红宁. 实验中医学基础[M]. 北京：中国协和医科大学出版社，2000.

项目三十五
麻黄、桂枝发汗作用的比较

一、技能训练目的与要求

1. 掌握解表药代表药麻黄的性能特点、功效、主治病证。
2. 掌握解表药代表药桂枝的性能特点、功效、主治病证。
3. 掌握麻黄、桂枝相似药物的基本功效与临床应用的异同点。
4. 熟悉麻黄、桂枝配伍原则及使用注意事项。

二、实验实训原理（或简介）

凡以发散表邪，解除表证为主要功效，常用于治疗外感表证的药物，称为解表药。根据解表药的药性、功效及临床应用的不同，一般将其分为发散风寒药和发散风热药两类。解表药味多辛、质轻，性分温、凉，作用趋向以升浮为主，大多归肺、膀胱经。功能发散解表，部分药物兼能利水消肿、止咳平喘、透疹、止痛、消疮等。解表药主要用于感受外邪所致外感表证，偏行肌表，能促进肌体发汗，使表邪由汗出而解。运用解表药应根据外感风寒、风热表邪的不同成因，选择适宜的解表药，并应分别配伍祛暑。解表药中，发汗力较强的药物，使用时用量不宜过大，以免发汗太过，耗伤阳气。

麻黄与桂枝作为解表药中疏散风寒药的代表药，麻黄辛温质轻，辛能发散，温可祛寒，体轻升浮，入肺与膀胱二经。肺合皮毛，太阳膀胱经主一身之表，故能发汗，解表散寒，为发汗之峻剂。桂枝辛甘温，不仅能辛散，且能温通，善于走行，其发汗作用较麻黄缓和。相须即性能功效相类似的药物配合应用，可以增强原有疗效。麻桂相须配伍后，发汗作用显著加强。

三、仪器设备、材料与试剂

1. 仪器设备
OT 注射器、灌胃针头。

2. 试 剂
生理盐水、苦味酸。

3. 材 料
100%麻黄煎液、100%麻桂煎液（麻桂比例为 3∶2）。小鼠笼、天平。

四、技能训练内容及考查点

见表 35-1。

表 35-1　麻黄、桂枝发汗作用的比较技能训练内容及考查点

实训步骤	操作要点	考查内容	评分
1	小白鼠，体重 20~25 g，雌雄不拘，每实验小组 9 只	学会捉拿、固定、灌胃等方法	30
2	将小白鼠随机分为 3 组：A 麻黄组、B 麻桂组、C 对照组，每组 3 只，分别做好标记，给各组小白鼠编号（1 号左前肢、2 号左后肢、3 号右前肢）、称重	1. 学会采用随机组法进行分组 2. 学会动物标记法	20
3	分别给麻黄组、麻桂组、对照组灌服麻黄、麻桂煎液和生理盐水，剂量 0.3 mL/10 g。给药后 30 min 观察 3 组小白鼠出汗情况	1. 掌握试验动物与人用药量的换算方法 2. 掌握按动物体表面积比率换算等效剂量法	30
4	记录出汗情况： Ⅰ 级：皮毛干燥，无汗。 Ⅱ 级：皮毛松，无汗。 Ⅲ 级：皮毛松，少腹有汗或胸腹有汗。 Ⅳ 级：皮毛松，下颌至小腹均有汗	1. 观察、记录麻黄、桂枝发汗作用出现的时间及强度 2. 对比麻黄、桂枝发汗作用的强弱	20

五、知识拓展

麻黄的其他功效：

（1）止咳平喘作用强，常与杏仁配伍，增强平喘止咳作用，用于肺气郁闭或肺气壅盛的咳喘实证（寒热均可）；风寒外束，肺失宣降之喘急咳逆，与温肺驱寒药物配伍；肺热壅痹，肺气不降咳喘，配伍清肺热药物，常配伍石膏；咳喘痰多，配伍化痰药半夏。

（2）利尿水肿（风水水肿），用于水肿兼有表证。利尿作用不强，对于一般水肿少用，用于喘咳兼有水肿，小便不利者。

（3）用法用量：煎服，2~10 g。生麻黄发汗、利水力强。

六、思考题

1. 解表药除治疗外感表证外，根据其药性特点，还常用于治疗哪些病证？如何保证解表药的解表功效发挥及治疗效果最大化？

2. 解表药中哪两对药物配伍组成方剂后，具备了原单味药没有的新功效？适用范围各是什么？

3. 患者，女，30 岁。昨天开始出现发热，微恶风，头晕，目赤，咳嗽，咽痛，舌红苔薄黄，脉浮数。首选桑叶、菊花治疗，意义何在？若嫌解表力不足，可再选何药？

七、参考资料

[1] 唐德才. 中药学[M]. 北京：人民卫生出版社，2022.

[2] 马超英. 实验中医学基础[M]. 北京：中国协和医科大学出版社，2000.

项目三十六
延胡索镇痛作用的实验观察

一、技能训练目的与要求

1. 掌握活血化瘀药的含义、性能特点、功效、主治病症及药物性能特点。
2. 活血止痛药延胡索性能特点、功效、主治病症及药物性能特点。
3. 观察延胡索对小白鼠的镇痛作用。
4. 了解扭体法镇痛实验的具体做法。

二、实验实训原理（或简介）

　　凡以疏通血脉，促进血行，消散瘀血为主要功效，常用于治疗瘀血证的药物，称为活血化瘀药。根据活血化瘀药的功效及临床应用的不同，一般将其分为活血止痛药，活血调经药、活血疗伤药，破血消癥药四类。活血化瘀药味多辛、苦，性多偏温，部分药物性偏寒凉，主归肝、心二经。功能通畅血行，消散瘀血。部分药物活血力强又称破血药。本类药物以活血化瘀为主要作用，通过这一基本作用，又可产生止痛、调经、利痹、消肿、疗伤、消痈、消癥等多种不同的功效。

　　活血化瘀药主要用于瘀血证。其主治范围广泛，遍及内、妇、外、伤等临床各科。如内科的胸、胁、脘、腹、头诸痛，癥瘕积聚，中风后半身不遂，肢体麻木及关节痹痛日久不愈；妇科的经闭、痛经、月经不调、产后腹痛等；伤科的跌打损伤，瘀滞肿痛；外科的疮疡肿痛等。运用活血化瘀药时，根据瘀血的寒、热、痰、虚等不同成因，选用适当的活血化瘀药，并配伍散寒、凉血、化痰、补虚等药同用以标本兼治。

　　血的运行有赖气的推动，气行则血行，气滞则血凝，故本类药物常需与行气药同用，以增强活血化瘀的功效。此外，如兼风湿痹痛者，应配祛风湿药；血瘀癥瘕者，可配软坚散结药；兼里实积滞者，可配伍泻下药活血化瘀药易耗血动血。出血证而无瘀血阻滞者及妇女月经过多均当慎用。孕妇当慎用或禁用。破血逐瘀之品易伤正气，中病即止，不可过服。活血化瘀药一般具有改善血流动力学、扩张血管、抗凝血、抗血栓、改善微循环降低毛细血管通透性、收缩子宫等作用，部分药物还有抑菌、抗肿瘤、免疫调节等作用。

　　活血止痛药本类药多味辛，活血又兼行气，止痛作用较好。主治气滞血瘀所致各类痛证，如头痛、胸胁痛、心腹痛、痛经、产后腹痛、痹痛及跌打损伤瘀肿疼痛等。亦可用于其他瘀血证。临床应用时，如血瘀而兼肝郁者，宜配疏肝理气药；若伤科瘀肿疼痛，应配伍活血疗伤药；若为妇科经产诸痛，宜配活血调经药；若外科疮疡肿痛，则还应与解毒消痈之品配用。

　　延胡索辛散苦泄，温通血脉，有活血、行气、止痛作用，凡一身上下内、外诸痛之属于气滞血瘀者，均可用之，为止痛良药。

三、仪器设备、材料与试剂

1. 仪器设备

1 mL、2 mL 注射器，天平，电炉，烧杯，搪瓷盘，镊子，鼠笼，煎药罐等。

2. 试 剂

50%醋制延胡索煎液、1%冰乙酸、生理盐水。

3. 材 料

实验动物：小白鼠（雌雄各半），体重 18～22 g。

四、技能训练内容及考查点

见表 36-1。

表 36-1　延胡索镇痛作用的实验观察技能训练内容及考查点

实训步骤	操作要点	考查内容	评分
1	取小白鼠 6 只，分成 2 组，每组 3 只，分别称重标号，分为给药组和对照组	1. 学习捉拿、固定、灌胃等方法 2. 试验分组与标记	30
2	按 0.2 mL/10 g 的剂量，分别腹腔注射延胡索煎液或生理盐水 注射 30 min 后，各鼠腹腔注射 1%冰乙酸致痛（0.1 mL/10 g）	1. 延胡索水煎液制备 2. 腹腔注射方法：针刺部位是距离下腹部腹白线稍向左或右的位置 3. 注射针与皮肤面呈 45°角刺入腹肌 4. 保持针尖不动的状态下，以一定速度轻轻注入药液	40
3	观察 20 min 内产生扭体反应的动物数（伸展后肢、腹部收缩内凹，臀部高起） 计算镇痛率：镇痛率 =（实验组无扭体反应动物数-对照组无扭体反应动物数）对照组扭体反应动物数 ×100%	1. 乙酸致痛法研究延胡索煎液对小鼠的镇痛作用，延胡索煎液的制备 2. 观察 20 min 内产生扭体反应动物数 3. 观察 15 min 内小鼠扭体次数	30

五、知识拓展

延胡索的其他功效：

（1）治胸痹心痛，属心脉瘀阻者，可与丹参、川芎、三七等配伍；属痰浊闭阻，胸阳不通者，可与瓜蒌、薤白桂枝等配伍以通阳泄浊。

（2）治胃痛，属肝胃郁热者，常与疏肝泄热的川楝子配伍，如金铃子散；属寒者，可与桂枝、高良姜等配伍以温中散寒。

（3）治肝郁气滞，胁肋胀痛，可与柴胡、郁金等疏肝解郁药配伍。

（4）治妇女痛经、产后瘀阻腹痛，可与当归川芎、香附等配伍。

（5）治寒疝腹痛，可与吴茱萸、小茴香等温经散寒之品配伍。

（6）治风湿痹痛，可与秦艽、桂枝等配伍以祛风湿止痛。

（7）治跌扑肿痛，可与乳香、没药、三七等配伍。

六、思考题

患者，女，32岁。2年来月经期常有下肢浮肿，月经色黯，夹有血块，时有痛经，舌质偏暗，苔薄，脉来细涩。如在活血化瘀药中选择，适合的药物有哪些？还可以配伍哪类药物同用？

七、参考资料

[1] 唐德才. 中药学[M]. 北京：人民卫生出版社，2022.

[2] 马超英. 实验中医学基础[M]. 北京：中国协和医科大学出版社，2000.

项目三十七
番泻叶泻下作用的实验观察

一、技能训练目的与要求

1. 观察番泻叶的泻下作用。

2. 掌握泻下药的含义、性能特点、功效及主治病证、有毒泻下药的用法（包括炮制），剂量及禁忌。

3. 熟悉泻下药的分类及其药物的性能特点，掌握或熟悉具体药物的主要药性、基本功效及临床应用，相似药物的基本功效与临床应用的异同点，了解泻下药的配伍原则及使用注意。

二、实验实训原理（或简介）

凡以泻下通便为主要功效，常用于治疗里实积滞证的药物称为泻下药。根据泻下药的药性特点、功效及临床应用的不同，一般将泻下药分为攻下药、润下药及峻下逐水药三类。

泻下药中攻下药多苦寒，攻下导滞兼能清热；润下药多甘平，无毒，缓下通便兼能滋养；峻下逐水药大多苦寒，部分药辛温有毒，泻下作用峻猛，通下大便兼利小便。泻下药作用趋向沉降，主归大肠经。泻下药主要用于大便秘结，胃肠积滞，实热内盛及水饮停蓄等里实证。通过泻下大便，以排出胃肠积滞和有害物质等；或通过泻下大便而清导实热，起到"上病治下""釜底抽薪"的作用；或通过逐水退肿，使水湿停饮随大小便排出，达到祛除停饮、消退水肿的目的。运用泻下药应根据饮食、痰湿、瘀血、寄生虫等不同积滞，分别选用消食、化痰、祛湿、活血、驱虫药同用。里实积滞，易阻滞气机，故常需配伍行气药，以消除气滞胀满。

攻下药，本类药物多具苦寒沉降之性，主入胃、大肠经，具有较强的泻下通便作用，并具有清热泻火之功。主要用于肠胃积滞，里热炽盛，大便秘结，燥屎坚结，腹满急痛等里实证。攻下药的清热泻火作用，还可用于外感热病高热神昏，谵语发狂；或火热上炎之头痛目赤、咽喉肿痛、牙龈疼痛，以及火毒疮痈，血热吐衄等。上述病证，无论有无便秘，应用本类药物，可清实热或导热下行，起到上病下治、"釜底抽薪"的作用。此外，对湿热下痢，里急后重，或饮食积滞，泻而不畅，也可适当选用本类药，以通因通用，清除积滞，消除病因。对肠道寄生虫病，使用驱虫药的同时，适当选用本类药，可促进虫体排出。临床运用时常配行气药，以增强泻下及消除胀满作用；若治冷积便秘，则配温里药。根据"六腑以通为用""不通则痛""通则不痛"的理论，以攻下药为主，配伍清热解毒药、活血化瘀药等，用于治疗胆石症、胆道蛔虫症、胆囊炎、急性胰腺炎、肠梗阻等急腹症，取得较好的疗效。

番泻叶苦寒降泄，归大肠经，既能泻下，又能清热，且能利小便，故善治热结便秘，无论急性积滞，肠道闭塞，或是慢性便秘，均可应用。还可用于腹水肿胀，二便不利。小剂量可缓下，大剂量则峻下。

番泻叶主治：

（1）热结便秘。本品苦能泄下，寒可清热，治疗热结便秘，小剂量缓泻通便，大剂量则可攻下。用于习惯性便秘及老人便秘，常单味泡服，或单用以清除胃内宿食，治消化不良，脘闷腹胀；用于热结便秘，腹痛胀满较甚者，与枳实、厚朴等配伍，以泻热通便，消积导滞。临床泻下导滞，以清洁肠道，用于 X 射线腹部摄片及腹部、肛门疾病手术前。

（2）腹水肿胀。本品苦寒降泄通利二便，用于腹水肿胀，二便不利，可单用泡服，或配伍牵牛子、大腹皮等，以泻下行水消胀。

三、仪器设备、材料与试剂

1. 仪器设备

钟罩、滤纸、OT 注射器、灌胃针头、直镊子。

2. 试 剂

50%番泻叶煎液、0.9% NaCl 溶液。

3. 材 料

实验动物：小白鼠 18～22 g（雌雄不限）。

四、技能训练内容及考查点

见表 37-1。

表 37-1 番泻叶泻下作用的实验观察技能训练内容及考查点

实训步骤	操作要点	考查内容	评分
1	实验组和对照组每组取 3 只小白鼠，称重并作标记	1. 学习捉拿、固定、灌胃等方法，试验分组与标记	40
2	实验组灌胃给番泻叶煎剂，给药量为 0.4 mL/10 g，并记录给药时间，空白对照组给 0.9% NaCl 溶液，剂量同给药组，并记录时间	1. 番泻叶煎剂的制备 2. 记录体重 3. 记录给药时间	30
3	1 h 后观察排便情况	1. 记录排便时间 2. 记录排便性状 3. 统计、分析结果	30

五、知识拓展

番泻叶的其他药用功效：

（1）急性胰腺炎：取番泻叶 10～15 g，用开水 260 mL 浸泡，分 2～3 次服，病情重者，除口服外，再用番泻叶 15 g，开水冲成 200 mL，保留灌肠，对缓解腹痛、降低体温有良效。病程较长或呕吐频繁，不能进食者，可适当补液。

（2）回乳：取番泻叶 4 g，加开水 200～300 mL 浸泡 10 min，分 2～3 次口服，每天 1 剂。对回乳效果良好。

使用注意：番泻叶可通过乳汁使婴儿腹泻，还会使身体下部充血，故妇女月经期、孕期、哺乳期及有痔疮者不宜使用。平素脾胃虚寒，便溏者更不宜服用。

六、思考题

1. 泻下药如何将"通因通用"治则用于临床病证？

2. 患者，男，32 岁。自诉肝脓肿术后右胁隐痛伴持续低热 1 月余，近日疼痛加剧，前来就诊。自诉：患者诉右胁隐痛，腹胀，胸闷心烦，急躁易怒，厌食，睡眠一般，口苦。大便 2 日一行，质干结。小便微黄，质清。肝区按压疼痛（＋），墨菲征（－），皮肤及巩膜微黄染，舌黯红苔黄腻，脉弦数。根据临床表现，可选用哪些泻下药？为什么？

七、参考资料

[1] 唐德才. 中药学[M]. 北京：人民卫生出版社，2022.

[2] 马超英. 实验中医学基础[M]. 北京：中国协和医科大学出版社，2000.

[3] 沈尔安. 通腑泻下的中药新秀番泻叶[J]. 东方药膳，2007（03）：40.

项目三十八
猪苓对小白鼠利尿作用的实验观察

一、技能训练目的与要求

1. 观察猪苓对小白鼠的利尿作用。
2. 掌握利水渗湿药猪苓的性能特点、功效及主治病证。
3. 了解利水渗湿药的配伍原则及使用注意。

二、实验实训原理（或简介）

凡以通利水道，渗泄水湿为主要功效，常用于治疗水湿内停病证的药物，称为利水渗湿药。根据利水渗湿药的功效及临床应用的不同，一般将其分为利水消肿药、利尿通淋药及利湿退黄药三类。利水渗湿药味多甘淡，性平或寒凉，作用趋向沉降向下，大多归膀胱、肾经以及小肠经。功能利水渗湿。

利水渗湿药大多能使小便通畅、尿量增加，促进体内水湿之邪排泄，主要用于水湿内停的水肿、小便不利淋证、黄疸、痰饮、泄泻带下、湿疮、湿温、湿痹等病证。其中利水消肿药以渗除水湿、利尿退肿为主要功效，主治水湿内停所致的水肿，小便不利，及泄泻、痰饮等病证；利尿通淋药以清利下焦湿热、利尿通淋为主要功效，主治湿热下注或湿热蕴结于膀胱所致的淋证；利湿退黄药以清利肝胆湿热为主要功效，主治肝胆湿热之黄疸等。运用利水渗湿药，应根据水湿之邪所致的不同病证，及其病因与兼证等，选用适宜的利水渗湿药，并作适当配伍以增强疗效。如水肿日久见脾肾阳虚者，常配伍温补脾肾药，以标本兼顾；脾虚泄泻、痰饮者，常配伍健脾化湿药；水湿多易阻滞气机，气行则水行，气滞则水停，故常与理气药同用；水肿骤起兼有表征者，可配宣肺解表药；湿热合邪者，配清热燥湿药；寒湿并重者，配温里散寒药；淋证热伤血络而见尿血者，宜配凉血止血药。利水渗湿药易耗伤津液，阴亏津少者应慎用或忌用；部分药物通利作用较强，孕妇慎用或忌用。利水渗湿药一般具有利尿、利胆、保肝、抗病原微生物等作用，部分药物还有降血糖、降血压、抗炎、抗肿瘤、免疫调节等作用。

猪苓味甘淡，以淡为主，性平，但作用明显。入肾、膀胱经，功专利水渗湿，作用强于茯苓，但无补益功效，常用于水湿内停之水肿、小便不利泄泻及膀胱湿热淋证等偏于实者。猪苓主治：①治水湿内停之水肿、小便不利，可单用或与茯苓、泽泻、桂枝配伍，如五苓散；②水热互结，阴虚小便不利、水肿，则与滑石、泽泻、阿胶等泻热滋阴药合用，如猪苓汤；③治湿盛泄泻，与茯苓、白术、泽泻配用，如四苓散；④治热淋，小便淋沥涩痛，配生地黄、滑石、木通等，如十味导赤汤；⑤治湿毒带下，配茯苓、车前子、泽泻等，如止带汤。

三、仪器设备、材料与试剂

1. 仪器设备

钟罩、滤纸、OT 注射器、灌胃针头。

2. 试 剂

100%猪苓水煎液、生理盐水。

3. 材 料

小白鼠 10 ~ 22 g（雌雄不限）。

四、技能训练内容及考查点

见表 38-1。

表 38-1 猪苓对小白鼠利尿作用的实验观察技能训练内容及考查点

实训步骤	操作要点	考查内容	评分
1	将小白鼠分别称重，标记，并随机分成 2 组，一组为给药组，一组为对照组	学习捉拿、固定、灌胃等方法，试验分组与标记	40
2	实验组灌胃给药 100%猪苓水煎液，给药量为 0.4 mL/10 g，对照组给生理盐水 0.4 mL/10 g	1. 猪苓煎剂的制备 2. 记录给药组/对照组灌药量 3. 记录给药组/对照组灌药时间	30
3	1 h 后，观察排尿情况。	1. 收集尿液 2. 记录排尿量 3. 统计、分析结果	30

五、知识拓展

现代研究表明：猪苓含麦角甾醇、猪苓多糖、猪苓聚糖、猪苓酸、猪苓酮、粗纤维、氨基酸及钙、铁镁等。有利尿、免疫调节、抗肿瘤、保肝、抗辐射、抗诱变、抗衰老等作用。

"猪苓行水之功多，久服必损肾气，昏人目，如欲久服者，更宜详审。"《医学启源》言："猪苓淡渗，大燥亡津液，无湿证勿服。"《医学入门》云："有湿症而肾虚者忌。"现代药理研究表明：猪苓利尿作用强，在增加排尿量的同时，还促进钠、钾、氯等电解质排出。因而。在长久应用猪苓时，应注意观察是否出现水、电解质平衡失调等副作用。

六、思考题

1. 古有"通阳不在温，而在利小便""治湿不利小便非其治也"之论。基于此，试述利水渗湿药的应用。

2. 利水消肿药与峻下逐水药均可治疗水肿，试述二者作用之异同。

3. 患者，男，15 岁。1 周前因外感而致咽喉肿痛，曾服抗生素治疗，咽喉肿痛好转。近日晨起眼睑及颜面浮肿，按之凹陷，腰酸乏力，尿量少而色黄。查体：咽部充血，舌质红，苔黄腻，脉沉滑数。尿常规：蛋白（＋），潜血（＋）。应诊断为何种病证？可从哪几个方面选择用药？

七、参考资料

[1] 唐德才. 中药学[M]. 北京：人民卫生出版社，2022.

[2] 马超英. 实验中医学基础[M]. 北京：中国协和医科大学出版社，2000.

项目三十九
小鼠的饲养管理操作技术

一、技能训练目的与要求

掌握小白鼠的饲养管理操作方法和程序。

二、实验实训原理（或简介）

小鼠对环境适应的自体调节能力和疾病抗御能力较其他实验动物差，而小鼠的品种和品系繁多，各个品种和品系都有自己的特殊要求，因此必须根据实际情况给予一个清洁舒适的生活环境。不同等级的小鼠应生活在相应的设施中。

小鼠临界温度为低温 10 ℃，高温 37 ℃。饲养环境控制应达到如下要求：温度 18 ~ 29 ℃，相对湿度 40% ~ 70%；最好控制在 18 ~ 22 ℃，湿度 50% ~ 60%。一般小鼠饲养盒内温度比环境高 1 ~ 2 ℃，湿度高 5% ~ 10%。

要保持温度、湿度相对稳定，日温差不超过 3 ℃，否则会直接影响小鼠的生长发育、生产繁殖，甚至导致小鼠发生疾病，从而影响实验结果。温湿度的相对稳定对于建筑条件较差的地方可用空气调节器、加湿器、在北方用暖气进行调节。为了保持室内空气新鲜，氨浓度不超过 2.0×10^{-5}，换气次数应达到 10 ~ 20 次/h。

笼架一般可移动，并可经受多种方法消毒灭菌。可用清洁层流架小环境控制饲养二、三级小鼠。笼盒既要保证小鼠有活动的空间，又要阻止其啃咬磨牙咬破鼠盒逃逸，便于清洗消毒。带滤帽的笼具可减少微生物生物污染，但笼内氨气和其他有害气体浓度较高，有时影响实验结果的准确性。饮水器可使用玻璃瓶、塑料瓶，瓶塞上装有金属或玻璃饮水管，容量一般为 250 mL 或 500 mL。

垫料是小鼠生活环境中直接接触的铺垫物，起吸湿（尿）、保暖、做窝的作用。因此垫料应有强吸湿性、无毒、无刺激气味、无粉尘、不可食，并使动物感到舒适。垫料必须经消毒灭菌处理，除去潜在的病原体和有害物质。一般垫料以阔叶林木的刨花或锯末为宜，也可用玉米芯加工粉碎除尘后使用。

小鼠应饲喂全价营养颗粒饲料，饲料中应含一定比例的粗纤维，使成型饲料具有一定的硬度，以便小鼠磨牙。同时应维持营养成分相对稳定，任何饲料配方或剂型的改变都要作为重大问题记入档案。不同种类的小鼠有不同的营养标准，如纯系小鼠和种鼠的饲料所含蛋白质成分高于一般小鼠，DBA 小鼠需要高蛋白质低脂肪的饲料。

小鼠的水代谢相当快，应保证足够的饮水。一级动物饮水标准应不低于城市生活饮水的卫生标准。二级动物的饮水须经灭菌处理，也可用盐酸将水酸化（pH 2.5 ~ 3.0），使小鼠饮用酸化水，酸化水在一定程度上可抑制细菌的生长并杀死它们，其灭菌效果可达到要求。三、四级动物饮水用高温高压方法灭菌。

212

三、仪器设备、材料与试剂

小鼠、鼠盒、垫料、水瓶及辅助器材。

四、技能训练内容

人员进入屏障动物房前必须沐浴，穿无菌隔离服，佩戴帽、口罩和乳胶手套等。进入后首先巡视整个动物房，观察有无异常情况，并做好记录。

1. 小鼠的喂料

（1）为了减少饲料的浪费（磨牙、压碎饲料）和在潮湿季节发生霉变，屏障动物房通常采用每天加料的做法。

（2）每天加料时打开饲料袋，将料加到饲料盒盖上。

（3）加料的量取决于动物的大小和数量，以到第二天上午检查时每盒剩下 1~2 根饲料为宜。

（4）应注意观察记录，当饲料太硬或霉变时，动物采食减少；当饲料太松时，鼠因磨牙啃咬，易撒漏成为碎料，浪费大。

2. 小鼠的喂水

（1）每周更换饮水 2~3 次，换水时将经洗涤和灭菌的饮水瓶装满洁净水，塞紧瓶塞。

（2）将饮水瓶装箱推入动物房，用新装满水的水瓶替换掉用过的水瓶。

（3）每插上一个水瓶，观察一会儿，确定饮水瓶不会漏水。

（4）一般不采用向瓶中加水的方式，更换下的水瓶传出屏障，清洗灭菌后再进入。

3. 小鼠换盒

（1）在清洁消毒间，将灭菌垫料装入消毒后的鼠盒中，一盒盒叠起，送入动物房。

（2）从鼠架上取下鼠盒放置于工作车上，颠倒饮水瓶，取下鼠盒盖放于鼠盒旁。

（3）用镊子或戴有灭菌手套的手轻轻抓住小鼠尾近根部，提起放入干净的笼盒中，盖上原鼠盖，插上饮水瓶，放回鼠架。注意盒盖上的标签不要失落或搞错。

（4）将换下的笼盒叠放后，打开通向次清洁走廊的门，将笼盒推进次清洁走廊，待所有饲养室工作结束后，进入污染走廊，收集鼠盒，经缓冲间进入洗涤室。

（5）更换垫料的同时，做好断奶、分群工作。

4. 卫生消毒

（1）每日工作结束后及时打扫房间，保持动物房的地面、墙壁、顶棚、室内一切设施洁净卫生，无饲料、垫料的碎屑，无垃圾，无污迹。

（2）用配好的消毒液，每天擦拭墙壁 1 次，每周擦拭顶棚 1 次，换盒料后，用消毒液擦拭饲养架、各种器具。

（3）与饲育动物无关的物品不得带入或存放在饲育区内，饲育区内各类用具、物品摆放整齐，并保持清洁。

（4）工作过程中产生的废弃物用垃圾袋收集好后经污染走廊送至废弃物暂存间。

5. 记 录

工作过程中及时认真做好各项卡片记录，遇到问题及时汇报解决。

五、考查点

见表 39-1。

表 39-1　小鼠的饲养管理操作技术考查点

	操作要点	考查内容	评分
1	添料	正确添加饲料	10
2	更换饮水	正确更换饮水瓶	10
3	更换鼠盒	小鼠抓取动作正确；鼠笼标号正确	30
4	卫生消毒	消毒间隔时间正确；动物房打扫彻底	30
5	垃圾处理	垃圾运输通道正确记录	10
6	记录	准确做好记录	10

六、知识拓展

常用实验动物的营养需要特征：

1. 小鼠的营养需要特点

小鼠近交系极多，应根据不同品系的特点提供相应的日粮，以维持其生物学特性和保证实验的正常进行。一般来说小鼠喜食含高碳水化合物饲料，特别需要日粮来源的亚油酸。小鼠对钙的需要量要求范围较宽，对维生素 A、维生素 D 需要量较高，但同时又对维生素 A 过量敏感。维生素 A 过量可以导致小鼠繁殖紊乱和胚胎畸形。无菌小鼠还应注意补充维生素 K。

2. 大鼠的营养需要特点

对于大鼠来说，除应充分满足各种营养物质需要外，特别要注意脂肪酸的供给。正常时应保证其饲料中必需脂肪酸含量占总能量的 1.3%，其中亚油酸在饲料中不能低于 0.3%，它可在大鼠体内转化为花生四烯酸。花生四烯酸是细胞膜的必需脂肪酸，是前列腺素的重要前体物质。通常大鼠不需要补充维生素 K，但要补充维生素 A；大鼠对钙、磷缺乏抵抗力较强，但镁需要量较多，尤其是在妊娠、哺乳时需要量明显增加。

3. 豚鼠的营养需要特点

豚鼠对某些必需氨基酸特别是精氨酸的需要量较高。对粗纤维的消化能力强，通常日粮中要求含有 10%~15% 的粗纤维。如果粗纤维含量不足，可引起豚鼠出现排粪障碍和脱毛现象。豚鼠对维生素 C 缺乏特别敏感，缺乏可致坏血病、生殖机能下降等症状，甚至造成死亡。通常每只豚鼠每日需补充 10 mg 维生素 C，繁殖阶段补充 20 mg。

4. 兔的营养需要特点

精氨酸对兔特别重要，是其第一限制性氨基酸。兔对日粮中的钙有较强的耐受能力，虽然其肠道微生物可以合成维生素 K 和大部分 B 族维生素，但繁殖阶段仍需额外补充维生素 K。饲料中需要有一定量的粗纤维以维持其正常的消化生理机能。但对无菌兔，其饲料中的粗纤维含量应降低，同时要注意补充所有的维生素。

5. 猫的营养需要特点

猫特别是初生小猫对日粮脂肪需要量要求高，处于生长期的猫对日粮蛋白质的数量和质量要求均较高，且亚油酸的含量不能低于1%。猫不能利用胡萝卜素合成维生素 A，因此应在饲料中补充维生素 A。

6. 犬的营养需要特点

犬属于肉食性动物，其饲料中应含有 20%～25%蛋白质、4%～7%脂肪、3%粗纤维。犬对维生素 A、维生素 D、维生素 B 和维生素 B 等需要较多，维生素 E 不可缺少，但需要量较低。

7. 猴的营养需要特点

猴属于非人灵长类，其属性和人相似，营养要求也比较高，在人工饲养时，应喂以面粉、玉米粉、黄豆粉、鸡蛋、食盐和骨粉制作的蛋糕或饼干。另外，还应喂给苹果、香蕉、蔬菜等，在饲喂主食时，应注意其色、香、味的要求，以便增强其食欲。猴饲料中蛋白质一般占 16%～21%为宜，脂肪占 4%～5%。猴对粗纤维要求不高，占 4%～5%即可。猴和豚鼠一样对维生素 C 特别敏感，若缺乏可发生牙龈出血，精神萎靡，长期缺乏会导致死亡。所以，每天应喂给新鲜水果和蔬菜，也可在主食中加入适量添加剂。

七、参考资料

[1] 李宝龙. 实验动物[M]. 北京：中国轻工业出版社，2015.

[2] 李玉冰. 实验动物[M]. 北京：中国环境科学出版社，2006.

项目四十
家兔的日常饲养管理技术

一、技能训练目的与要求

掌握家兔的饲养管理操作方法和程序。

二、实验实训原理（或简介）

实验兔是实验动物中的一种，符合实验动物的规范与要求。根据科学研究的要求定向培育而成，它是一种供科学实验的载体、对象和材料；具有明确的生物学特性和清楚的遗传背景，并经微生物控制和在特定环境条件下经过驯化培育。

根据家兔的生活习性如胆小怕惊、昼伏夜行、喜清洁干燥环境，怕脏、怕潮湿，啃食磨牙，同性好斗等及其特有的消化生理、繁殖生理特点，提出以下饲养管理的原则要求：

1. 大兔必须实行单笼饲养。大兔是指 4 月龄以上的青年后备种兔，能繁种公、母兔。大兔必须实行单笼饲养，是因为兔子在达到性成熟的年龄，即 4~4.5 月龄后，在群养的条件下，常出现公兔与公兔、母兔与母兔打架斗咬致严重伤残的现象，严重影响种兔繁殖质量。所以，种用兔到 4 月龄后必须实行单笼饲养。

2. 重视环境对实验兔的影响。影响实验兔生产的环境因素主要有舍内空气的温度、湿度、风速的大小，有害气体含量、粉尘、光照及噪声、病原微生物的污染等。兔子的生长和繁殖最适合的温度是 15-25 ℃。当舍内温度超过 30 ℃，仔兔成活率降低，胎儿的死亡率增高；公兔精液质量下降，配怀率下降；兔子食欲减退，生长缓慢。舍内环境潮湿污浊，不仅容易诱发多种疾病，还会加大高温和低温对大小兔的危害性。所以，保持 60%~70%的舍内空气湿度为宜。在管理上应做好防暑、防寒、防潮工作，保持兔舍和笼具的清洁卫生和安静，加设防害（狗、猫、鼠、蛇）措施。

三、仪器设备、材料与试剂

家兔、垫料、饲料、水瓶及辅助器材。

四、技能训练内容

进入家兔饲养室前须穿工作服，戴帽子、口罩、手套。进入饲养室后先观察家兔的健康状况并做好记录，异常动物交由兽医师处置。

饮水必须 24 h 充分供应，常用以下两种喂饲方法①水瓶喂饲：每天更换干净水。水瓶放好后，应以手指测试管口是否堵塞，是否漏水。②自动饮水系统：每次换垫料、底盘时确认自动饮水头是否出水、是否漏水。观察家兔粪便和尿量是否正常，有无驼背、毛发粗糙、脱水等现象。

饲料，一般每只成年家兔喂 150～180 g 兔颗粒饲料；饲料盒应每周清洗两次，避免食物残渣堆积过久发生变质和霉变。若发现家兔排便于饲料盒内，应及时清理干净。

卫生消毒方面需要每周两次清洗兔舍、底床、排水管、地板、墙面、天花板、门窗、饲料盒、饮水盒。完成清洁喂食工作后，取消毒剂喷洒地面及墙角对圈舍进行消毒。

动物观察记录，如发现任何异常状况应按要求做好记录。需特别注意无精打采、角膜炎、咳嗽、打喷嚏、下痢、血便、脱毛、牙齿过长、身体是否有脓疡、指甲过长、任何身体不适的征兆等。确定每一动物栏上的卡片纪录完整且清晰。

五、考查点

见表 40-1。

表 40-1　家兔的日常饲养管理技术考查点

	操作要点	考查内容	评分
1	人员防护	进饲养室前是否按规定穿戴	15
2	更换饮水	是否检测饮水管是否堵漏；是否观察家兔粪便和尿量情况	30
3	饲料添加	添加量是否合适	15
4	卫生消毒	消毒间隔时间正确；动物房打扫彻底	30
5	记录	准确做好记录	10

六、知识拓展

实验动物的营养需要是指实验动物摄取外界营养物质以维持生命活动的全过程。包括每一种动物每天对能量、蛋白质、矿物质和维生素等养分的需要。而饲料是动物养殖业的基础，包括动物性、植物性和矿物性三大类。

动物所需营养物质的种类和数量因动物的种类、性别、年龄、生理状态及生产性能的不同而有别。例如，动物合成蛋白质需要 20 多种氨基酸；反刍动物由于瘤胃微生物能利用多种氮源合成动物体所需的各种氨基酸，所以不存在必需和非必需氨基酸之分；而在单胃动物中，由于不同氨基酸在体内合成上的差异，则有必需、非必需和半必需氨基酸之分。

实验动物的饲养标准是指动物所需的一种或多种养分在数量上的叙述或说明，是依据动物的种类、性别、年龄、体重、生理状况和生产性能等情况，应用科学研究成果并结合生产实践经验所规定的每头动物应供给的能量和各种营养物质的数量。它是设计饲料配方，规定动物采食量的依据。而动物的营养需要又是制定动物饲养标准的依据。

值得注意的是，根据试验研究测定与生产实践总结所制定的饲养标准虽有一定代表性，但由于实验动物的选择及实验条件的限制等情况，饲养标准只是相对合理，不应该按部就班地应用。

动物的生长、发育、繁殖、增强体质和抗御疾病以及一切生命活动无不依赖和决定于饲养。动物的某些系统和器官，特别是消化系统的机能和形态是随着饲料的品种而变异的。保证动物足够量的营养供给是维持动物健康和保证动物实验结果的重要因素。实验动物对外界环境条件的变化极为敏感。其中饲料与动物的关系更为密切。实验动物品种不同，其生长、发育和生理状况都有区别，因而对各种营养的要求也不一致。实验动物中猴和豚鼠在配制饲料时应特别注意加入足够量的维生素 C，以免因缺乏而引起坏血病。家兔的饲料中应加入一定数量的干草，以便提高饲料中粗纤维的含量，这对防治家兔腹泻至关重要。小鼠的饲料中，蛋白质的含量不得低于 20%，否则就容易产生肠道疾病。

七、参考资料

[1] 李宝龙. 实验动物[M]. 北京：中国轻工业出版社，2015.

[2] 李玉冰. 实验动物[M]. 北京：中国环境科学出版社，2006.

项目四十一
鸡的日常饲养管理技术

一、技能训练目的与要求

掌握鸡的饲养管理操作方法和程序。

二、实验实训原理（或简介）

对鸡的生长发育和繁殖影响较大的因素有：

1. 温 度

保温是育雏成败的关键，育雏期适宜温度为：第 1 周 32 ~ 35 ℃，以后每周下降 3 ℃，4 周以后开始脱温，此后舍内温度以保持在 25 ℃左右为最好。保温操作时要根据鸡苗的行为来判断温度是否适当，温度适宜，雏鸡均匀地散开；如果雏鸡倦怠、气喘乃至虚脱、脚干表示温度过高；如果雏鸡挤作一团并"吱吱"鸣叫，表示有贼风进入，此时应认真检查门窗及天花板有否漏风等。

2. 湿 度

雏鸡需要在干爽的条件下饲养，适宜的湿度为 10 日龄前 60% ~ 70%，10 日龄后 50% ~ 60%。鸡对温度的感觉与湿度有关，夏季越湿越热，冬季越湿越冷。

3. 通 风

通风的目的是减少舍内的有害气体及尘埃密度，补充新鲜空气，保持舍内的气流速度，并调节舍内的温度和湿度。一般要求舍内氨气浓度低于 20×10^{-6}，即以人走进鸡舍，眼睛、鼻子不会受到刺激为适度。育雏阶段要处理好保温与通风的关系。哪怕是最冷的天气，也要保证一定时间的通风。具体做法是，先提高舍内温度，再开窗（或排气扇）通风片刻，等舍内温度降到要求的温度以下时即关闭窗户（或排气扇）。如此反复通风数次，即可达到目的。饲养中大鸡的鸡舍也应注意通风换气。鸡舍可安装排气扇进行横向或纵向负压通风，或安装牛角扇进行正压通风。如果采用纵向负压通风加水帘设备联合应用可同时起到通风及降温效果。

4. 密 度

1 ~ 30 日龄，地面或网上平养为每平方米 30 只左右；多层笼养（配负压通风系统）为每平方米 46 ~ 60 只。31 ~ 60 日龄，地面或网上平养为每平方米 15 只左右；阶梯式笼养为每平方米 25 ~ 30 只。61 ~ 100 日龄，地面或网上平养为每平方米 8 只左右；阶梯式笼养为每平方米 12 ~ 15 只。

5. 光　照

初生雏鸡视力弱，初期为了让雏鸡尽快熟悉环境，学习饮水采食，采用较强的灯光，光照强度为 20～30 lx，3 日龄之后光照稍暗些，光照强度 10～15 lx，避免光照过强引起鸡烦躁不安，活动量大和出现互啄的恶癖。

6. 垫　料

1～4 日龄雏鸡网上平养可用牛皮纸。此后地面平养所用垫料要求干燥松软、吸水性强、不发霉、长短粗细适当。常用的垫料有锯末、米糠、切短的玉米秸、稻草、破碎的玉米棒等。饮水器周围的潮湿垫料应及时更换。

7. 饮　水

网上平养或地面平养可采用饮水盅及水槽饮水，阶梯式笼养可采用水槽或乳头饮水设备，但 1 周龄内均应用饮水盅饮水。务必保证饮用水的清洁卫生，并注意保证鸡只有足够的饮水位置。

8. 饲　料

应选择质量稳定的全价颗粒配合饲料或粉状自配饲料。

9. 灭蝇、灭鼠

应尽量降低鸡粪的湿度，及时清除鸡粪。定期使用药物灭鼠。

10. 消毒卫生

定期对鸡舍进行消毒；一批鸡转出鸡舍后应及时进行清舍消毒。

三、仪器设备、材料与试剂

鸡、饲料、水瓶及辅助器材。

四、技能训练内容

工作人员进入鸡饲养室前须穿工作服，戴帽子、口罩、胶鞋、手套。进入鸡饲养室后先观察鸡的健康状况并记录，异常动物交由兽医师处置。

饮水必须 24 h 充分供应。每日更换干净水，2～3 d 清洗一次水瓶。水瓶放到笼子外后，应以手指测试管口有无堵塞，是否会漏水。

饲料槽置于鸡笼外，每周应清洗 2 次。添加量以每天吃完为佳，避免食物残留发生霉变。

卫生消毒，每日两次，上、下午各一次清洗鸡舍、底床、排水管、地板、墙面、天花板、门窗、饲料盒、饮水盒。完成清洁喂食工作后，消毒剂喷洒地面及墙角进行消毒。

动物观察记录，如发现任何异常状况应按要求做好记录。需特别注意无精打采、角膜炎、咳嗽、打喷嚏、下痢、血便、脱毛、身体是否有脓疡、指甲过长、任何身体不适的征兆等。确定每一动物栏上的卡片纪录完整且清晰。

五、考查点

见表 41-1。

表 41-1　鸡的日常饲养管理技术考查点

实训步骤	操作要点	考查内容	评分
1	人员防护	进饲养室前是否按规定穿戴	15
2	更换饮水	是否检测饮水管是否堵漏；是否观察家鸡有无脱水情况	30
3	饲料添加	添加量是否合适	15
4	卫生消毒	消毒间隔时间正确；动物房打扫彻底	30
5	记录	准确做好记录	10

六、知识拓展

营养属于实验动物环境因素的一部分，是构成生命和维持生命的基本条件。实验动物按食性可分为草食性实验动物（豚鼠、兔、羊等）、肉食性实验动物（如犬、猫等）和杂食性实验动物（如大鼠、小鼠、猪等）。但是，这种分类是非常勉强的，仓鼠虽属杂食性动物，因为有前胃，可以分解植物纤维为挥发性脂肪酸，并以此作为能量来源，故而也是草食性动物；犬既是肉食性动物，也可以认为是杂食性动物。不同动物对营养的需要量是不同的。因此，制作实验动物饲料必须对不同动物的营养需要有充分的了解。不仅如此，在饲料制作上，选择的饲料原料也因动物的种类不同而不尽相同。这主要是基于两点考虑：一是要满足动物的营养需要；二是尽量选择动物嗜好的饲料原料。实验动物的营养需求有：

1. 实验动物生长的营养需要

实验动物营养需要，要求饲料营养能够满足动物生长与体内同化过程所需的各种营养物质。动物生长是指通过机体的同化作用进行物质积累、细胞数量增多、组织器官增大，从而使动物的整体及其重量增加的过程。从生物学角度看，生长是机体内物质合成代谢超过分解代谢的结果；从解剖学角度看，动物在不同生长阶段，不同组织和器官的生长强度和占器官总体生长的比重不同。

2. 实验动物维持的营养需要

维持是指在正常的情况下实验动物的体重不增不减，不进行生产，体内合成与分解代谢处于动态平衡状态。在这种状态下动物对能量、蛋白质、矿物质、维生素等营养的需要称为维持营养需要。维持营养需要中很大一部分营养物质用于消耗能量。

3. 实验动物繁殖的营养需要

实验动物繁殖过程包括雌、雄动物的性成熟，性欲，性功能的维持，精子、卵子的生成，受精，妊娠及哺乳过程，其中任何一个环节都可能受饲料营养影响而发生障碍。繁殖需要要求能够满足动物母体自身的营养需要、为胎儿生长发育和哺乳提供充足的营养物质，以保证实验动物繁衍过程的正常进行。

七、参考资料

[1] 李宝龙. 实验动物[M]. 北京：中国轻工业出版社，2015.

[2] 李玉冰. 实验动物[M]. 北京：中国环境科学出版社，2006.

项目四十二
小鼠的性别、年龄、发情、配种的鉴定

一、技能训练目的与要求

1. 掌握准确鉴定小鼠性别、年龄、发情、配种的技术方法。
2. 了解性别、年龄、发情、配种的鉴定方法在实际中的应用。

二、实验实训原理（或简介）

雌性动物性成熟后生殖道会出现一系列重复性、循环性的变化，这个变化于怀孕、哺乳或生殖器官异常时停止。这个变化分成 4 个阶段：发情前期、发情期、发情后期和静止期。4 个发情阶段可通过阴道涂片镜检探测。雌性动物只有在发情期才会接受雄性动物的配种。以大鼠为例，各发情阶段的表现见表 42-1。

表 42-1　大鼠发情各阶段表现

阶段	阴道涂片	时间长度/h	行为
发情前期	仅有小而圆形细胞	12	接受雄性动物交配标志本阶段结束
发情期	有角化细胞和扁平细胞，在发情后期可见角化细胞团块	12	接受雄性动物交配
发情后期	可见白细胞和少量角质细胞	21	不接受雄性动物交配
静止期	可见白细胞和上皮细胞	57	不接受雄性动物交配

输卵管的末端呈漏斗形，几乎完全包裹着卵巢，这个结构的运动能把卵子扫入输卵管的入口。排卵、交配均发生于发情期，交配后精子在雌性产道内向上迁移，于输卵管上 1/3 处与卵子相遇，精子与卵子结合，受精过程完成。与卵子结合的精子性染色体决定了胎儿的性别，受精也决定了新生命的遗传组成，它的双亲各向其提供了一半的遗传特征。

实验动物的配种体系有单配偶和多配偶，大、小鼠的核心种群通常采用单配偶，生产群和大动物采用多配偶。采用多配偶的大、小鼠在观察到雌鼠明显怀孕时，可将雌鼠提出单笼饲养、产仔，可以提高仔鼠的成活率。雌鼠于产后继续与雄鼠同居，可以利用雌鼠的产后发情，缩短两次产仔的间隔时间。实验大、小鼠的配种可采用循环交配法，雌雄比为 1:6，雌鼠固定，雄鼠循环，每周与 1 只雌鼠同居，6 周为一循环。本法的优点是每周能均衡地供应一定数量的实验用鼠。雌、雄性动物分居，配种时放在一起，当雌性动物处于发情期时常会接受雄性动物的交配，这种配种最好将雌性动物放入雄性动物笼中，雄性动物不喜欢在一个有异味的环境里与雌性动物交配。多配偶、群养动物的配种还受到动物社会的干扰，有的处于劣势地位的雄性动物其配种能力受到限制，有的雄性动物的气味会影响雌性动物的发育，有的动物配偶是固定的，在雄性动物受伤或其他因素而不具有配种或繁殖能力时，其固定的配偶是不会怀孕的。

实验大、小鼠的配种常在夜晚进行，科学研究中为了准确知道动物是否已经配过种，需采用阴道涂片法，只有配过种的动物，才可见大量精子在阴道涂片中。另一种常用的方法是检查阴道栓。小鼠于合笼的第二天上午9点以前，阴道口见有乳白色栓塞者，即说明该小鼠已在夜晚配过种。大鼠的栓塞易脱落，合笼第二天早晨检查粪盘时如见到数块碎裂奶油状或带点血的栓块时，则证明大鼠已于夜晚配过种。

三、仪器设备、材料与试剂

小鼠、细棉签、玻片。

四、技能训练内容

1. 性别鉴定

一般情况下，哺乳类动物的性别可依据动物的肛门与外生殖器（阴茎或阴道）之间的距离加以区分，雄性要比雌性的距离更长。成年小鼠性别易区别，雌性生殖器与肛门之间有一无毛小沟，距离较近；雄性可见明显的阴囊，生殖器突起较雌鼠大，肛门和生殖器之间长毛。幼年小鼠则主要靠肛门与生殖器的距离远近来判别，近的为雌性，远的为雄性（图42-1）。

图 42-1 小鼠性别鉴定：左侧为雄鼠，右侧为雌鼠

2. 年龄鉴定

可以查询饲养场的小鼠生长背景记录，或根据体重年龄曲线间接查得（图42-2）。

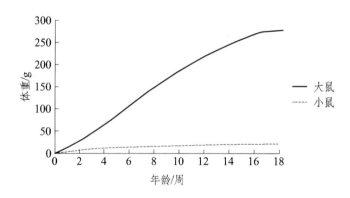

图 42-2 小鼠年龄与体重间的关系

3．发情鉴定

可通过小鼠阴道分泌物检查来判断是否发情。左手仰卧保定雌性小鼠，细棉签用生理盐水润湿后轻轻插入阴道约 0.5 cm，轻轻转动一下取出。将带有阴道分泌物的细棉签在载玻片上均匀涂抹，然后将涂片在空气中自然干燥。用碱性美蓝染液染色 5 min 左右，用蒸馏水慢慢冲洗掉剩余染液后使之干燥。在显微镜下观察阴道涂片的组织变化，确定其处于发情周期的哪个阶段。

4．配种鉴定

可通过阴道栓的检查来判断小鼠是否已交配。雌性小鼠通常不排出阴道栓，一般在交配后 2～4 h，在雌鼠的阴道内有明显可见的栓状物，若发现有阴道栓说明已发生了交配。

五、考查点

见表 42-2。

表 42-1　小鼠的性别、年龄、发情、配种的鉴定考查点

实训步骤	操作要点	考查内容	评分
1	性别鉴定	是否能正确判断小鼠性别	25
2	年龄鉴定	是否能根据年龄体重曲线间接判断小鼠年龄	25
3	发情鉴定	是否能通过阴道分泌物检查来判断小鼠发情情况	25
4	配种鉴定	是否掌握阴道栓检查技术	25

六、知识拓展

生殖是生物体种族延续的各种复杂生理过程的总称，它包括两性生殖体系各自独立的活动。正常产仔决定于每一个体系和调节繁殖激素的功能。雌性生殖器官的功能制约着排卵数、怀孕数、产仔数和离乳数；雄性生殖器官主要产生精子，且一个雄性动物能配多个雌性动物，这对后代的延续是非常重要的。雄性动物可以在任何时间配种，而雌性动物则受周期限制，两性中任何一性的异常都可引起不孕、难产、低产、弱胎、死胎和缺损。环境因子、气候、营养、伤害都可影响繁殖的成绩。实验动物的生殖参数见表 42-3。

表 42-3　实验动物的生殖参数

项　目		小鼠	大鼠	地鼠	沙鼠	豚鼠	兔	猫	犬	猴
性成熟/周	古	6～7	6～8	4～6	10～12	8	6～7个月	9个月	6～8个月	3～4 年
	早	5～7	7～9	5～7	9～12	10	5～6个月	7个月	7～9个月	1.5～2.5年
初配/周	古	8	12～14	7～8	10～12	10～12	6～7个月	9～12个月	8～10个月	6 年
	早	6～8	12～14	7～8	10～12	12～14	5～6个月	7～9个月	9～11个月	5 年

项目	小鼠	大鼠	地鼠	沙鼠	豚鼠	兔	猫	犬	猴
发情周期类型	多发情周期	多发情周期	多发情周期	多发情周期	多发情周期	多发情周期	季节性多周期	一年春、秋2次	多周期每月1次
发情周期/d	4~5	4~5	4	4	16~19		15~21	180	28
发情时间/h	9~20	9~20	4~23	12~18	6~15		4	7~13	
排卵时间/h	发情开始23	发情开始8~11	发情开始前	—	发情开始10	配种后10	配种后24~36	早于发情	周期开始11~15天
卵到达子宫/d	3	3	3	—	4	3	4~8	8~10	4
受精到植入/d	5	5~6	5	6	6	7~8	13~14	13~14	9
产后到发情	24 h内	24 h内	1~8 d	几个小时	6~8 h	35 d	断奶后4~6周	下一生殖季节	断奶后
怀孕期/d	19~21	21~23	16~18	24~25	65~72	31~32	58~64	58~63	165~170
平均产仔数/只	10~12	9~11	5~6	5	3	7~9	3~5	4~8	1
初生重/g	1.0~1.5	5~6	2	2.5~3.0	90~100	64	125	350~450	500~700
哺乳期 d	16~21	21	20~24	21~24	14	6~8周	6~8周	6~8周	4~6个月
生殖寿命年 古	1.0~1.5	1	2	2	5	1~3	5~7	6~14	12~15
生殖寿命年 早	6~8胎	1	1	2	4~5	1~3	8~10	6~10	12~15

七、参考资料

[1] 李宝龙. 实验动物[M]. 北京：中国轻工业出版社，2015.

[2] 李玉冰. 实验动物[M]. 北京：中国环境科学出版社，2006.

项目四十三
家兔的性别、发情、配种的鉴定

一、技能训练目的与要求

1. 掌握准确鉴定兔性别、发情、配种的技术方法。
2. 了解性别、发情、配种的鉴定方法在实际中的应用。

二、实验实训原理（或简介）

在每一个发情周期里，雌性动物不论交配与否总会自然排卵，这种排卵称为自发性排卵。兔仅在配种刺激或其他刺激后排卵，这种排卵称为诱导或刺激性排卵。多产动物两个卵巢的卵泡可同时成熟排卵。

三、仪器设备、材料与试剂

家兔、细棉签、玻片。

四、技能训练内容

1. 性别鉴定

一般情况下，哺乳类动物性别依据动物的肛门与外生殖器（阴茎或阴道）之间的距离加以区分。雄性要比雌性的距离更长。可观察初生仔兔及开眼仔兔的阴部孔洞形状和距离肛门远近。孔洞扁形、大小与肛门相同，距肛门近者为雌性；孔洞圆形而略小于肛门，距肛门远者为雄性。

2. 发情鉴定

通过阴道检查观察雌性动物阴道黏膜的色泽、干湿状况、黏液性状等加以判定。卵泡在 发育过程中产生的雌激素，引起母兔生殖道充血肿胀，分泌大量黏液，出现性欲和性兴奋，表现一系列发情征候。发情判断主要依据是发情行为和外阴部黏膜的颜色。母兔发情主要表现为烦躁不安，食欲减退，往返跳动，反应敏感，顿足刨地，排尿频密。性欲强的母兔会主动接近公兔，当公兔爬跨时会主动抬起臀部，以配合公兔的交配动作，未发情母兔的外阴部黏膜为白色，发情开始时黏膜呈粉红色，继而变为大红色，发情结束时为紫红色。外阴部呈大红色和中度充血肿胀时受交配刺激即可排卵。因此，母兔配种有"粉红早、紫红迟、大红正当时"之说。母兔上述表现和变化持续 3 ~ 4 d，这个时期称为发情期。应注意此法与假孕及雌性动物不正常发情的区别。

3. 配种鉴定

为了某些研究目的，有时须确切地知道雌性动物何时发生了交配，在实验动物中常用阴道涂片法，以观察雌性动物阴道内是否存在精子，从而确定是否已经交配。

五、考查点

见表43-1。

表43-1 家兔的性别、发情、配种的鉴定考查点

	操作要点	考查内容	评分
1	性别鉴定	是否能正确判断家兔性别	25
2	发情鉴定	是否能正确判断家兔的发情行为；是否能通过外阴变化判断家兔的发情期	50
3	配种鉴定	是否掌握阴道涂片检查技术	25

六、知识拓展

1. 生殖激素

性激素启动与调节生殖过程，影响生殖的各个阶段并且负责表现机体第二性特征。性激素很复杂并相互关联，见表43-2。

表43-2 性激素的来源及功能

激素	来源	功能
促性腺激素释放因子（GNRH）	丘脑下部	刺激来自垂体的FSH和LH的合成与释放
催产素	丘脑下部（储存于垂体）	增强子宫的收缩和泌乳
卵泡刺激素（FSH）	垂体	刺激卵泡生长、刺激精子生成
促黄体激素（LH）	垂体	刺激排卵和卵巢分泌雌激素、刺激睾丸分泌雄激素
催乳素	垂体	刺激排乳、维持黄体功能
雌激素	卵巢	促进雌性动物生殖道的生长和发育
黄体酮	卵巢（黄体）	促使动物生殖道做怀孕准备并维持怀孕
松弛素	卵巢	促使骨盆韧带和软骨的松弛
雄性激素	睾丸	刺激精子成熟、雄性附属腺发育并维持第二性特征

2. 假 孕

如果雌性动物与一个无繁殖能力的雄性动物交配，或受精卵未着床，或怀孕不是由交配而引起的，所显现的怀孕现象称为假孕。这时黄体保持着活动，使子宫、乳腺产生

类似怀孕的变化，换句话说，内分泌与生殖器官的活动犹如正在怀孕，乳腺甚至可短暂地泌乳。不同种的动物假孕期长短不一，绝大多数实验动物假孕比正常怀孕要短，可能等于正常怀孕时间的 1/3 ~ 1/2。

七、参考资料

[1] 李宝龙. 实验动物[M]. 北京：中国轻工业出版社，2015.
[2] 李玉冰. 实验动物[M]. 北京：中国环境科学出版社，2006.

项目四十四
实验动物健康的观察与评价

一、技能训练目的与要求

掌握观察的方法、内容，并能对动物健康状况做出评价。

二、实验实训原理（或简介）

判断实验动物是否处于健康状态，是实验得以成功的基本保障之一。初学者应掌握如下原则：

1. 一般情况

发育良好，眼睛有神，反应灵活，运动自如，食欲良好，眼球结膜无充血，瞳孔处无分泌物，无鼻翼扇动、打喷嚏、抓耳挠腮等情况。

2. 皮毛颜色
动物的皮毛清洁、柔软、有光泽，无脱毛、蓬乱和真菌感染的现象。

3. 腹部呼吸
动物腹部呼吸均匀，腹部无膨大隆起的现象。

4. 外生殖器
动物外生殖器无损伤、无脓痂、无异味黏性分泌物。

5. 爪趾特征
动物无咬伤、无溃疡、无结痂等。

三、仪器设备、材料与试剂

小鼠、家兔、开口器、体温计。

四、技能训练内容

1. 观察动物的外表与行为
观察安静状态下的动物是否有精神萎靡不振、运动失调、敏感性增高等表现，检查被毛是否粗乱，皮肤有无创伤、丘疹、水泡、溃疡、脱水皱缩，头部、颈部、背部有无肿块，四肢关节有无肿胀，尾部有无肿胀、溃疡、坏疽、无毛瘢痕，鼻孔有无渗出物阻塞、喷嚏、呼吸困难，眼部有无渗出物、结膜炎，口部有无流涎、张口是否困难，是否便秘、腹泻，以及粪便颜色，排便次数，粪便数量，粪便中有无未消化饲料、黏液、血液、寄生虫虫体，排尿的次数，每次尿量及颜色等。

2. 个体检查

通过触摸背部、臀部、腿部肌肉，判定动物的营养状况；仔细检查皮肤的弹性，有无缺毛、瘢痕和外寄生虫；肛门皮肤及被毛有无被稀粪污染；眼部有无角膜炎、晶状体浑浊、瞳孔形状变化和色素沉着等；用开口器打开口腔，观察黏膜有无出血、糜烂、溃疡、假膜、炎症；轻轻压迫喉头与气管能否引起咳嗽；触诊腹腔有无疼痛反射、较大肿块；测量体温。

3. 采食和饮水观察

对群养动物投喂饲料时，健康动物常踊跃抢食，而患病动物往往独立于一侧，厌食甚至拒食。饮水时健康动物一般适度饮水，但腹泻动物通常饮水量大增；食欲与饮欲俱增应怀疑是否为糖尿病。发现拒食动物立即剔除，做进一步的检查。

4. 观察记录

对动物进行观察检查后，认真填写以下记录表（表44-1），做出相应评价

表44-1　动物健康观察记录表

动物品系：		
内容	情况记录	评价
行为习惯		
体态营养		
神态反应		
被毛皮肤		
采食饮水		
粪尿		
呼吸、心搏、体温		
天然孔、可视黏膜		
妊娠哺乳生长发育		
综合评价：	观察人：	日期：

五、考查点

见表44-2。

表44-2　实验动物健康的观察与评价考查点

	操作要点	考查内容	评分
1	外表与行为	是否观察动物的行为和有无异常症状	30
2	个体检查	是否对动物的营养状况进行检查；是否对动物体表、毛发、黏膜及排便情况进行检查；是否检查口腔；是否测体温等	30
3	采食和饮水观察	是否观察动物的食欲和饮欲表现	30
4	记录	是否填写健康观察记录表	10

六、知识拓展

影响实验动物质量的主要环境因素有气候因素，包括温度、湿度、气流与风速等；空气因素，包括空气污染、气溶胶、有害气体、空气净化与调节等；声光因素，包括声波、噪声、光照度、光照周期、紫外线等；生物因素，包括微生物、寄生虫等；居住因素，包括居住大环境、居住小环境；饮食因素，包括饲料及饮水；社会因素，包括动物之间的社会关系及人与动物的社会关系。

（一）环境因素对实验动物质量的影响

1. 温度的影响

温度影响生长发育和繁育，在低温环境下性周期出现较迟，产仔数减少，死胎率增加，泌乳量及离乳率均减少；高温下雄性小鼠出现睾丸和附睾萎缩，精子形成能力下降，怀孕大鼠死亡率明显增加

温度影响病原体的存活和繁殖（适宜的温度有利于各种病原体和媒介的生存和繁殖。例如，猪的肺炎支原体在室温中存活不超过36 h，低温可存活数天至数年，高温使口蹄疫病毒很快失去活性），从而影响动物的健康。

温度影响动物行为和形态。低温下繁殖的小鼠尾长明显缩短。大鼠在10 ℃繁殖时，其尾长较在30 ℃下繁殖的约短2 cm。

2. 湿度的影响

高湿时，动物体的蒸发受到抑制，容易引起代谢紊乱，机体抵抗力下降，发病率增加；高湿有利于病原微生物和寄生虫的生长繁殖。低湿时大鼠易发生环尾病，湿度20%时，大鼠几乎均患此病，湿度在40%时，有25.3%发生，不同品系发病率不同；低湿时哺乳母鼠易发生吃仔现象，仔鼠发育不良，体重增长停滞。

3. 气流和风速的影响

气流过大，即使环境温度和湿度适宜，但动物体表的对流散热和皮肤汗腺的蒸发散热都增强，会使动物不适。

4. 空气因素对动物质量的影响

空气质量不佳引起呼吸系统疾病；引起皮肤、黏膜的变态反应；携带微生物影响实验动物的质量；污染动物实验环境。高浓度的氨可直接刺激机体组织，引起碱性化学损伤，使组织溶解、坏死，还能引起中枢神经系统麻痹中毒性肝病、心肌损伤等。实验动物长期处于低浓度氨环境中，对结核病、肺支原体等传染病的抵抗力显著下降。在氨气毒害下，大肠杆菌、肺炎球菌的感染过程显著加快。动物个体排出体外的信息素，能引起同种个体产生某些特殊反应的物质。

（二）声光因素对动物质量的影响

1. 光照对实验动物的影响

光线对实验动物的影响主要表现在生理和行为活动。持续光照，过度刺激生殖系统，

232

产生连续发情，大、小鼠出现永久性阴道角化，有多数卵泡达到排卵前期，但不形成黄体；光照过强会导致雌性动物带仔能力差，甚至出现吃仔和哺乳不良现象；强光照还使动物出现视网膜退行性变化，白色大鼠在 540～980 Lux 照度下持续 65 d，其角膜完全变性。

2. 噪声对实验动物的影响

噪声可引起小鼠听力性痉挛，比如小鼠在受到 4 M 远超声清洗机的噪声刺激后可发生休克死亡。

噪声对生殖影响较大，动物发情期紊乱，交配率降低；影响受精卵着床，受孕率下降 40%，流产增多；影响母性，出现弃子或者咬死幼崽。

噪声引起动物呼吸、心跳、血压、肾上腺素等生理指标变化。

噪声使动物抵抗力下降，从而对毒性和感染性实验影响大。

（三）生物因素对动物实验的影响

病原微生物会引起鼠疫、口蹄疫、结核、沙门氏菌、狂犬病等人畜共患病，随着人和动物呼吸，空气中病原微生物进入机体，使机体发病。

（四）饮食因素对实验动物的影响

当体内水分减少 8% 时，动物出现严重干渴，食欲丧失，消化机能减退，黏膜干燥，抗病力下降，组织内蛋白质、脂肪分解加强，哺乳期动物的泌乳量急剧下降。当缺水达到 10% 时，机体的各种代谢活动严重紊乱。缺水 20%，动物死亡。

七、参考资料

[1] 李宝龙. 实验动物[M]. 北京：中国轻工业出版社，2015.

[2] 李玉冰. 实验动物[M]. 北京：中国环境科学出版社，2006.

项目四十五
实验动物抓取固定、分组编号标记

一、技能训练目的与要求

掌握小鼠、家兔等实验动物的正确捕捉、抓取、保定及分组编号方法。

二、实验实训原理（或简介）

正确地抓取固定动物，是为了不损害动物健康，不影响观察指标，并防止被动物咬伤，保证实验顺利进行。抓取固定动物的方法依实验内容和动物类而定。抓取固定动物前，必须对各种动物的一般习性有所了解，抓取固定时既要小心仔细，不能粗暴，又要大胆敏捷，确实达到正确抓取固定动物的目的。

实验动物需编号标记以示区别，便于实验者观察每个动物的变化。实验动物编号标记的方法很多，好的标记应达到清晰、耐久、简便适用的要求。常用的方法有化学染色法，耳缘剪口法或打小孔法，挂牌法及烙印法。

三、仪器设备、材料与试剂

1. 仪器设备

剪刀、镊子、耳号钳、记号笔、毛笔、棉绳。

2. 试 剂

苦味酸饱和液、0.5%中性红或一品红溶液、煤焦油酒精溶液、碘酒、酒精。

3. 材 料

小鼠、兔。

四、技能训练内容

（一）抓取与保定方法

1. 小 鼠

小鼠一般不会咬人，但抓取时要轻、缓。先用右手抓住鼠尾提起，放在实验台上，在其向前爬行时，用左手的拇指和食指抓住小鼠的两耳和头颈部皮肤，然后将鼠置于左手手心中，把后肢拉直，用左手的无名指及小指按住尾巴和后肢，前肢可用中指固定，完全固定好后松开右手（图 45-1）。对操作熟练者可采用左手一手抓取法。根据实验需要可将小鼠固定在手中，也可将小鼠固定在玻璃、木和竹制的圆筒内或小鼠固定板上。

（a）　　　　　　　　　　　　　　　（b）

图 45-1　小鼠的抓取方法

（引自：白波医学技能学实验教程. 2004）

2. 豚鼠和家兔

豚鼠和兔不会咬人，抓取时应注意采用正确的方法，防止对动物造成损伤或被动物抓伤。以一只手按住兔子的双耳和颈背部的毛皮提起，然后另一只手托其臀部，让其体重的大部分集中在这一只手上（图 45-2）。如有需要将兔子放入盒式固定器内，露出头部。

注意：①不能单纯抓提双耳或抓提背腹部的皮；②盒式固定适用于兔耳采血、耳血管注射等情况。

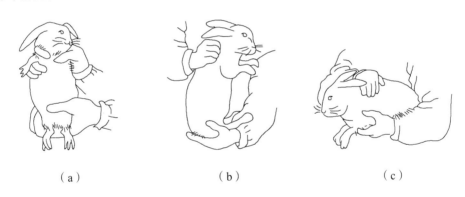

（a）　　　　　　　　　　（b）　　　　　　　　　　（c）

图 45-2　豚鼠和家兔的抓取方法

（引自：白波医学技能学实验教程. 2004）

（二）编号标记方法

1. 个体染色标记法

用毛笔将苦味酸或中性红涂在动物的不同部位，各个部位所表示的号码如图 45-3 所示。用黄色表示个位数，红色表示十位数。此方法适用短期试验的大小鼠。

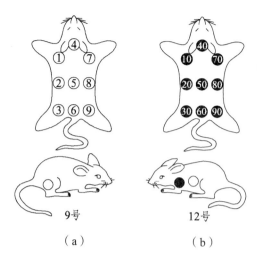

图 45-3 小鼠染色标记

（引自：白波医学技能学实验教程.2004）

2. 打耳孔法

打耳孔法是专用于动物编号的耳孔机直接在动物耳朵上打孔或打成缺口、编号的方法，用剪刀将耳缘剪缺口也可代替此方法。由打孔的位置和孔的数量来标记。一般习惯在耳缘内侧打小孔，按前、中、后分别表示为1、2、3号，在耳缘部打成一缺口则分别表示4、5、6号，打成双缺口状则表示7、8、9号。右耳表示个位数，左耳表示十位数。再加上右耳中部打一孔表示100，左耳中部打一孔表示200，按此法可编至400号，如图45-4所示。打孔法应注意防止孔口愈合，可使用滑石粉涂抹在打孔局部。

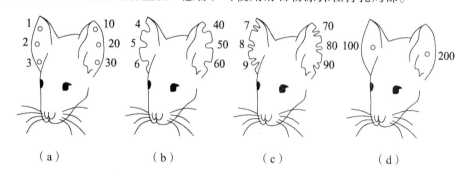

图 45-4 耳孔编号

（引自：白波医学技能学实验教程.2004）

3. 专用耳号钳标记法

此方法是用市售的专用耳号钳进行标记，使用时，在耳内侧无血管的部位用酒精或碘酒消毒，将编好号码的专用耳牌用专用耳钳穿夹在耳上。

五、考查点

见表45-1。

表 45-1　实验动物抓取固定、分组编号标记考查点

实训步骤	操作要点	考查内容	评分
1	小鼠的抓取	是否正确掌握小鼠的抓取方法	25
2	家兔和豚鼠的抓取	是否正确掌握家兔和豚鼠的抓取方法	25
3	染色编号法	是否正确掌握染色编号法	25
4	耳孔编号法	是否正确掌握耳孔编号法	25

六、知识拓展

动物实验时，常常需要将选择好的实验动物按研究需要分成若干组。在分组前，应根据实验需要设计每组实验动物样本数量。在实验动物分组时，为了避免人为主观因素的影响，减少实验误差的发生，常使用随机数字表进行完全随机化的分组。

1. 设立对照组

按对象不同，可分为自身对照和平行对照；按目的不同，可分为空白对照（正常对照）、模型对照和阳性对照。

自身对照是把实验动物本身在动物实验前、后两阶段的各项相关数据，分别作为对照组和实验组的结果并进行统计学处理。也可以是自身不同部位的对照，如左侧和右侧，前面和后面等。

平行对照组是与实验组平行地设置另外的组，使之与实验组能够进行对比。它可分为分正常对照组、模型对照组和阳性对照组。

空白对照就是对动物不施加任何处理，正常饲养；或者必要时给予蒸馏水、生理盐水或其他药物的溶剂等。空白对照的设立是为了突出正常动物与造成疾病的动物之间有何差别。

模型对照组通常就是以一定的方法造成动物的疾病，而不施加任何的处理。也就是说，观察在疾病状态下，没有任何干预措施的动物表现是如何的。模型对照的设立是为了与空白相对比。当然，如果实验中不研究动物在疾病状态下的表现，而只需观察药物或化合物对正常动物的作用，则可不设立模型组。

阳性对照组通常是将模型动物给予一定量确实有效的药物加以处理，观察其治疗效果如何。阳性对照药的目的，就是观察此模型状态下，药物是否对之有效。假如阳性对照药都没有效，那可能此模型或者给药方式有问题；而阳性对照药有效，被测试的药物没有效，则说明被测药物不行。另一方面，被测药物与阳性药物对照，可看出孰优孰劣。因此，经此对比，可以突出被测药物的作用。并不是每一个实验都能找到阳性对照药，也不是每一个实验都需要设置阳性对照组。

2. 实验设计

目前，常用的方法有：完全随机设计、随机区组设计、拉丁方设计等。实验设计方法不同，则随机方法不同。

完全随机设计是医学科研中最简单的一种设计。它是把动物或标本不加区分地随机

分成若干个组。这种设计有一个重要的前提，那就是所有动物必须是"同质"的，或者近似"同质"的。这种设计最好使各组动物数相等，这样的统计效能最高。切忌为了节省动物，把正常对照组的数目设计得比其他组少。

随机区组设计也称为配伍组设计。适合于两因素的实验，比如既要考察几种药物对某一疾病的影响，又要考察年龄因素对疾病的影响，可采用此法。它要求随机先按某一因素分成相等的几组，再在组内按另一因素分成几个区。它对动物的要求比较高，而且在实验期间动物死亡而导致某一数据缺失的话，对统计效能的影响较大。因此，适合一些对动物损害不是特别大的实验。

随机是指概率均等。在动物实验中，随机分组就是要把等质的动物以相等的概率分配到预先设定的各组中去。目前实现随机的方法主要有：随机数字表、软件法和计算器法。

七、参考资料

[1] 李宝龙. 实验动物[M]. 北京：中国轻工业出版社，2015.

[2] 李玉冰. 实验动物[M]. 北京：中国环境科学出版社，2006.

项目四十六
实验动物的给药方法

一、技能训练目的与要求

通过实训，掌握动物实验中常用的给药方法。

二、实验实训原理（或简介）

（一）常用给药途径及其特征

1. 口服给药

口服药物在胃肠道吸收后，首先进入肝门静脉系统，某些药物在通过肠黏膜及肝脏时，部分可被代谢灭活而使进入体循环的药量减少，药效降低。口服是最安全方便的给药方法，也是最常用、使用频率最高的给药方式。

优点：药物经过食道到达胃肠道，主要在小肠吸收，给药相对安全，吸收持续时间长。

缺点：吸收速度慢；有首过效应；易受多种因素的影响，如药物崩解速度、胃肠内 pH、胃肠排空速度、食物等。

2. 皮下注射

将药物注射到疏松的皮下组织中。由于皮下组织血管少，血流速度慢，药物吸收较肌肉注射慢，甚至比口服慢。

优点：需延长药物作用时间可采用皮下注射，吸收均匀。

缺点：药物见效缓慢。

3. 肌肉注射

肌肉注射是将药物注射到骨骼肌中，存在吸收过程。药物先经注射部位周围组织扩散，再经毛细血管吸收进入血液循环，所以起效比静脉注射慢。

优点：吸收快；无首过效应，给药量准确。

缺点：药物的水溶性、注射部位的血流量影响吸收。

4. 静脉注射

药物直接注射进入静脉血管。没有吸收过程，100%进入体循环；起效快，在注射结束的同时，血药浓度已达到最高。用于急诊、重症和麻醉等。适用于药物容积大、不易吸收或具有刺激性的药物。

优点：药物剂量准确，起效快。

缺点：安全性差。

5. 舌下给药

将药物放于舌下，给药方便。舌下黏膜渗透能力强，血流丰富，药物吸收快。适用于口服首过效应强或在胃肠道中易降解，用量小、脂溶性高的药物，如硝酸甘油、甾体类激素。

优点：无首过效应，吸收快。

缺点：易受唾液冲洗作用影响；保留时间短；吸收面积小；吸收不规则。

6. 直肠给药

将药物塞入直肠内。主要剂型为栓剂或灌肠剂，用于局部或全身作用。栓剂给药时，药物在直肠吸收主要有两条途径，一是通过直肠上静脉，经门静脉进入肝脏，进行代谢后再由肝脏进入大循环；二是通过直肠中、下静脉和肛管静脉进入下腔大静脉，绕过肝脏而进入大循环。因此，栓剂插入肛门的深度越靠近直肠下部，药物在吸收时不经肝脏的量越多，一般在距肛门 2 cm 处。

优点：吸收良好；直肠耐受刺激性好；比口服干扰因素少；首过效应弱。

缺点：吸收面积小。

（二）不同给药途径对应的药物剂型

1. 经胃肠道给药剂型

是指药物制剂经口服用后进入胃肠道，起局部或经吸收而发挥全身作用的剂型，如常用的散剂、片剂、颗粒剂、胶囊剂、溶液剂、乳剂、混悬剂等。容易受胃肠道中的酸或酶破坏的药物一般不能采用这类简单剂型。口腔黏膜吸收的剂型不属于胃肠道给药剂型。

2. 非经胃肠道给药剂型

是指除口服给药途径以外的所有其他剂型，这些剂型可在给药部位起局部作用或被吸收后发挥全身作用。

（1）注射给药剂型：如注射剂，包括静脉注射、肌内注射、皮下注射、皮内注射及腔内注射等多种注射途径。

（2）呼吸道给药剂型：如喷雾剂、气雾剂、粉雾剂等。

（3）皮肤给药剂型：如外用溶液剂、洗剂、搽剂、软膏剂、硬膏剂、糊剂、贴剂等。

（4）黏膜给药剂型：如滴眼剂、滴鼻剂、眼用软膏剂、舌下片剂、粘贴片及贴膜剂等。

（5）腔道给药剂型：如栓剂、气雾剂、泡腾片、滴剂及滴丸剂等，用于直肠、阴道、尿道、鼻腔、耳道等。

三、仪器设备、材料与试剂

1. 仪器设备

灌胃针、胶皮胃管、注射器、开口器、镊子、消毒棉球。

2. 材 料

小鼠、家兔。

四、技能训练内容

（一）经口给药

1. 固定动物

大鼠、小鼠、豚鼠用手固定，用左手拇指和食指抓住鼠两耳和头部皮肤，其他三指抓住背部皮肤，将鼠抓在手掌内。兔、猫用固定器固定或由助手用手固定，犬用固定台固定并将头固定好，嘴用绑带绑住。

2. 插入灌胃针或胃管

大鼠、小鼠、豚鼠直接插入（图 46-1），兔、猫需用开口器使动物口张开。犬则将右侧嘴角轻轻翻开，摸到最后一对大臼齿，齿后有一空隙，中指固定在空隙下，不要移动，然后用左手拇指和食指将胃管插入。插入灌胃针或胃管时，轻轻顺着上腭到达咽部，靠动物的吞咽进入食管。灌胃针或胃管插入食管时进针或插管很流畅，动物通常不反抗；若误入气管，因阻碍呼吸，动物会有挣扎。

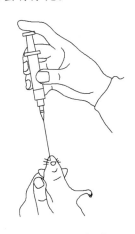

图 46-1　小鼠插灌胃针

3. 灌 药

灌胃针或胃管插入需要到达的位置后，缓慢注入药物。

4. 拔去灌胃针或胃管

灌药完毕后，轻轻拔出灌胃针。为了防止胃管内残留药液，在拔出胃管前需注入少量生理盐水，然后拔出胃管。

（二）注射给药

1. 皮下注射

皮下注射是将药液注入皮下结缔组织，经毛细血管、淋巴管吸收进入血液循环的方法。该技术通常用于皮肤较薄、皮下组织疏松且血管较少的部位，如颈背部、腋下或大腿内侧的皮肤。凡是易溶解、无刺激性的药物以及菌苗、疫苗、细胞等，都可以进行皮下注射。首先剃去注射部位毛发并用酒精消毒，用左手拇指与食指捏起背部皮肤，右手手持注射器，针头斜面朝上与皮肤呈 30°～45°角刺入帐篷状皮肤，刺入后针头轻轻左右摆动（易摆动说明已刺入皮下），再轻轻抽吸，如无回血，可缓慢地将药物注入皮下（推药过程中能明显观察到注射部位鼓起一小包，小包一定时间可消失）。注射完拔出针头后用无菌棉签压住进针部位片刻，以免药物外漏。

2. 皮内注射

皮内注射是将药液注入皮肤的表皮和真皮之间，用于观察皮肤血管的通透性变化或皮内反应，接种、过敏实验等。皮内注射吸收较慢。皮内注射一般选用背部脊柱两侧的皮肤。固定小鼠后，将注射部位毛发剃去，局部常规消毒，左手拇指和食指按住皮肤使之绷紧，在两指之间进行针头穿刺，针头斜面朝上与皮肤呈大约 30°角刺入，同时针头稍微上挑起并稍刺入，将药液注入皮内。注射后皮肤出现小丘疹状隆起并且比周围的皮肤白，且皮肤上的毛孔极为明显。如果注射时感觉比较费力，说明注射正确；如果感觉比较容易，说明已注入皮下，要拔出针头重新注射。

3. 肌肉注射

肌肉注射一般用于有特定给药方式要求的药物，或不溶、难溶于水而混悬于油或其他溶剂中的药物。注射部位一般选择肌肉丰富、血管较少的臀部。大鼠、小鼠等小动物常用大腿外侧肌肉。注射时，由皮肤表面垂直或稍斜刺入肌肉，回抽一下，如无血，即可注射。

4. 腹腔注射

腹腔注射是将药物注入动物胃肠道浆膜以外、腹膜以内的注射方式。腹腔注射作为常用给药方式的一种，方便易行，吸收快速，一般用于不适宜或经胃肠道吸收效率较低的给药，并且还能对幼鼠进行诱导。经腹腔给药，药物吸收速度较静脉注射慢，但是这种给药方式可以注射的药物体积要大于静脉注射，对于个体较小的实验动物给药具有重要意义。腹腔注射时右手持注射器，左手的小指和无名指抓住小鼠的尾巴，另外三个手指抓住小鼠的颈部，翻转小鼠使小鼠的头部向下，腹部向上。这样由于重力作用，腹腔中的器官就会自然倒向胸部，防止注射器刺入时损伤大肠、小肠等器官。右手将注射针头于左下腹部刺入皮下，以 45°角穿过腹肌（进针不能太深，感到明显的穿透感即可，以防刺入脏器，进针后注意回抽，抽回较吃力且仅空气被回吸则说明进针成功），固定针头，缓缓注入药液。进针的动作要轻柔，防止刺伤腹部器官。注射完后不能立马抽出针头，要将针头在腹腔内多停留一段时间，堵住伤口阻止药物外流，让药物随着脏器蠕动被转移。

5. 静脉注射

静脉注射是一种用注射器将少量或单一种类药品注射到静脉，使药物直接进入血液循环的方式。静脉注射是效率最高的给药方式，不需要溶剂的吸收，不存在收过代谢，生物利用率最高。

（1）小鼠的尾静脉注射：操作时将小鼠用专门的保定器保定，使其尾部充分暴露，尾部用 45～50 ℃的温水浸润半分钟或用酒精擦拭使血管扩张，并使表皮角质软化，用左手拇指、食指和无名指捏住并从下面托起尾巴，用无名指和小指夹住尾巴的末梢，右手持注射器使针头与静脉平行（小于 30°），距鼠尾尖 1/4 处（约距尾尖 2～3 cm）处进针，此处皮薄易于刺入，先缓注少量药液，如无阻力，无白色皮丘出现，表示针头已进入静脉，可正式注入药物。若推药无阻力且血管整条会立即由红变白，推完药血管又恢复红色，用干棉球按压止血则尾静脉注射完成。如需反复注射，应从尾部末端开始，逐渐向尾根方向移动。小鼠的尾静脉共有 3 条，其中尾部左右两侧各有一条，背侧有一条，腹侧有一根尾动脉。因为左右两侧静脉角质层较薄且易固定，所以常为注射所用。

兔的耳缘静脉注射：兔耳中央为动脉，耳外线为静脉，内缘静脉不易固定，故不用。外缘静脉表浅易固定，常用。将动物用固定器固定好后，轻拉耳尖，用酒精棉球消毒后，沿血管向耳根部方向进针，准确刺入血管后可看见有回血，然后缓慢注入药液，注射完毕后注意压迫止血。

五、考查点

见表 46-1。

表 46-1　实验动物的给药方法考查点

实训步骤	操作要点	考查内容	评分
1	经口给药	掌握动物的灌胃技术	15
2	皮下注射	掌握皮下注射技术	15
3	皮内注射	掌握皮内注射技术	15
4	肌肉注射	掌握肌肉注射技术	15
5	腹腔注射	掌握腹腔注射技术	15
6	静脉注射	掌握尾静脉和耳静脉注射技术	25

六、知识拓展

药物作用是指药物与机体生物大分子相互作用所引起的初始作用。药理效应是药物引起机体生理，生化功能的继发性改变，是机体反应的具体表现。通常药理效应与药物作用互相通用，但当二者并用时，应体现先后顺序。药理效应是机体器官原有功能水平的改变，功能增强称为兴奋，功能减弱称为抑制。药物作用的方式，根据药物作用部位分为局部作用和吸收作用。局部作用指在用药部分发生作用，几无药物吸收。吸收作用又称全身作用，指药物经吸收入血，分布到机体有关部位后再发挥作用。药物的治疗作用指患者用药后所引起的符合用药目的的作用，有利于改变病人的生理、生化功能或病理过程，使机体恢复正常。根据药物所达到的治疗效果分为对因治疗和对症治疗。

凡是不符合用药目的，并给患者带来不适或痛苦的反应统称为药物的不良反应。根据治疗目的、用药剂量大小或不良反应严重程度，分为

1. 副作用

指药物在治疗剂量时，出现的与治疗目的无关的不适反应。

2. 毒性反应

在药物剂量过大或体内蓄积过多时发生的危害机体的反应，一般较为严重。又分为急性毒性反应和慢性毒性反应。

3. 变态反应

指机体受药物刺激所发生的异常免疫反应，可引起机体生理功能障碍或组织损伤，又称过敏反应。

4. 后遗效应

在停药后血药浓度已降至最低有效浓度以下时仍残存的药理效应。

5. 继发反应

指由于药物的治疗作用引起的不良后果。

6. 停药反应

指长期服用某些药物，突然停药后原有疾病的加剧，又称反跳反应。

7. 特异质反应

指某些药物可使少数病人出现特异质的不良反应，与遗传有关，属于遗传性生化缺陷

七、参考资料

[1] 李宝龙. 实验动物[M]. 北京：中国轻工业出版社，2015.

[2] 李玉冰. 实验动物[M]. 北京：中国环境科学出版社，2006.

[3] COLBY L A, NOWLAND M H, KENNEDY L H. Clinical Laboratory Animal Medicine[M]. 5th edition. Hoboken: Welly Blackwell, 2019.

项目四十七
实验动物的麻醉

一、技能训练目的与要求

掌握常用的吸入麻醉法和注射麻醉法，以及不同种类动物、不同麻醉药品的使用方法。

二、实验实训原理（或简介）

所有可能引起实验动物疼痛或不适的实验方案都应使用合适的麻醉剂、止痛剂和镇静剂。如麻醉剂、止痛剂或镇静剂可能影响实验数据，该实验方案可不使用麻醉剂、止痛剂或镇静剂，但必须在实验方案中予以详细说明，并在实验动物管理委员会批准后方可开展相关实验。

由于动物品系、使用途径、体重、性别、动物健康状况、温度、其他同时使用的药物等多种因素都会影响麻醉剂、止痛剂或镇静剂的使用剂量和有效时间，因此，在使用麻醉剂时必须时刻监测实验动物的麻醉深度，以防止过度麻醉导致动物死亡或麻醉不足无法缓解动物的疼痛。足底反射、角膜反射、肌肉紧张和对皮肤夹捏的反应是检测动物麻醉深度的有用指标，在条件许可时，推荐测量动物心率、血压、呼吸频率及体温，作为检测动物麻醉深度更为精确的指标。

使用麻醉剂时，一定要注意方法的可靠性，根据不同的动物选择合适的方法。

麻醉剂的用量，除参照一般标准外，还应考虑个体对药物的耐受性不同。一般说，衰弱和过胖的动物，其单位体重所需剂量较小。在使用麻醉剂过程中，特别是使用巴比妥类药物时，一般应首先使用较小剂量，随时检查动物的反应情况，并逐步提高剂量。

动物在麻醉期体温容易下降，要采取保温措施。相比清醒的动物，麻醉后的动物反应相对迟钝。因此，推荐使用循环水浴保温垫，不推荐使用照明灯、电加热器等不易控制温度的设备，以免灼伤实验动物。

静脉注射麻醉剂发挥作用速度快，静脉注射必须缓慢，同时观察肌肉紧张、角膜反射和对皮肤夹捏的反应，当这些活动明显减弱或消失时，应立即停止注射。配制的药液浓度要适中，不可过高，以免麻醉过急；但也不能过低，以减少注入溶液的体积。实验操作涉及腹腔注射时，不应使用腹腔注射麻醉剂。

气温较低时，麻醉剂在注射前应加热至动物体温水平。

注射麻醉剂前 12 h 实验动物应禁食，以防止食物回流。注射前 3 h 应限制饮水。

不同实验动物疼痛表现有所不同，啮齿类实验动物疼痛时常表现得更为安静，并可能表现出弓背、呼吸急促、竖毛，舔舐或抓挠疼痛部位，瞳孔增大。有时会吞噬垫料或其他非食物物品（异食癖）。在抓取时，该动物可能表现得更有攻击性。需要注意，啮齿类实验动物有时并不表现出明显的行为异常，但这并不说明该实验动物没有疼痛问题。

不同动物疼痛持续的时间也不同，因此应密切观察实验动物的行为等指标。对创口较大的手术，至少在术后48 h内应给予实验动物适当的止痛剂，对较小的手术，至少在术后24 h内应给予实验动物适当的止痛剂。如24 h或48 h后实验动物表现出明显的疼痛，应持续给药，并应与兽医讨论实验动物是否存在其他的健康问题。通常同时给予两种以上不同的止痛剂有更好的效果。在手术前提前使用止痛剂也有助于帮助实验动物减轻疼痛感，并可减少麻醉剂和止痛剂的使用剂量。

三、仪器设备、材料与试剂

1. 仪器设备

麻醉箱或其他密闭容器、注射器、辅助麻醉器（如装有乙醚棉球的试管或烧杯，其口径刚好能覆盖住动物鼻子和嘴）。

2. 试　剂

乙醚、846、苏醒灵。

3. 材　料

小鼠、家兔。

四、技能训练内容

（一）麻醉类型

实验动物的麻醉分为全身麻醉和局部麻醉。局部麻醉常选用浸润麻醉，是指将麻醉药注射于皮肤、肌肉下组织或深部组织，以阻断用药局部神经传导，使痛觉消失。全身麻醉药能抑制中枢神经系统功能，达到意识消失，对全身任何部位的疼痛刺激失去感觉和反应。

1. 全身麻醉方法

分为吸入麻醉和非吸入麻醉。吸入麻醉是将挥发性麻醉剂或气体麻醉剂经由呼吸道吸入动物体内，从而产生麻醉效果的方法。非吸入麻醉是一种简单方便，能使动物很快进入麻醉期而无明显兴奋期的方法。一般可通过注射（静脉、皮下、肌肉、腹腔等）、口服、灌胃、灌注直肠和针刺麻醉、中药麻醉等方法使动物麻醉。

2. 局部麻醉

常选用浸润麻醉，是指将麻醉药注射于皮肤、肌肉下组织或深部组织，以阻断用药局部神经传导，使痛觉消失。

（二）麻醉药物的选择与应用

1. 全身麻醉药

吸入全麻药由于具有容易控制、安全和比较可靠等优点，在实验中广泛应用，如七氟烷、异氟烷、地氟醚、乙醚等。目前，国际上常用的吸入全麻药是异氟烷和七氟烷，其优点是气味小，对呼吸道和黏膜的刺激性小，因而呼吸畅通。使用安全，动物麻醉深度容易掌握，而且麻醉后苏醒较快。不足之处是需要配备麻醉机一起使用，价格较乙醚贵。异氟醚和七氟醚具有较高的固有蒸气压，是最好的用于带有面罩或鼻锥装置的精密汽化器，与无呼吸麻醉系统一起使用。乙醚也是常用的吸入麻醉药，其挥发性很强，有特殊的气味，为易燃品，适用于各种动物的麻醉。乙醚的作用是抑制中枢神经系统。其特点是安全范围大，肌肉能完全松弛，对肝和肾的毒性较小，麻醉的诱导期和苏醒期较短，动物麻醉深度容易掌握，而且麻醉后苏醒较快。副作用是对呼吸道和黏膜刺激性强，胃肠道反应增加，局部刺激作用大，可引起上呼吸道黏膜液体分泌增加，易发生呼吸道阻塞，使用时应小心。

注射麻醉药，经静脉、皮下、肌肉、腹腔等途径注入产生全麻作用的药物，称为注入麻醉药。常用的注射麻醉药有戊巴比妥钠、硫喷妥钠、氯胺酮、安泰酮等。

（1）氯胺酮：起效快，麻醉作用时间短，脂溶性较高。氯胺酮和甲苯噻嗪联合应用是外科手术中常用的注射方案。它们可以混合在一起，一次注射，以尽量减少操作压力。溶液按短期使用所需的量混合，这种组合提供 $30 \sim 45 \ min$ 的全身麻醉。据报道，混合溶液随着时间的推移会失去稳定性和有效性。

（2）戊巴比妥钠：为中效麻醉药（$3 \sim 6 \ h$）。戊巴比妥具有起效快，麻醉效果好，麻醉时间长，催眠效果好等特点，在长时间的小鼠手术中是首选麻醉剂。但由于戊巴比妥的成瘾性，该药物被列为二类精神药物，其购买受到国家严格管控。

（3）硫喷妥钠：为一种快速、短效麻醉药，具有很强的镇静作用。其特点是起效快。副作用：抑制呼吸中枢，呼吸道分泌物增加；使贲门松弛，易出现反流呕吐，导致误吸，术前禁食，注射阿托品。

（4）地西泮：具有良好的镇静作用，可以作为复合麻醉辅助用药，与氯胺酮合用，其效果最佳。

（5）三溴乙烷：曾被频繁用于诱导小鼠手术麻醉，例如在胚胎移植过程中用于转基因生产。然而，其副作用较为明显（如反复给药引起的腹膜炎）和不可预测的药物稳定性，其使用正在减少。如果使用，药物必须是新鲜混合，避光，并存放在冰箱中。

（6）舒泰：是一种新型分离麻醉剂，它含镇静剂替来他明和肌松剂唑拉西泮。在全身麻醉时，舒泰能够保证诱导时间短、极小的副作用和最大的安全性。在经肌肉和静脉途径注射时，舒泰具有良好的局部受耐性。麻醉诱导迅速、肌松效果好、镇痛强、苏醒快。

（7）赛拉嗪：是一种常用的镇静催眠药，属于 α 肾上腺素能受体激动剂，对多种动物有确切的镇静、肌松和微弱的镇痛作用，为兽医临床常用麻醉药。主要应用为赛拉嗪与舒泰复合使用，复合剂可增强麻醉和镇痛效果，并且能够降低舒泰的给药剂量，减小单用时的副作用，从而产生良好的麻醉效果。

2. 局部麻醉药

局部麻醉药是能在局部阻断神经传导，而不破坏神经组织的药物。实验中使用的局部麻醉药有酯类和酰胺类两类。酯类局麻药有普鲁卡因、氯普鲁卡因等，酯类局麻药在血浆内水解，其代谢产物对氨基苯甲酸可引起过敏反应；酰胺类局麻药有利多卡因、布比卡因等，酰胺类局麻药在肝内被水解。

（1）普鲁卡因短效局麻药，起效时间 1～3 min，时效约 50 min。

（2）利多卡因中效局麻药，起效时间 1～5 min，时效 1～1.5 h。扩散和穿透力较强。

（三）麻醉过程中的复苏与抢救

麻醉过程中，如由于过量麻醉导致麻醉程度过深，应及时对实验动物采取复苏和抢救措施。

1. 动物呼吸停止

主要表现为胸廓呼吸运动停止，黏膜发绀，角膜反射消失或极低，瞳孔放大等。呼吸停止初期，可见呼吸浅表，频数不等而且间歇。此时应立即停止麻醉，拉出舌头到口角外，应用 5%二氧化碳和 60%氧气混合气体间歇人工呼吸，同时辅以热葡萄糖溶液、呼吸兴奋药、心脏急救药物。

2. 动物心跳停止

在吸入麻醉过程中，麻醉初期实验动物容易出现反射性心跳停止，通常原因是剂量过大。另外，手术后麻醉剂导致实验动物心脏急性变性，心功能受损衰竭也会引起心跳停止。心跳停止的急救措施包括对实验动物进行心脏复苏，同时注射心脏抢救药进行抢救。

（四）麻醉的程序

1. 麻醉前给药

实验动物的麻醉前给药的目的通常为：镇静、保定，以降低动物的焦虑。同时给予阿托品类药物，抑制麻醉过程中动物唾液的分泌，减少动物窒息风险。

2. 麻醉剂给予

根据实验目的、动物种类、手术时长、动物苏醒后的疼痛管理要求和动物伦理要求等，选择合适的麻醉剂和给药方式。

3. 动物苏醒后止痛及护理

实验动物苏醒后，因手术创口、炎症反应等，不可避免会产生疼痛感。应给予止痛剂，并给予抗生素消炎，帮助实验动物减少术后疼痛。

五、考查点

见表 47-1。

表 47-1　实验动物的麻醉考查点

	操作要点	考查内容	评分
1	麻醉类型	根据实际情况选择合适的麻醉方式	20
2	麻醉药	根据实际情况选择合适的麻醉药	20
3	麻醉程序	全身麻醉是否有麻醉前给药；正确选择给药剂量；动物苏醒后止痛及护理	60

248

六、知识拓展

麻醉的注意事项：

（1）麻醉前的准备。为了防止在麻醉或手术过程中动物出现呕吐反应而引起窒息或吸入性肺炎，在麻醉或手术前实验动物应禁食禁水（除特殊情况外，大小鼠和实验兔不需要）。禁食时间一般为麻醉前 > 8 h，禁水时间一般为麻醉前 2 ~ 3 h。

（2）不同动物个体对麻醉药的耐受性不同。在麻醉过程中，除参照一般药物用量标准外，还必须密切注意动物的状态，以决定麻醉药的用量。麻醉的深浅，可根据呼吸的深度和快慢、角膜反射的灵敏度、四肢及腹壁肌肉的紧张性以及皮肤夹捏反应等进行判断。当呼吸突然变深变慢、角膜反射的灵敏度明显下降或消失，四肢和壁肌肉松弛，皮肤夹捏无明显疼痛反应时，应立即停止给药。静脉注药时应坚持先快后慢的原则，避免动物因麻醉过深而死亡。

（3）麻醉应根据情况逐渐加量，避免一次性剂量过大引起动物死亡。实验过程中如麻醉过浅，可临时补充麻醉药，但一次注射剂量应在总量的 1/5 ~ 1/2。

（4）麻醉及苏醒过程中的护理。麻醉过程中及动物苏醒前，需以无菌眼膜软膏保护双眼角膜，保持被麻醉动物气道通畅，及时处理气道分泌物，可将舌头拖出口腔外防止舌根后坠引起气道堵塞，引起动物窒息。阿托品类药物亦可以帮助动物减少唾液分泌，降低窒息风险。

实验动物在麻醉期体温容易下降，麻醉和苏醒期应注意对动物进行保温。在寒冷冬季做慢性实验时，麻醉剂在注射前要加热至动物体温水平。麻醉结束后，应将动物安置在安静、干净的环境中等待动物苏醒。安排专门的人员进行护理观察，直至动物苏醒。苏醒期要定期帮助实验动物进行肌肉运动或翻动动物侧卧位置，防止血液潴留。

（5）慎用部分麻醉剂。由于以下原因，在进行动物实验设计和操作过程中，应慎重选择部分麻醉剂。

① 麻醉剂对实验动物副作用大，如三溴乙醇可引发 CD-1、OF-1、NMR1、ICR、NCR（nu/nu）、蒙古沙鼠、SD 大鼠的腹膜炎、腹肌坏死、纤维素性脾浆膜炎、内脏粘连甚至死亡。水合氯醛可能会导致动物呼吸抑制、溶血、血尿、造成肝肾损伤。

② 部分麻醉剂对实验动物仅有镇静作用，无止痛作用，达不到动物实验伦理要求。

③ 由于药品管制原因，无法采购或无法出具采购渠道的麻醉剂。

七、参考资料

[1] 李宝龙. 实验动物[M]. 北京：中国轻工业出版社，2015.

[2] 李玉冰. 实验动物[M]. 北京：中国环境科学出版社，2006.

[3] GRIMM K A, LAMONT L A, TRANQUILLI W J, et al. Veterinary Anesthesia and Analgesia[M]. 5th Edition. John Wiley & Sons, Inc., 2015.

项目四十八

实验动物采血

一、技能训练目的与要求

掌握实验动物血液采集的基本方法。

二、实验实训原理（或简介）

实验研究中，经常要采集实验动物的血液进行常规检查或某些生物化学分析，故必须掌握血液的正确采集、分离和保存的操作技术。

采血方法的选择，主要决定于实验的目的所需血量以及动物种类。凡用血量较少的检验如红、白细胞计数、血红蛋白的测定，血液涂片以及酶活性微量分析法等，可刺破组织取毛细血管的血。当需血量较多时可作静脉采血。静脉采血时，若需反复多次，应自远离心脏端开始，以免发生栓塞而影响整条静脉。此外，研究毒物对肺功能的影响、血液酸碱平衡、水盐代谢紊乱，需要比较动脉血氧分压、二氧化碳分压和血液 pH 以及 K^+、Na^+、Cl^- 浓度，必须采取动脉血液。

采血时要注意：①采血场所有充足的光线；室温夏季最好保持在 25 ~ 28 ℃，冬季 15 ~ 20 ℃为宜；②采血用具和采血部位一般需要消毒；③采血用的注射器和试管必须保持清洁干燥；④若需抗凝全血，在注射器或试管内需预先加入抗凝剂。

三、仪器设备、材料与试剂

1. 仪器设备

注射器、取血管、手术刀、剪毛剪、弯头镊子、盛血容器（小烧杯）或离心管、酒精棉球。

2. 材料

小鼠、兔。

四、技能训练内容

（一）小鼠的采血

1. 眼眶后静脉丛采血

左手拇指及食指抓住鼠两耳之间的皮肤使鼠固定，并轻轻压迫颈部两侧，阻碍静脉回流，使眼球充分外突。右手持玻璃采血管，将其尖端插入内眼角与眼球之间，轻轻向眼底方向刺入（小鼠刺入 2 ~ 3 mm，大鼠刺入 4 ~ 5 mm），感受到有阻力时即停止刺入，放置取血管以切开静脉丛，血流即流入取血管。采血结束后，拔出取血管，放松左手，出血即停止。本方法在短期内可重复采血。小鼠一次可采血 0.2 ~ 0.3 mL。

2. 摘眼球采血

此法常用于鼠类大量采血。采血时，用左手固定动物，压迫眼球，尽量使眼球突出，右手用弯头镊子迅速摘除眼球，眼眶内很快流出血液，一次可采血 0.6 ~ 1 mL。

3. 剪尾采血

手拇指和食指从背部抓住小鼠颈部皮肤，将小鼠头朝下，小鼠保定后将其尾巴置于50°热水中浸泡数分钟，使尾部血管充盈。擦干尾部，再用剪刀或刀片剪去尾尖 1 ~ 2mm，用试管接流出的血液，同时自尾根部向尾尖按摩。取血后用棉球压迫止血并用 6%液体火棉胶涂在伤口处止血。每次采血量 0.1 mL。

（二）兔的采血

1. 耳中央动脉采血

左手固定兔，并用酒精棉球消毒采血部位，右手持注射器，在兔耳中央较粗、颜色较鲜红的中央动脉的末端，沿着与动脉平行的向心方向刺入血管，即可见血液流入针管，注意固定好针头。采血结束后，拔出注射器，用棉球压迫止血 2 ~ 3 min。

2. 耳缘静脉采血

将兔固定后，露出两耳，选静脉清晰的耳朵去毛，消毒，压迫耳根部，使静脉充盈，即可用针头穿刺静脉采血。一次采血可取 5 mL 左右。

3. 颈静脉采血

将兔固定于兔箱中，倒置使头朝下，在颈部上 1/3 的静脉部位剪去被毛，用酒精消毒，剪开一个小口，暴露颈静脉，用注射器针头沿血管平行的远心方向刺入，采血结束后，拔出注射器，缝合切口。此处血管较粗，容易取血，取血量也较多，一次可取 10 mL以上。

4. 后肢胫部皮下静脉采血

兔固定于兔板上，剪去胫部被毛，股部扎上止血带，使胫外侧皮下静脉充盈。用左手两指固定好静脉，右手将采血针头沿内皮下静脉平行方向刺入血管，即可取血。一般取血量为 2 ~ 5 mL。取完后用棉球压迫止血，时间要略长些，因此处不易止血。如止血不妥，可造成皮下血肿，影响连续多次取血。

5. 心脏采血

助手一手固定上肢，一手固定下肢，使兔腹部面向取血者。在第三肋间胸骨左缘 3 mm处将注射针垂直刺入心脏，当针头正确刺入心脏时，由于心搏的力量，血会自然进入注射器；若回血不好时应拔出注射器，重新确认后再次穿刺采血。缓慢抽取所需量的血液。动作应迅速，以缩短在心脏内的留针时间和防止血液凝固。在胸腔内的针头不能左右摆动以防止伤及心、肺。

（三）注意事项

几种采血方法在一个动物身上进行时应先采出血量较少的部位的血，后采静脉血，最后采动脉或心脏血。采血量较多的方法也不要一次采很多血，采到够用的即可。多次静脉采血应自远心端开始。

根据实验需要确定血液是否抗凝。如需抗凝则应使用加入抗凝剂的试管或采血管。动物心脏采血时，如采不到血，可调整刺入方向和深度，要将针头上提后再刺入，不能让针头在胸腔内乱晃，以免伤及心肺。

五、考查点

见表 48-1。

表 48-1 实验动物采血考查点

实训步骤	操作要点	考查内容	评分
1	小鼠眼眶后静脉丛采血	掌握小鼠眼眶后静脉丛采血方法，取到足量血液，且小鼠不发生死亡	20
2	小鼠眼球采血	掌握小鼠摘眼球采血法	20
3	剪尾采血	掌握小鼠的剪尾采血方法，取到足量血液，且小鼠不发生死亡	10
4	耳中央动脉采血	掌握兔的耳中央动脉采血，取到足量血液，且兔不发生死亡	10
5	颈静脉采血	掌握兔的颈静脉采血方法，取到足量的血液，且兔不发生死亡	10
6	后肢胫部皮下静脉采血	掌握后肢胫部皮下静脉采血方法，取到足量的血液，且兔不发生死亡	10
7	心脏采血	掌握兔心脏采血方法，取到足量的血液，且兔不发生死亡	20

六、知识拓展

不同动物采血部位与采血量的关系可参考表 48-2。

表 48-2 不同动物采血部位与采血量的关系

采血量	采血部位	动物品种
取少量血	尾静脉	大鼠、小鼠
	耳静脉	兔、狗、猫、猪、山羊、绵羊
	眼底静脉丛	兔、大鼠、小鼠、
	舌下静脉	兔
	腹壁静脉	青蛙、蟾蜍
	冠、脚蹼皮下静脉	鸡、鸭、鹅

采血量	采血部位	动物品种
取中量血	后肢外侧皮下小隐静脉 前肢内侧皮下头静脉 耳中央动脉 颈静脉 心脏 断头 翼下静脉 颈动脉	狗、猴、猫 狗、猴、猫 兔 狗、猫、兔 豚鼠、大鼠、小鼠 大鼠、小鼠 鸡、鸭、鸽、鹅 鸡、鸭、鸽、鹅
取大量血	股动脉、颈动脉 心脏 颈静脉 摘眼球	狗、猴、猫、兔 狗、猴、猫、兔 马、牛、山羊、绵羊 大鼠、小鼠

常用实验动物的最大安全采血量与最小的致死采血量,见表48-3。

表48-3 常用实验动物的最大安全采血量与最小的致死采血量

动物品种	最大安全采血量/mL	最小致死采血量/mL
小 鼠	0.2	0.3
大 鼠	1	2
豚 鼠	5	10
兔	10	40
狼 狗	100	500
猎 狗	50	200
猴	15	60

七、参考资料

[1] 李宝龙. 实验动物[M]. 北京:中国轻工业出版社,2015.

[2] 李玉冰. 实验动物[M]. 北京:中国环境科学出版社,2006.

项目四十九

小鼠的剖解和脏器采集

一、技能训练目的与要求

掌握小鼠的剖解及脏器标本采集技术。

二、实验实训原理（或简介）

1. 小鼠外观

小鼠体形小，90 日龄的昆明种小鼠体长为 90～110 mm，体重为 35～55 g。近交系如 615 小鼠体长为 85～94 mm，体重为 24～35 g。一般雄鼠大于雌鼠。嘴尖，头呈锥体形，嘴脸前部两侧有触须，耳耸立呈半圆形。尾长约与体长相等，成年鼠尾长约 150 mm。尾有 4 条明显的血管，背腹面各有一条静脉，两侧各有一条动脉。尾有平衡、散热和自卫等功能。被毛颜色有白色、野生色、黑色、肉桂色、褐色、白斑等。健康小鼠被毛光滑紧贴体表，四肢匀称，眼睛亮而有神。

2. 骨骼系统

小鼠上下颌各有 2 个门齿和 6 个臼齿，齿式为 1.0.0.3；1.0.0.3，共有牙齿 16 个。门齿终生不断生长。下颌骨喙状突较小，髁状突发达，其形态有品系特征，可采用下颌骨形态分析技术进行近交系小鼠遗传质量的监测。小鼠的脊椎由 55～61 个脊椎骨组成，包括颈椎 7 个、胸椎 12～14 个、腰椎 5～6 个、荐椎 4 个、尾椎 27～30 个。肋骨有 12～14 对，其中 7 对与胸骨接连，其他 5～7 对呈游离状态，胸骨 6 块。前肢由肩胛骨、锁骨、肱骨（上腕骨）、桡骨、尺骨、腕骨和指骨组成。后肢由髋骨、大腿骨、胫骨、腓骨、跗骨、趾骨组成。小鼠骨髓为红髓，终身造血。

3. 内部脏器

胸腔内有气管、肺、心脏和胸腺，心尖位于第 4 肋间。肺由 4 叶组成。腹腔内有肝脏、胆囊、胃、肠、肾、膀胱、脾等器官。小鼠为杂食动物。食道细长，约 2 cm，胃分前胃和腺胃，有嵴分隔，前胃为食管的延伸膨大部分。胃容量小（1.0～1.5 mL），功能较差，不耐饥饿。与豚鼠、家兔等草食性动物相比，肠道较短，盲肠不发达，肠内能合成维生素 C。有胆囊。胰腺分散在十二指肠、胃底及脾门处，色淡红，不规则，似脂肪组织。肝脏是腹腔内最大的脏器，由左、右、中、尾四叶组成，具有分泌胆汁、调节血糖、贮存肝糖和血液、形成尿素、中和有毒物质等功能。

淋巴系统很发达，包括淋巴管、淋巴结、胸腺、脾脏、外周淋巴结以及肠道派伊尔氏淋巴集结。性成熟时胸腺最大。脾脏可贮存血液并含有造血细胞，包括巨核细胞、原始造血细胞等，这些造血细胞组成造血灶，有造血功能。雄鼠脾脏明显大于雌鼠。外来刺激可使淋巴系统增生。

雌鼠的生殖器官有卵巢、输卵管、子宫、阴道、阴蒂腺、乳腺等。雌性子宫呈"Y"形，分为子宫角、子宫体、子宫颈。卵巢为系膜包绕，不与腹腔相通，故无宫外孕。阴蒂腺在阴蒂处开口，左右各一。阴道在出生时关闭，从断奶后至性成熟才慢慢张开。乳腺发达，共有5对，3对位于胸部，可延伸至颈部和背部；腹部有2对，延续到鼠蹊部、会阴部和腹部两侧，并与胸部乳腺相连。

雄鼠的生殖器官有睾丸、附睾、储精囊、副性腺（凝固腺、前列腺、尿道球腺、包皮腺）、输精管及阴茎等。雄性为双睾丸，幼年时藏存于腹腔内，性成熟后则下降到阴囊，其表面为纤维结缔组织，内部由许多曲细精管和间质组织所组成。精子在通过附睾期间成熟，并与副性腺分泌物一同在交配时射入雌鼠阴道内。前列腺分背、腹两叶。凝固腺附着于精液腺内侧，是呈半透明的半月形器官。副性腺分泌物有营养精子、形成阴道栓等作用。

三、仪器设备、材料与试剂

装备剖检器械（解剖刀、外科剪、镊子、骨钳、骨剪、载玻片、搪瓷盘等）；如需进行微生物检查，装备（灭菌培养皿、灭菌试管、培养基、接种棒、酒精灯）；70%酒精；工作服、手套、胶靴等；准备病剖检记录表格。

四、技能训练内容

（一）处 死

小鼠最常用的处死方法为颈椎脱臼处死法。此法是将实验动物的颈椎脱臼，断离脊髓致死。操作时实验人员用右手抓住鼠尾根部并将其提起，放在鼠笼盖或其他粗糙面上，用左手拇指、食指用力向下按压鼠头及颈部，右手抓住鼠尾根部用力拉向后上方，造成颈椎脱臼，脊髓与脑干断离，实验动物立即死亡。

（二）剖 解

取断颈处死的动物，仰置于解剖盘中，固定四肢。用棉花蘸清水润湿腹正中线上的毛，然后左手用镊子把皮肤提起，右手用剪刀沿纵向剪开，直达下颌底为止。再用镊子夹起腹壁肌肉，用剪刀尖自体后端向前挑起，沿腹中线偏左向前剪至白色胸骨柄处。

（三）胸腔脏器的采集

用镊子夹住胸骨剑状突，剪断横膈膜与胸骨的联结，然后提起胸骨，在靠近胸椎基部，剪断左右胸壁的肋骨，将整个胸壁取下。打开胸腔后，注意检查胸腔液的数量和性状，胸膜的色泽，有无出血、充血或粘连等。检查心包时，注意心包的光泽度及包内的液体数量、色泽、性质及透明度。

1. 胸腺采出

采取胸部器官时，首先要采出胸腺，然后采出心脏和肺脏。胸腺易被破坏，应特别小心。

2. 心脏采出

在心包左侧中央做十字形切口，用镊子夹住心尖，提出心脏，可沿心脏左侧的左纵沟切开左右心室，检查血液及其性状，然后用镊子轻轻牵引，切断心基部的血管，取出心脏。

3. 肺脏采出

用镊子夹住气管向上提起，剪断肺脏与胸膜的联结韧带，将肺脏取出。

（四）腹腔器官的采集

可由膈处切断食管，由盆腔处切断直肠，将胃、肠、肝、胰、脾一起采出，分别检查。也可按脾、胰、胃、肠、肾、肝、膀胱、生殖器的次序分别采出。

1. 脾脏采出

腹腔剖开后，在左侧很容易见到脾脏，一手用镊子将脾脏提起，另一手持剪剪断韧带，采出脾脏。

2. 胰脏采出

胰脏靠近胃大弯和十二指肠，在胰脏的周围有很多脂肪组织，因为胰脏与脂肪组织相似，不易区别。为此，可将胰脏连同周围的脂肪组织一同采出，浸入10%甲醛溶液中，数秒钟后胰脏变硬成灰白色，脂肪不变色，很容易区分。

3. 胃肠采出

在食道与贲门部做双层结扎，中间剪断，再用镊子提起贲门部，一边牵拉，一边切断周围韧带，使胃同周围组织分离，然后按十二指肠、空肠、回肠的顺序，切断这些肠管的肠系膜根部，将胃肠从腹腔中一起采出。动作要轻，避免拉断肠管。

4. 肾脏采出

用镊子剥离肾脏周围脂肪，然后将肾脏采出。

5. 肝脏采出

用镊子夹住门静脉的根部，切断血管和韧带。操作时应小心，因为肝脏容易损伤。

（五）盆腔脏器的采集

先切离直肠与盆腔上壁的结缔组织，还要切离子宫与卵巢，再由骨盆腔下壁切离膀胱颈、阴道及生殖腺，最后将肛门、阴门做圆形切离，即可取出骨盆腔脏器。

（六）口腔器官的采集

剥去下颌部皮肤，颈部气管、食道及腺体便明显可见，用刀切断两下颌支内侧和舌边结的肌肉，再用镊子夹住，拉出外面，将咽、喉、气管、食道及周围组织切离，直至胸腔入口处一并取出。

（七）颅腔器官的采集

沿环枕关节横断颈部，使头颈分离，再去掉头盖骨，用镊子提起脑膜，用剪刀剪开，检查颅腔液体数量、颜色、透明度。用镊子钝性剥离大脑与周围的联结，然后将大脑从颅腔内撬出。

以上各体腔的打开和脏器的采出，是进行尸体系统剖检的程序。

五、考查点

见表49-1。

表49-1　小鼠的剖解和脏器采集考查点

实训步骤	操作要点	考查内容	评分
1	处死	掌握小鼠及家兔的处死方法，减轻动物痛苦	20
2	剖解	掌握小鼠及家兔的剖解方法，减少出血，并保证脏器完好	20
3	脏器采样	按照剖解程序，正确采集胸腺、心脏、肺脏、胃肠、脾脏、胰腺、肾脏、肝脏、卵巢、子宫等	60

六、知识拓展

实验动物脏器标本的检查方法如下：

（一）腹腔脏器检查

1. 胃的检查

检查胃的大小、胃浆膜面的色泽、有无粘连和胃壁有无破裂和穿孔。生前胃破裂的特点是裂缘肿胀，附有暗红色血液凝块，腹腔内有较多胃内容物；死后胃破裂的特点是裂缘不肿胀无血液凝块附着，从裂口可见有较多胃内容物。然后用肠剪由贲门沿大弯剪至幽门，检查胃内容物的量、性质（如含水量、色泽、成分、有哪些饲料、有无引起中毒的物质等）、气味、寄生虫等，最后检查胃黏膜的色泽，有无水肿、充血、出血、炎症、溃疡、肥厚等病变。

2. 小肠和大肠的检查

依十二指肠、空肠、回肠、盲肠、结肠、直肠的顺序分段进行检查。先检查肠管浆膜的色泽，有无粘连、肿瘤、寄生虫结节，同时检查淋巴结性状等。然后由十二指肠开始，沿肠系膜附着部向后剪开肠管，各部肠管剪开时，要沿剪开边检查肠内容物的量、性状、气体、有无血液、异物、寄生虫等。去掉肠内容物后，检查肠黏膜的性状，看不清时，可用水轻轻冲洗后检查，注意黏膜的色泽、厚度、有无肿胀、充血、出血、寄生虫和淋巴组织的性状、有无炎症等和其他病变。

3. 脾脏的检查

脾脏摘除后，先检查脾门部血管和淋巴结，测量脾脏的长、宽、厚度，称其质量，观其大小、形态、色泽、硬度、边缘的厚度以及脾淋巴结的性状（肥厚、破裂等）和色泽，用手触摸脾的质地（坚硬、柔软、脆弱），最后做切面检查。从脾头切至脾尾，做一两个纵切，切面要平整，检查脾髓的色泽、滤泡和脾小梁的状态，有无结节、坏死、梗死和脓肿等。以刀背刮面，检查血量的多少，即脾髓的质地，败血症时的脾脏常显著肿大，包膜紧张，质地柔软，暗红色，切面突出，结构模糊，往往流出大量煤焦油样血液。脾稍肿大变软，切面有暗红色血液流出。增生性脾炎时，脾稍肿大，质地较实，滤泡常显著增生，其轮廓明显。萎缩的脾脏，包膜肥厚皱缩，脾小梁纹理粗大而明显。

4. 肝脏的检查

先检查肝门部的动脉、静脉、胆管和淋巴结，然后检查肝脏的形态、大小、色泽、被膜的性状、边缘的厚薄、实质的硬度，有无出血、结节、坏死等，以及肝淋巴结、血管、肝管等的性状。然后切开肝组织，检查切面的含血量、质地、色泽。注意切面是否有隆突，肝小叶的景象是否清晰，有无脓肿、寄生虫结节和肝坏死等变化。

5. 胆囊的检查

先检查胆囊形态、大小、色泽。然后将胆囊从肝脏小心地剥离，剪开胆囊外膜，胆汁流出，观察胆汁性状，有无泥沙样或颗粒样物质。

6. 胰脏的检查

先检查胰脏的色泽和硬度，然后做切面，检查有无出血和寄生虫。

7. 肾脏的检查

检查肾脏的形态、色泽、大小、硬度以及被膜的状态：是否易剥离，是否光滑透明，有无癜痕、出血等变化。被膜剥离后，检查肾表面的色泽，有无出血、癜痕、梗死等病变。然后由肾的外侧面向肾门部将肾脏纵切为相等的两半，检查切面皮质和髓质的厚度、色泽、交界部血管状态和组织结构纹理，有无瘀血、出血、化脓和梗死。切面是否有隆出。还要检查肾盂、输尿管、肾淋巴结的性状，有无肿瘤及寄生虫等。特别注意检查肾盂的容积，有无尿积、结石等以及黏膜的性状。

8. 肾上腺的检查

先检查其外形、大小、色泽和硬度，再做纵切或横切，检查皮质、髓质的色泽及有无出血。

（二）胸腔脏器检查

1. 胸膜腔的检查

观察有无液体、液体量、透明度、色泽、性质、黏稠度和气味。另外注意浆膜是否

258

光滑，有无纤维素附着及粘连等现象。

2. 肺脏的检查

检查肺脏的大小、色泽、质量、质地、弹性、有无出血、病灶及表面附着物和炎性渗出物等。接着检查有无硬块、结节和气肿，随后用剪刀剪开气管和支气管，检查支气管黏膜的色泽、有无出血和渗出物、表面附着物的数量、黏稠度等。最后将整个肺脏纵横切割数刀，检查左右肺叶横切面有无病变，切面流出物的数量及色泽变化，有无炎性病变和寄生虫结节等。

3. 心脏的检查

先检查心脏纵沟、冠状沟的脂肪量和性状，有无出血。然后检查心脏的外形、大小、心肌色泽、心外膜有无出血和炎性渗出物与寄生虫等。最后切开心脏检查心腔，切开心脏的方法：沿左纵沟基侧的切口切至肺动脉起始部，沿左纵沟右侧的切口切至主动脉起始部，然后将心脏翻转过来，沿右纵沟左右两侧平行切口，切至心尖部与左侧心切口相连接，切口再通过房室口切至左心房及右心房，经过上述切线，心脏全部剖开。检查心脏时，注意检查心腔内血液的含量及性状，心内膜的色泽、光滑度、有无出血，各个瓣膜、腱索是否肥厚，有无血栓形成和组织增生或缺损等病变。

对心肌的检查，注意各部心肌的厚度、色泽、硬度、有无出血、癥痕、变性和坏死等。

（三）口腔、鼻腔及颈部器官的检查

1. 口腔检查

检查牙齿的变化，口腔黏膜的色泽，有无外伤、溃疡和烂斑，黏膜有无出血、外伤以及舌苔等情况。

2. 咽喉检查

检查黏膜色泽，淋巴结的性状及喉囊有无蓄脓。

3. 鼻腔检查

检查鼻黏膜的色泽，有无出血、炎性水肿、结节、糜烂、溃疡、穿孔及瘢痕等。

4. 下颌及颈淋巴结检查

检查下颌及颈部淋巴结的大小、硬度、有无出血和化脓等。

（四）脑的检查

打开颅腔后，检查硬脑膜和软脑膜有无充血、瘀血、出血及有无寄生虫。切开大脑，检查脉络丛的性状及脑室有无积水，然后横切脑组织，检查有无出血及坏死等。

（五）骨盆腔脏器的检查

1. 膀胱检查

检查膀胱的大小、尿量、色泽以及黏膜有无出血、炎症和结石等。

2．生殖器官检查

睾丸和附睾，检查其外形、大小、质地和色泽，观察切面有无出血、充血、瘢痕、结节、化脓和坏死等。卵巢和输卵管检查，先注意卵巢外形、大小、卵黄和数量、色泽、有无充血、出血、坏死等病变。观察输卵管浆膜面有无粘连，有无膨大、狭窄、囊肿；然后剪开输卵管，注意腔内有无异物或黏液、水肿液，黏膜有无肿胀出血等病变。检查阴道和子宫时，除观察子宫大小及外部病变外，还要依次剪开阴道、子宫颈、子宫体，直至左右两侧子宫角，检查内容物的性状、黏膜的病变以及子宫内膜的色泽，有无充血、出血及炎症等。

（六）脏器称重

内脏重量和体重之比（某个脏器湿重与单位体重的比值，常以每 100 g 体重计）称为脏器指数。脏器指数常能反映实验动物总的营养状态和内脏的病变情况，不同龄期动物的脏器指数有一定的规律，如接触外来物质使某个脏器受到损害，脏器指数将发生变化，该指标有经济、有效灵敏的特点。近年来有专家提出脑体比相对于脏体比更能客观反映脏器质量的变化，即计算某个脏器湿重与其自身脑湿重的比值。该指标测定时应注意：动物解剖前应禁食 12 h 左右（不禁水），一方面解剖前常取血测生化指标，需要禁食，另一方面禁食后动物体重不受食物的影响；各组动物处死方法要一致，剖杀时各组要交叉进行；解剖后脏器要迅速称重，以免水分蒸发造成差异，特别是对肾上腺等小器官称重时更应注意；脏器称重前应将周围结缔组织除尽，并用滤纸吸去脏器表面的血液及体液，对腔性器官也应除尽腔内液体。

七、参考资料

[1] 李宝龙. 实验动物[M]. 北京：中国轻工业出版社，2015.

[2] 李玉冰. 实验动物[M]. 北京：中国环境科学出版社，2006.

[3] 陈耀星，李福宝. 动物局部解剖学（动物解剖实验实习指导）[M]. 2 版. 北京：中国农业大学出版社，2010.

[4] 陈耀星. 畜禽解剖学[M]. 3 版. 北京：中国农业大学出版社，2001.

[5] 董常生. 家畜解剖学[M]. 北京：中国农业大学出版社，2010.

项目五十
家兔的剖解和脏器采集

一、技能训练目的与要求

掌握家兔的剖解及脏器标本采集技术。

实验实训原理（或简介）

1. 兔的外观

兔的身体分为头、颈、躯干和尾四部分。

头与颈部：口周围有触须和肉质的唇，上唇中央有明显的纵裂。眼具有上下眼睑和退化的瞬膜，可用镊子将瞬膜从前眼角拉出；眼后，颈很短。

躯干和尾：躯干可分为背部、胸部和腹部。背部有明显的腰弯曲。胸腹部的界限为最后一对肋骨及胸骨剑突软骨的后缘。

兔体表有三种类型的毛：针毛细而粗长，具有毛向；绒毛细短而密，没有毛向；触毛或称须，着生在嘴边，长而硬，有感觉的功能。

2. 口腔

口腔的前壁为上下唇；两侧壁是颊部，上壁是腭，下壁为口腔底。口腔前面牙齿与唇之间为前庭。位于最前端的1对长而呈凿状的牙为门牙，上门牙内侧有一对小门牙。后面有短而宽且具有磨面的前臼齿及臼齿。齿式为：2.0.3.3；2.0.2.3。用手可摸到硬腭；后端则为软腭。硬腭与软腭构成鼻通路，口腔底部有发达的肉质舌。舌的前部腹方有系带将舌连在口腔底上。舌的表面有许多小乳头，其上有味蕾。舌的基部有一单个的轮廓乳头。

3. 咽部

咽即软腭后方背面的腔。由软腭自由缘构成的孔为咽峡。沿软腭的中线剪开，露出的腔是鼻咽腔，为咽部的一部分。鼻咽腔的前端是内鼻孔。在鼻咽腔的侧壁上有1对斜的裂缝，是耳咽管的开口。咽部后面渐细，连接食道。食道的前方为呼吸道的入口，此处有一块叶状的突出物称会厌（位于舌的基部）。

4. 呼吸系统

空气自两个外鼻孔进入鼻腔，经内鼻孔入喉。喉由多块软骨构成。当吞咽时，会厌软骨就盖住喉门，以防止食物误入气管。喉下接气管，气管有许多半环状软骨支持着，气管下分左右两条支气管入左右肺。肺位于胸腔两侧，分为左右肺，呈海绵状，共分为五叶。支气管在肺内一再分支，最后成为细支气管，其末端膨大成囊状，囊内分隔成许多肺泡。

肺泡是哺乳动物特有的构造，上面密布毛细血管网，以进行气体交换。

5. 消化系统

消化系统包括唾液腺（四对，即耳下腺、颌下腺、舌下腺、眶下腺）、口腔和咽部（口腔顶部为硬腭，后部是软腭，软腭之后为咽部）、胃、小肠（分为十二指肠、空肠和回肠三段）、大肠（分为盲肠、结肠和直肠三段）、胰腺。兔肠的长度为体长的 $8 \sim 10$ 倍，这与草食性有关。十二指肠位于胃的幽门之后，和胆管、胰管相连。回肠与结肠之间有一扩大的圆小囊，自圆小囊分出一支粗大的盲支即为盲肠，前段粗大，表面见螺旋缢痕，占据腹腔大部空间，有消化纤维的功能。盲肠末端突然变细，外表光滑，称为蚓突，即阑尾。直肠末端开口于肛门。

6. 循环系统

心脏由左心房、右心房、左心室、右心室四部分组成，前部为左右心房，呈红褐色；后部为心室，呈圆锥型，其壁较心房厚，尤其是左心室最厚。左右房室口有瓣膜，左边为二尖瓣，右边三尖瓣，能防止血液倒流。沿心室剪开可观察到房室瓣腱索、乳头肌、三尖瓣等。动脉弓向后弯曲，在胸腔的一段称为胸主动脉，穿过膈肌进入腹腔后，称为腹主动脉。从右心室发出的肺动脉分为左右肺动脉入肺。全身回流的静脉通过一对前大静脉和一支后大静脉注入右心房。

7. 泌尿系统

泌尿系统包括肾脏（位于腹腔后面脊柱两侧其内侧前缘有一肾上腺）、输尿管、膀胱。肾脏为紫红色的豆状结构，位于腹腔背面，以系膜紧紧地联结在体壁上，由白色的输尿管连于膀胱通连尿道（雄性尿道大部分在阴茎内），直接开口于体外。剪下一侧肾脏，沿侧面剖开，用水冲洗后观察可见外周部分为皮质部，内部有辐射状纹理的部分为髓质部。肾中央的空腔为肾盂。从髓质部有乳头状突起伸入肾盂。尿即往肾乳头汇入肾盂，再经输尿管入膀胱背侧。

8. 生殖系统

雄性有睾丸（位于腹腔内，性成熟后下降到阴囊内）、附睾、输精管各一对；阴囊以鼠蹊管孔通腹腔。睾丸（精巢）为 1 对白色的豆状物。在睾丸端部的盘旋管状结构为副睾。由附睾伸出的白色管即为输精管。输精管经膀胱后面进入阴茎而通体外。在输精管与膀胱交界处的腹面，有 1 对鸡冠状的精囊腺。横切阴茎，可见位于中央的尿道，尿道周围有两个富于血管的海绵体。

雌性生殖器官由一对卵巢、输卵管和子宫构成。在肾脏下方的紫黄色带有颗粒状突起的腺体为卵巢。卵巢外侧各有一条细的输卵管。输卵管及端部的喇叭口开口于腹腔。输卵管下端膨大部分为子宫。两侧子宫结合成"V"字形。

9. 颅腔

取家兔头颅，剥下皮，用骨钳慢慢剪开家兔头骨，可观察到：嗅脑（头部最前方）、大脑（体积最大）、中脑四叠体（用镊子稍稍拨开大脑即可看到）、小脑（中脑下方）、延髓（最下方，伸至脊髓），轻轻拨开小脑可见其下一个空腔，为第四脑室。

三、仪器设备、材料与试剂

1. 仪器设备

剖检器械（解剖刀，外科剪、镊子、骨钳、骨剪、载玻片、搪瓷盘等）；微生物检查器材（灭菌培养皿、灭菌试管、培养基、接种棒、酒精灯）；工作服、手套、胶靴等。

2. 试 剂

3%～5%来苏水（或石炭酸、臭药水）或 0.1%新洁尔灭或 0.05%洗必泰，10%甲醛或 95%酒精，3%碘酊、2%硼酸、70%酒精等。

3. 材 料

剖检记录表格。

四、技能训练内容

（一）处 死

家兔处死通常采用静脉注射空气的方法。向静脉注射空气后，进入血液形成空气栓，空气栓随血流回流至右心室，然后被送到肺动脉，造成肺栓塞，大面积的肺栓塞使机体不能进行气体交换，发生严重的缺氧和二氧化碳潴留，导致猝死。

（二）剖 解

待解剖兔外部检查之后，为了防止剖检过程中兔毛飞扬，可用 3%～5%来苏水（或石炭酸、臭药水）或 0.1%新洁尔灭或 0.05%洗必泰等消毒液浸泡尸体。组织固定液用 10%甲醛或 95%酒精。剖检人员的消毒用药为 3%碘酊、2%硼酸、70%酒精等。

取仰卧式，腹部向上，置于搪瓷盘内或解剖台上，四脚分开固定，腹部用消毒药消毒。沿腹中线上起下颌部下至耻骨缝处切开皮肤，再沿中线切口向每条腿切开，然后分离皮肤。

（三）腹腔脏器的采集

沿腹白线切开腹壁，用镊子挑起腹肌，防止刺破肠管。打开腹腔后，依次检查腹膜、肝、胆囊、胃、脾脏、肠道、胰、肠系膜、淋巴结、肾脏、膀胱和生殖器官。按脾、胰、胃、肠、肾、肝、膀胱、生殖器的次序分别采出腹腔器官。

1. 脾脏采出

腹腔剖开后，在左侧可见到脾脏，一手用镊子将脾脏提起，另一手持剪剪断韧带，采出脾脏。

2. 胰脏采出

胰脏靠近胃大弯和十二指肠，在胰脏的周围有很多脂肪组织，因为胰脏与脂肪组织相似，不易区别。为此，可将胰脏连同周围的脂肪组织一同采出，浸入 10%甲醛溶液中，数秒钟后胰脏变硬成灰白色，脂肪不变色，很容易区分。

3. 胃肠采出

在食道与贲门部做双层结扎，中间剪断，再用镊子提起贲门部，一边牵拉，一边切断周围韧带，使胃同周围组织分离；然后按十二指肠、空肠、回肠的顺序，切断这些肠管的肠系膜根部，将胃肠从腹腔中一起采出。动作要轻，避免拉断肠管。

4. 肾脏采出

用镊子剥离肾脏周围脂肪，然后将肾脏采出。

5. 肝脏采出

用镊子夹住门静脉的根部，切断血管和韧带。操作时应小心，肝脏容易损伤。

（四）盆腔脏器的采出

先切离直肠与盆腔上壁的结缔组织，还要切离子宫与卵巢，再由骨盆腔下壁切离膀胱颈、阴道及生殖腺，最后将肛门、阴门做圆形切离，即可取出骨盆腔脏器。

（五）胸腔脏器的采集

用骨剪剪断两侧肋骨，胸骨，拿掉前胸廓，使胸腔暴露后，依次检查心、肺、胸膜、上呼吸道及肋骨。

1. 胸腺采出

由于胸腺易被破坏，所以采取胸部器官时应首先采出胸腺。

2. 心脏采出

用镊子夹住心尖，提出心脏，可沿心脏左侧的左纵沟切开左右心室，检查血液及其性状，然后用镊子轻轻牵引，切断心基部的血管，取出心脏。

3. 肺脏采出

用镊子夹住气管向上提起，剪断肺脏与胸膜的联结韧带，将肺脏取出。

（六）口腔器官的采集

剥去下颌部皮肤，颈部气管、食道及腺体便明显可见，用刀切断两下颌支内侧和舌边结的肌肉，再用镊子夹住，拉出外面，将咽、喉、气管、食道及周围组织切离，直至胸腔入口处一并取出。

（七）颅腔器官的采集

检查颅腔时，可在枕骨与第一颈椎的关节处断头，将头与尸体分开，把头放在解剖盘上。以两内眼角连成一条线，在此直线两端向枕骨大孔各连 1 条线，用外科刀沿此 3 条直线破坏骨组织，拨开头盖骨，再钝性破坏环骨与硬膜连接的组织，去掉头盖骨，用镊子提起脑膜，用剪刀剪开，即可检查颅腔液体的数量、颜色及脑膜的状况。

五、考查点

见表 50-1。

表 50-1 家兔的剖解和脏器采集考查点

实训步骤	操作要点	考查内容	评分
1	处死	掌握家兔的处死方法，减轻动物痛苦	20
2	剖解	掌握家兔的剖解方法，减少出血，并保证脏器完好	20
3	脏器采样	按照剖解程序，正确采集胸腺、心脏、肺脏、胃肠、脾脏、胰腺、肾脏、肝脏、卵巢、子宫等	60

六、知识拓展

人畜共患病及其防护措施：

某些患病的实验动物本身可能带有人兽共患的病原，病原体一般随动物分泌物、排泄物，如尿液、粪便等排出体外，存在于垫料内。动物实验过程中，捕捉动物或清理垫料时不可避免地产生大量的气溶胶，病原体以气溶胶为载体被人和动物吸入体内，当达到一定量的时候就会造成感染。

（一）动物实验中易感染的人畜共患病

1. 病毒性疾病

（1）出血热：病原为 RNA 病毒，是由蚊、蜂或直接接触患病的啮齿动物排泄物而传染给人类。

（2）狂犬病：是一种急性、致死性病毒病，由弹状病毒引起。世界各国皆有发生。病毒存在于许多野生动物和家畜中，而犬和猫是主要的传染来源。带毒动物含有病毒的唾液经由咬伤、抓伤或其他伤口进入受害者体内。

（3）淋巴细胞性脉络丛脑膜炎（LCM）：病原是 LCM 病毒，可感染人。小鼠的肿瘤中含有 LCM 病毒，可传染给人。小鼠、地鼠感染 LCM 病毒后，各种细胞均可感染病毒，并通过粪尿排毒，人类和动物可由直接接触粪尿或吸入动物房内含有干的动物排泄物的气溶胶灰尘而感染 LCM 病毒。

（4）传染性肝炎：病原为甲型肝炎病毒，能感染黑猩猩、大猩猩、赤猴、绒毛猴等。

（5）痘病毒病：有多种痘病毒可感染实验动物，对人也能感染。

2. 细菌性疾病

（1）布鲁菌病：羊、犬布鲁菌可引起人的感染。

（2）沙门菌病：主要由鼠伤寒沙门菌和肠炎沙门菌引起，它们多见于实验动物感染中。

（3）李氏杆菌病：单核细胞增多性李氏杆菌常引起豚鼠、兔等实验动物的感染。

3. 真菌病

引起动物癣病的真菌同样可以使人感染。

4. 寄生虫病

（1）弓形虫病：病原为龚地弓形虫，哺乳类实验动物大都可以成为其中间宿主，而猫则是其终宿主。猫也是弓形虫感染人的最主要的宿主。

（2）阿米巴病：由阿米巴原虫引起的一种人畜共患病，主要感染人及非人灵长类动物。

（3）贾第鞭毛虫病：由贾第鞭毛虫引起，贾第虫见于脊椎动物各纲的动物和实验动物中。

（二）对人畜共患病的防护措施

1. 加强卫生管理和个人防护

工作人员每次接触动物或培养物以及离开饲养观察前，必须彻底洗手。工作过程中，必须戴上手套、口罩，禁止用手触摸面部、鼻、眼、口部，禁止在饲养观察室内进食、饮水、吸烟或存放食物，工作期间应穿着防护服、鞋子、帽子。离开工作室时必须脱下防护服，定时消毒清洗。

2. 严格实验动物的选择

尽量选择清洁级以上动物进行实验，杜绝因实验动物自身携带病原体而使实验人员感染。若购买清洁级以下动物，引进后必须进行检疫，合格后才能引入动物实验室用于实验。

3. 搞好实验环境

动物室内应保持整洁，与饲养和实验无关的物品必须清理出去。地面、笼具、盛粪盆应用消毒药浸泡过的拖把或抹布拖洗，以减少病原的扩散。实验完成后，地面及桌面都必须用消毒药液处理。动物实验室一定要防止野鼠、昆虫的进入。

七、参考资料

[1] 李宝龙. 实验动物[M]. 北京：中国轻工业出版社，2015.

[2] 李玉冰. 实验动物[M]. 北京：中国环境科学出版社，2006.

[3] 陈耀星，李福宝. 动物局部解剖学（动物解剖实验实习指导）[M]. 2 版. 北京：中国农业大学出版社，2010.

[4] 陈耀星. 畜禽解剖学[M]. 3 版. 北京：中国农业大学出版社，2001.

[5] 董常生. 家畜解剖学[M]. 北京：中国农业大学出版社，2010.